U0249371

土力学理论与数值方法

宋二祥 著

中国建筑工业出版社

图书在版编目（CIP）数据

土力学理论与数值方法/宋二祥著. —北京：中国建
筑工业出版社，2019.1（2022.6重印）
ISBN 978-7-112-24655-7

Ⅰ.①土… Ⅱ.①宋… Ⅲ.①土力学-数值计算-计算
方法 Ⅳ.①TU43

中国版本图书馆 CIP 数据核字（2020）第 022172 号

本书围绕土木工程结构的静动力稳定及变形分析，系统讨论土力学相关的理论和数值
分析方法，主要是有限元方法。全书分为5章，包括土的基本力学特性和本构模型，土工
结构的非线性分析，渗流理论与数值计算，固结理论及数值分析方法，土动力分析理论及
方法。内容兼顾先进性和实用性，可供土木工程及相关专业的高年级本科生、研究生以及
从事岩土及地下工程设计施工分析及研究的工程技术人员参考，也可作为高等院校相关课
程的教学参考书。

责任编辑：赵　莉　王　跃
责任设计：李志立
责任校对：李欣慰

土力学理论与数值方法
宋二祥　著

＊

中国建筑工业出版社出版、发行（北京海淀三里河路9号）
各地新华书店、建筑书店经销
北京红光制版公司制版
北京建筑工业印刷厂印刷

＊

开本：787毫米×1092毫米　1/16　印张：12½　字数：309千字
2020年7月第一版　　2022年6月第三次印刷
定价：**48.00**元
ISBN 978-7-112-24655-7
（35207）

前　言

土力学理论及方法在土木、水利、交通、铁道等工程中广泛应用。建筑地基基础、基坑开挖、地下工程、土石坝、公路与铁路路基、桥梁等的设计施工无不涉及复杂的岩土力学问题。随着工程复杂性的加剧以及对工程安全等要求的不断提高，对工程设计施工方案进行细致的数值分析已经越来越成为必需。这就需要工程技术人员对工程及有关理论、方法有着清晰深入的理解。

土是经漫长地质年代天然形成的性质最为复杂的材料，其碎散性、多相性决定了它需要不同于一般力学的更复杂的理论和方法。比如土的剪胀性、有效应力原理、渗流、固结、饱和土中两个 P 波、地震作用下土的液化等，都是土力学中特有的原理或概念。

本人多年从事岩土力学及工程有关问题的数值分析研究，在荷兰德尔福特理工大学完成博士论文之后，还曾有数年时间作为骨干从事著名岩土有限元软件 PLAXIS 的研发，对土工结构的极限分析、降低强度参数的安全系数计算、土工结构建造过程模拟、渗流、固结、大变形等多方面问题进行研究和编程计算。回清华任教之后于 1998 年在清华大学土木系为研究生开设"土力学理论与数值方法"课程，同时结合国家建设需求在国家自然科学基金等的资助下开展有关研究，并有机会介入诸如润扬长江大桥北锚 50m 特深基坑、港珠澳大桥沉管隧道等重大工程的设计分析。

现梳理、总结相关教学科研的部分内容写成此书，旨在较系统地介绍目前较为成熟又有相当深度的土力学理论及数值方法，包括土的基本力学特性和本构模型、土工结构的非线性分析、渗流理论及数值计算、固结理论及数值分析方法、土动力分析理论及有限元法等先进实用的理论及方法，供土木工程及相关专业的高年级本科生、研究生以及从事岩土及地下工程设计分析及研究的工程技术人员参考。也可作为高等院校有关课程的教学参考书。

在此书酝酿及撰写过程中本人曾与多位同仁、同事，特别是本人所在清华大学土木系地下工程研究所的多位同事以及自己的学生，有过许多的有益交流讨论。本书内容也包含了本人近年来与自己所指导博士生合作完成的一些研究，主要有与杨军博士、刘光磊博士、李鹏博士就饱和土动力分析理论的研究，与陈必光博士、罗爽博士就有限元渗流分析中人工边界的研究。在读博士生付浩、仝睿及硕士生李贤杰等在资料收集及大量插图绘制修改方面给予了有力协助。在此一并表示衷心感谢。

限于本人水平，书中定有欠妥、疏漏甚至错误之处，敬请读者批评指正，以便再版时修改完善。

宋二祥

2019.10.15 于清华园

3

目　　录

第1章 土的力学特性及本构模型

本章讨论土的基本力学特性及应力-应变关系，也就是本构模型。一般材料的应力-应变关系，在应力水平较低时表现为弹性，应力卸除之后变形可以完全恢复。而在应力水平较高时，则为弹塑性，即所产生的变形既有可恢复的弹性变形，也有不可恢复的塑性变形。弹性阶段的应力-应变关系可以是线性的，也可以是非线性的。塑性阶段的应力-应变关系，可以是理想塑性、硬化塑性或软化塑性。此外，某些材料承受荷载之后的变形，即使在荷载不变的情况下，变形也随时间发展，即呈现出黏性性质，可以是黏弹性或黏塑性。

本章着重讨论土的弹塑性变形特性及相应的应力应变模型，在1.1节首先简要介绍土的一些特有的复杂力学性质，在1.2节讨论弹性本构模型，其中也考虑材料的非各向同性，1.3节介绍弹塑性模型基本理论，1.4节介绍相对简单的非线性弹性模型和几种理想弹塑性模型，随后的两节分别介绍几种可以考虑土体变形硬化的本构模型和两种可以考虑土在反复荷载作用下变形特性的本构模型，最后简要介绍考虑土的各向异性、黏塑性以及结构性构建相应本构模型的思路。

构建本构模型需要进行应力状态的分析，用到应力及偏应力的不变量等。为方便读者，这部分知识作为附录放在本书末尾。

在本章的讨论中，除阐述弹性应力-应变关系的1.2节中应力、应变以拉为正外，其余各节均按土力学中的习惯规定以压为正。

§1.1 土的基本力学特性简介

土是风化岩石颗粒的堆积，其变形主要是颗粒间的错动、滑移，其强度主要是由颗粒间抵抗滑移错动的能力决定。因此土的性质与经典力学里所讨论的材料有着显著的不同，其最突出的力学特性有压硬性、摩擦性、剪胀（缩）性以及很强的非线性。

图1.1-1是已熟知的黏性土的典型侧限压缩及回弹曲线，其中纵轴为土的孔隙比 e，横轴为竖向压力 p，这里对压力 p 采用对数坐标。原始压缩曲线和回弹再压缩曲线的方程可分别写为：

$$e = e_{c0} - \lambda \ln(p/p_0), \quad e = e_{r0} - \kappa \ln(p/p_0) \quad (1.1\text{-}1)$$

其中，p_0 为某一给定初始压力，e_{c0} 和 e_{r0} 分别为原始压缩曲线和某一给定回弹再压缩曲线上与压力 p_0 对应的孔隙比，λ 和 κ 分别为原始压缩曲线和回弹再压缩曲线的斜率，分别称为压缩指数和回弹指数。

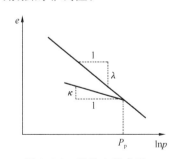

图 1.1-1 黏性土的典型
压缩回弹曲线

由式（1.1-1）可导出土的侧限压缩模量和侧限回弹模量分别为：

$$E_{sc} = \frac{1 + e_{c0}}{\lambda} p, \quad E_{sr} = \frac{1 + e_{r0}}{\kappa} p \qquad (1.1\text{-}2)$$

1

这里采用小变形假设，计算体积应变时采用了初始孔隙比。

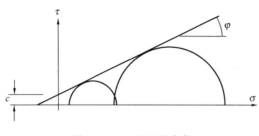

图 1.1-2　土的极限条件

式（1.1-2）刻画了土的压缩特性，显示了其压缩模量随压力增大而增大的性质。实际上，不仅土的侧向压缩模量，其变形模量和剪切模量都随着压力增大而增大，这是土的压硬性。

土的破坏是剪应力作用下颗粒间相互错动的剪切破坏，其强度条件或极限条件是熟知的 Mohr-Coulomb 破坏准则，也就是描述应力状态的应力 Mohr 圆与库仑破坏线相切（图 1.1-2）。将此极限条件用大、小主应力写出为

$$0.5(\sigma_1 - \sigma_3) = 0.5(\sigma_1 + \sigma_3)\sin\varphi + c\cos\varphi \tag{1.1-3}$$

这一极限条件实际是表达了受力土体内一点处最不利切面上的剪应力与正应力的关系符合库仑破坏条件：

$$\tau_{\mathrm{f}} = \sigma\tan\varphi + c \tag{1.1-4}$$

即摩擦特性。

可以理解，土颗粒本身具有较高刚度和强度，当土体受到剪切而发生颗粒间的错动、滑移时，对粗粒土会有颗粒相对其相邻颗粒的翻越滚动，从而可使体积增大；若土的密实程度较低，则在受到剪切扰动时会趋于密实而使体积减小。这就是土的剪胀或剪缩。由于剪缩就是负值的剪胀，故一般统称剪胀。土体在剪应力作用下发生剪胀的具体情况，与压应力的大小有关，也与砂土的密实度或黏性土的超固结度有关。密实砂土或超固结黏性土一般会发生剪胀，伴随剪胀应力-应变曲线会发生软化，也就是具有峰值强度；而密实程度不高的砂土或超固结度较低的黏性土在较大压力下发生剪缩，没有峰值强度。土体剪胀性的主要影响因素是密实度或超固结度与压应力大小。

砂土典型的三轴剪切应力-应变曲线如图 1.1-3 所示。由图可见，密实砂土随剪应力的增大（平均压应力也增大），体积发生压缩，但在剪应力水平较高时开始剪胀，剪胀速率逐渐趋于稳定的最大值，剪应力在此过程中达到峰值，随后出现软化，剪胀速率也由最大值开始逐渐减小，最后剪胀速率为零，剪应力也达到残余强度。对于疏松的砂土，则在剪应力达到其极限值前一直剪缩，但剪缩速率逐渐减小，待强度达到最大值（也可叫残余强度），剪缩速率为零，也就是体积保持不变。

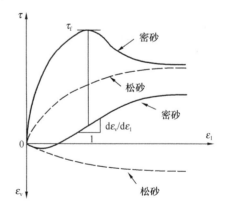

图 1.1-3　典型三轴排水试验曲线

关于土的剪胀以及剪胀与试验测到的表观摩擦角的关系，松冈元有较形象的解释。如图 1.1-4 所示，当受水平剪切土体的上层相对其下一层发生错动时，由于颗粒本身强度较高，上层颗粒需要从下层颗粒翻越。由此可理解，试验测得的所谓内摩擦角实际是土颗粒

间的摩擦角与土颗粒在接触面处的切线与水平面夹角之和，而后一角度正是土的剪胀角。这样可以得出试验测得的内摩擦角 φ、颗粒间的摩擦角 φ_i 与剪胀角 ψ 的关系如下：

$$\varphi = \varphi_i + \psi \tag{1.1-5}$$

当然，这只对很密实的粗粒土才近似成立。

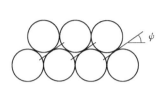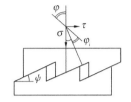

图 1.1-4 剪胀角与摩擦角的关系图示

关于土的剪胀角，Rowe 曾利用能量原理考虑土体的变形进行推导，给出较式（1.1-5）更精细的计算公式：

$$\sin\psi_m = \frac{\sin\varphi_m - \sin\varphi_f}{1 - \sin\varphi_m \sin\varphi_f} \tag{1.1-6}$$

其中，ψ_m 是与机动摩擦角 φ_m 对应的剪胀角，φ_f 是土体破坏时的摩擦角，近似等于颗粒间的摩擦角。显然，如近似认为 $\sin x \approx x$，式（1.1-6）与式（1.1-5）是一致的。

此外，图 1.1-3 显示两试样的最终强度相同，这是实际存在的一般规律。这里的两个试样，一个密实，一个疏松，但两试样是由完全相同的砂土颗粒构成。也就是构成两试样的颗粒形状、矿物成分、级配等均相同，只是密实程度不同。这样的两个试样，当进行三轴剪切试验时，只要施加的围压相同，相对密实的试样会剪胀（或剪缩较小），而疏松的试验会剪缩（或剪胀较小），最后两者达到相同的密实度和强度。也就是最终二者的孔隙比和极限剪应力相同，体积保持不变，剪应变持续发展。这种状态称为土的临界状态（Critical State）。临界状态土力学是 20 世纪 60 年代剑桥大学土力学研究团队经大量试验及理论分析，并综合前人已有研究而建立的一套系统的理论，将在本章 1.5 节结合剑桥模型的讨论进行更详细的介绍。

由于土的特殊构成以及由此决定的摩擦特性，也就决定了土有着很强的非线性。当应变很小的情况下，其刚度很大，但随着变形的增大，刚度急剧减小，甚至发生较大的塑性变形。这就是土的强非线性，其中小应变条件下刚度很大的性质又称为小应变刚度特性。

对于原状土，由于漫长地质年代的物理化学作用，使其具有显著的结构性。其表现为受载的初始阶段，土体呈现明显较大的刚度和强度，一旦结构性丧失，土体的强度、刚度明显降低。结构性的丧失使土呈现出一定的脆性性质。

当土经受反复剪切时，试验表明其密实程度将随剪切次数的增加持续增大，也就是发生塑性体积压缩变形，特别是砂土更是如此。在含水饱和的条件下，荷载快速反复作用，比如地震作用下，密实程度较低的细砂或粉土会发生液化。这些是土的循环变形特性。

由上可见，土的力学性质与经典力学中介绍的材料有着很大的差异，需要采用更为复杂的理论和模型予以描述。

§1.2 线弹性应力应变关系

考虑一般应力应变状态（图1.2-1），将应力张量和应变张量中各自的6个分量分别写为一维向量$\{\sigma\}$和$\{\varepsilon\}$，即：

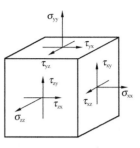

$$\{\sigma\}^T = [\sigma_x, \sigma_y, \sigma_z, \tau_{xy}, \tau_{yz}, \tau_{zx}]$$

$$\{\varepsilon\}^T = [\varepsilon_x, \varepsilon_y, \varepsilon_z, \gamma_{xy}, \gamma_{yz}, \gamma_{zx}]$$

(1.2-1)

图 1.2-1 微元体应力

这里的剪应变为工程剪应变。

1.2.1 最一般的线弹性应力应变关系

为简便起见，将上列向量的各元素分别依次记为σ_i和ε_i（$i = 1, 2, 3, \cdots, 6$），由于线弹性材料的受力变形符合叠加原理，最一般的线弹性应力应变关系式可以写为：

$$\sigma_i = \sum_{j=1}^{6} S_{ij}\varepsilon_j \quad (i, j = 1, \cdots, 6)$$

(1.2.1-1)

可以证明S_{ij}对称，即$S_{ij} = S_{ji}$。其粗略的证明可利用位移互等定理，取一正方体微元体，首先由单位应力σ_i引起的应变ε_j等于单位应力σ_j引起的应变ε_i，证明S_{ij}所构成矩阵的逆矩阵对称，再由对称矩阵的逆矩阵对称即可证明S_{ij}对称。

另一证明方法可参考钱伟长、叶开源（1980），首先证明存在应变能函数W，使

$$\frac{\partial W}{\partial \varepsilon_i} = \sigma_i$$

(1.2.1-2)

再由$W = W(\varepsilon_i)$，并取其二阶泰勒展开式，按上式得到应力σ_i的表达式，再与式（1.2.1-1）对比可得出

$$S_{ij} = \frac{\partial^2 W}{\partial \varepsilon_i \partial \varepsilon_j}$$

(1.2.1-3)

由W的连续性，式（1.2.1-3）的求导顺序可以交换，则可证明S_{ij}对称。

由S_{ij}的对称性可知在S_{ij}中仅有21个独立的常数。

1.2.2 弹性对称面及其对弹性系数的影响

材料的弹性对称面如下定义：将一材料微元体翻转而使其某一方向平面的法线反向，如对翻转后的微元体施加与翻转前微元体上相同的一般应力，其变形也与翻转前的微元体相同，则该方向的平面为材料的弹性对称面，此平面的法线方向为材料的一个弹性主轴。需注意，这里的应力、变形相同是相对于不随材料翻转变化的坐标系而言的。

现设一材料微元体，其内的水平面为弹性对称面，设其任意一种受力变形情况如图1.2.2-1（a）所示。这里对材料微元的四个角点用数字予以标记。现将此材料微元上下翻转后施加与图1.2.2-1（a）同样的应力（图1.2.2-1b），由于材料的水平面是弹性对称面，此时看到的变形与图1.2.2-1（a）的完全相同。但是，材料微元的翻转不便采用数学方法表达，因此再将图1.2.2-1（b）中的微元连同其上应力一起上下翻转，翻转后的情况如图1.2.2-1（c）。显然，此时微元体回到原位，但其上的应力和变形的某些分量与图

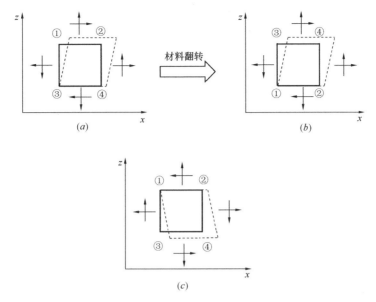

图 1.2.2-1 含水平弹性对称面材料微元受力变形示意

1.2.2-1（*a*）相比发生了反向，也就是正负号发生了变化。仔细对比可知，发生变号的分量恰好是将 z 轴反向时发生正负号变化的那些分量。

从另一角度看，图 1.2.2-1（*a*）和图 1.2.2-1（*c*）呈现的是同样的材料微元体放在同样的坐标系内，所以对这两个微元体可采用弹性系数完全相同的应力应变关系式。但是，图 1.2.2-1（*c*）中的一些应力分量和应变分量的正负发生了变化，但大小没变化，其他所有分量的大小和正负均无变化。这就要求那些联系变号应变和不变号应力的系数等于零。

这里规定剪应力、剪应变符号的前一下标表示其作用的平面，后一下标表示其平行的坐标轴。则 z 轴反向时，由图可知应力 $\sigma_5 = \tau_{yz}$、$\sigma_6 = \tau_{zx}$ 反号，由应变计算式知应变 $\varepsilon_5 = \gamma_{yz}$、$\varepsilon_6 = \gamma_{zx}$ 反号，也就是所有与 z 轴有关的剪应力和剪应变反号。这样可以得出式（1.2.1-1）中对称系数矩阵中又有下列 8 个非对角元为零。

$$S_{15} = S_{16} = S_{25} = S_{26} = S_{35} = S_{36} = S_{45} = S_{46} = 0 \qquad (1.2.2\text{-}1)$$

这样，在有一个对称面时，材料的弹性常数中仅 13 个独立。

1.2.3 正交各向异性材料的应力应变关系

上面讨论了与 z 轴垂直的水平面为对称面的情况，现再假定与 x 轴垂直的竖直面也为对称面。据上述原理，此时只需假定 x 轴反向，看哪些应力和应变的分量会改变正负号。这里需注意，由于要考虑任意可能应力状态下的材料性质，此前单独由 z 轴反向认定必须为零的系数当存在两个对称面时仍必须为零。而在由 x 轴反向进行分析时，不应同时考虑 z 轴反向，而是仅令 x 轴反向。这样可以得出应力 $\sigma_4 = \tau_{xy}$、$\sigma_6 = \tau_{zx}$ 反号，$\varepsilon_4 = \gamma_{xy}$、$\varepsilon_6 = \gamma_{zx}$ 反号，按上述类似的分析我们同样得到 8 个系数为零，但其中有 4 个系数已出现在式（1.2.2-1）中，新增加的 4 个为零的系数是

$$S_{14} = S_{24} = S_{34} = S_{56} = 0 \qquad (1.2.3\text{-}1)$$

这样，当有两个弹性对称面时，S_{ij} 中独立元素个数为 9 个。

之后，如果再假定与 y 轴垂直的面也是弹性对称面，也就是设想 y 轴反向进行分析，将发现已经不能得到任何新的系数为零。这就是说，当材料存在两个相互正交的弹性对称面时，与此二面均正交的第三个面必然也是弹性对称面。这种材料就称为正交各向异性材料。例如，由性质不同的三向正交纤维构成的材料即为正交各向异性材料。

由上可知，当三个坐标轴分别与正交各向异性材料的三个弹性主轴重合时，材料的弹性矩阵取如下形式：

$$[S] = \begin{bmatrix} S_{11} & S_{12} & S_{13} & 0 & 0 & 0 \\ S_{12} & S_{22} & S_{23} & 0 & 0 & 0 \\ S_{13} & S_{23} & S_{33} & 0 & 0 & 0 \\ 0 & 0 & 0 & S_{44} & 0 & 0 \\ 0 & 0 & 0 & 0 & S_{55} & 0 \\ 0 & 0 & 0 & 0 & 0 & S_{66} \end{bmatrix} \qquad (1.2.3\text{-}2)$$

由此矩阵的形式可以看出，对于正交各向异性材料，当坐标轴与弹性主轴重合时，正应力仅引起正应变，剪应力仅引起同一方向上的剪应变，不同性质的应力、应变间不相耦合，可以简称"正-剪不耦合"。

1.2.4　横观各向同性材料的应力应变关系

对于满足正交各向异性应力-应变关系的材料，若在一弹性对称面的各个方向上材料的性质相同，则这种材料称为横观各向同性材料。该弹性对称面称为这种材料的各向同性面。显然，横观各向同性材料是正交各向异性材料的进一步简化。下面分析这种材料的弹性矩阵的性质。

以 oxy 面为各向同性面。首先由 x、y 两个方向的性质相同，我们可以得到弹性系数间有如下关系：

$$S_{11} = S_{22}, \quad S_{13} = S_{23}, \quad S_{55} = S_{66} \qquad (1.2.4\text{-}1)$$

上述关系可以直观理解得出，也可以将坐标系绕 z 轴旋转 $90°$，来分析新、旧坐标间的各应力及应变分量的变化，再结合两坐标系下的应力-应变关系相同的要求得出。此时独立弹性系数的个数减少到 6 个。

然后，再令各向同性弹性对称面内的两个坐标轴 x、y 绕 z 轴旋转任一角度 θ，则按材料力学中给出的应力、应变坐标变换的莫尔圆有：

$$\tau'_{xy} = \frac{1}{2}(\sigma_x - \sigma_y)\sin 2\theta + \tau_{xy}\cos 2\theta \qquad (1.2.4\text{-}2a)$$

$$\gamma'_{xy} = (\varepsilon_y - \varepsilon_x)\sin 2\theta + \gamma_{xy}\cos 2\theta \qquad (1.2.4\text{-}2b)$$

其中右上角标"$'$"表示新坐标系下的量。

注意到材料力学中在采用莫尔圆时剪应力的正向规定与弹性力学中不同，如按弹性力学的规定则上面的式（1.2.4-2a）应写为

$$\tau'_{xy} = \frac{1}{2}(\sigma_y - \sigma_x)\sin 2\theta + \tau_{xy}\cos 2\theta \qquad (1.2.4\text{-}2c)$$

由旋转任意角度时材料的应力-应变关系相同，应有：

$$\tau'_{xy} = S_{44}\gamma'_{xy} \tag{1.2.4-3}$$

即

$$\frac{1}{2}(\sigma_y - \sigma_x)\sin2\theta + \tau_{xy}\cos2\theta = S_{44}\left[(\varepsilon_y - \varepsilon_x)\sin2\theta + \gamma_{xy}\cos2\theta\right] \tag{1.2.4-4}$$

注意到在原坐标系下同样有

$$\tau_{xy} = S_{44}\gamma_{xy} \tag{1.2.4-5}$$

将这一关系代入式（1.2.4-4），则可得出

$$\sigma_x - \sigma_y = 2S_{44}(\varepsilon_x - \varepsilon_y) \tag{1.2.4-6}$$

另一方面，由式（1.2.3-2）的系数矩阵并考虑式（1.2.4-1）所给关系式，在原坐标系下有：

$$\sigma_x = S_{11}\varepsilon_x + S_{12}\varepsilon_y + S_{13}\varepsilon_z, \quad \sigma_y = S_{12}\varepsilon_x + S_{11}\varepsilon_y + S_{13}\varepsilon_z \tag{1.2.4-7}$$

式（1.2.4-7）的前式减后式有：

$$\sigma_x - \sigma_y = (S_{11} - S_{12})(\varepsilon_x - \varepsilon_y) \tag{1.2.4-8}$$

比较式（1.2.4-6）和式（1.2.4-8）可得出 S_{44} 表达式为：

$$S_{44} = \frac{1}{2}(S_{11} - S_{12}) \tag{1.2.4-9}$$

这样，对于横观各向同性材料，独立的弹性常数为 5 个。此时弹性矩阵为

$$[S] = \begin{bmatrix} S_{11} & S_{12} & S_{13} & 0 & 0 & 0 \\ S_{12} & S_{11} & S_{13} & 0 & 0 & 0 \\ S_{13} & S_{13} & S_{33} & 0 & 0 & 0 \\ 0 & 0 & 0 & \frac{1}{2}(S_{11} - S_{12}) & 0 & 0 \\ 0 & 0 & 0 & 0 & S_{55} & 0 \\ 0 & 0 & 0 & 0 & 0 & S_{55} \end{bmatrix} \tag{1.2.4-10}$$

在证明式（1.2.4-9）时，也可以取一平面纯剪应力状态，再旋转 45° 到主应力面，由旋转前后的应力应变关系应在本质上相同，得出式（1.2.4-9）。但上述证明更具有一般性。

1.2.5　各向同性材料的应力应变关系

在上述基础上，若材料在 z 向的性质与 x、y 向相同，按上述类似的关系可知，式（1.2.4-10）中的弹性系数还将符合如下关系：

$$S_{33} = S_{11}, \quad S_{13} = S_{12}, \quad S_{55} = \frac{1}{2}(S_{11} - S_{12}) \tag{1.2.5-1}$$

这样，独立的弹性系数进一步减少为 2 个。

如再令 oyz 面绕 x 轴旋转一任意角度，或令 oxz 面绕 y 轴旋转一任意角度，将不能得出弹性系数间任何新的关系，也就是说上述仅 2 个独立参数的情况对应于各向同性材料。

1.2.6　材料的工程弹性常数

工程中一般用模量和泊桑比来描述材料的弹性性质，杨氏模量 E_i 为 i 向正应力与同一方向上仅由该应力引起的正应变之比；剪切模量 G_{ij} 为剪应力 τ_{ij} 与仅由它引起的剪应变 γ_{ij} 之比；泊桑比 μ_{ij} 为 j 向正应力引起的 i、j 方向正应变之比的负值。这些常数可以较方便地用单向拉、压及纯剪试验测定。

为简单起见，以下仅考虑正交各向异性材料或比之更简单的材料。在明确模量与泊桑比的定义之后，设所取坐标轴方向与材料的弹性主轴方向一致，则不难写出正交各向异性材料的应力-应变关系如下：

$$\varepsilon_x = \frac{1}{E_x}\sigma_x - \frac{\mu_{xy}}{E_y}\sigma_y - \frac{\mu_{xz}}{E_z}\sigma_z \tag{1.2.6-1a}$$

$$\varepsilon_y = -\frac{\mu_{yx}}{E_x}\sigma_x + \frac{1}{E_y}\sigma_y - \frac{\mu_{yz}}{E_z}\sigma_z \tag{1.2.6-1b}$$

$$\varepsilon_z = -\frac{\mu_{zx}}{E_x}\sigma_x - \frac{\mu_{zy}}{E_y}\sigma_y + \frac{1}{E_z}\sigma_z \tag{1.2.6-1c}$$

$$\gamma_{xy} = \frac{1}{G_{xy}}\tau_{xy} \tag{1.2.6-1d}$$

$$\gamma_{yz} = \frac{1}{G_{yz}}\tau_{yz} \tag{1.2.6-1e}$$

$$\gamma_{zx} = \frac{1}{G_{zx}}\tau_{zx} \tag{1.2.6-1f}$$

其中，泊桑比符合下列关系：

$$\frac{\mu_{ij}}{E_j} = \frac{\mu_{ji}}{E_i} \tag{1.2.6-2}$$

这一关系可取一正立方微元体由位移互等定理来证明。

将式（1.2.6-1）的系数写成矩阵则得到材料的柔度矩阵 $[C]$，将矩阵 $[C]$ 求逆可得出刚度矩阵 $[S]$。这样，此二弹性矩阵均可以用 E_i 和 μ_{ij} 表达。对于各向异性材料的工程弹性常数间应符合的关系以及对其取值的限制，这里不详细讨论。但根据发生任意应变时，材料的弹性能非负，可以理解弹性矩阵应为正定矩阵。

对于各向同性材料，利用 E 和 μ 表达的弹性矩阵及式（1.2.4-9）还可得到剪切模量与 E、μ 的关系，利用应力-应变关系式及体积变形模量 K 的定义（平均正应力与体积应变之比）还可得出 K 与 E、μ 的关系，即：

$$G = \frac{E}{2(1+\mu)}, \quad K = \frac{E}{3(1-2\mu)} \tag{1.2.6-3}$$

由于对材料施加应力时不应做负功，故模量 E、G、K 均应大于零。再由上列 G 的表达式有 $\mu > -1$，而由 K 的表达式有 $\mu < 0.5$，故：

$$-1 < \mu < 0.5 \tag{1.2.6-4}$$

但对各向异性材料，从 $[C]$、$[S]$ 正定的条件进行分析，有些情况下 μ 可大于 1。

各向同性材料的应力应变关系的另一常用形式为

$$\sigma_x = \lambda\varepsilon_v + 2G\varepsilon_x, \quad \sigma_y = \lambda\varepsilon_v + 2G\varepsilon_y, \quad \sigma_z = \lambda\varepsilon_v + 2G\varepsilon_z \tag{1.2.6-5a}$$

$$\tau_{xy} = G\gamma_{xy}, \qquad\qquad \tau_{yz} = G\gamma_{yz}, \qquad\qquad \tau_{zx} = G\gamma_{zx} \tag{1.2.6-5b}$$

其中，ε_v 为体积应变，λ 为拉梅常数，其表达式为

$$\lambda = \frac{\mu E}{(1+\mu)(1-2\mu)} = K - \frac{2}{3}G \qquad (1.2.6\text{-}6)$$

上面的讨论是针对线弹性材料。对于非线性弹性材料，上列弹性常数将与应力水平有关，但 $[C]$、$[S]$ 矩阵的结构以及独立材料参数的个数均与前述相同，实际应用时一般采用增量形式的应力-应变关系。

§1.3 弹塑性理论简介

当材料所受应力水平相对较高时，其变形将呈现弹塑性性质，即在产生弹性变形的同时也将产生不可恢复的塑性变形。此时其应力-应变关系将与弹性情况下不同。在塑性阶段确定材料的应力-应变关系需根据有关理论及试验构造材料的弹塑性模型。一个弹塑性模型应包含如下三个要素：屈服条件、流动法则和硬化规律，以下分别予以介绍。

1.3.1 屈服条件

材料在单向应力状态下的屈服条件只需给出相应的屈服应力值即可，如图 1.3.1-1 为一维应力情况下的一典型应力-应变曲线，其中 σ_y 为屈服应力，当应力小于此值，变形为弹性，当应力大于此值则变形为弹塑性。

但在两维和三维应力状态下，独立的应力分量不只一个，而其组合有无穷多种，不可能也没有必要就每一种组合分别给出屈服条件，而是给出由所有应力分量的组合式所表示的屈服条件，其形式一般如下式：

$$f(\sigma_{ij}, H) = 0 \qquad (1.3.1\text{-}1)$$

其中的 H 为常数或是与应力或应变等有关的变量。函数 f 中含有一些系数，对应于材料性质参数，需通过有一定代表性的试验确定。

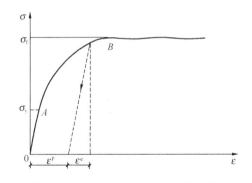

图 1.3.1-1 一维应力-应变关系曲线

在应力空间屈服条件（式 1.3.1-1）对应于一个封闭的曲面。该曲面将整个应力空间分为屈服面内和屈服面外两部分。适当选择函数 f 的正负号，使 $f > 0$ 对应于屈服面外部，$f < 0$ 对应于屈服面内部。这样，当一应力状态使 $f < 0$ 时为弹性，$f = 0$ 等于零时为塑性，而 $f > 0$ 的状态按弹塑性理论是不存在的。若材料屈服后其所受应力还可以增大，则屈服限随之提高，属于硬化材料。

显然，屈服条件需在基于大量试验的理论指导下给出，以保证依据少量试验而确定的参数，能用于各种不同的应力状态。比如，对于金属，根据试验研究一般采用最大剪应力准则，在对主应力按大小排序的情况下，其屈服条件为

$$\sigma_1 - \sigma_3 = 2K \qquad (1.3.1\text{-}2)$$

称为 Tresca 屈服条件。如不对主应力进行排序，则应对三个主应力分别组合以构造与上类似的 6 个方程，在主应力空间中这 6 个方程分别对应于一平面，而完整的屈服面为 6 个

平面所围成的以等倾线为中心轴的正 6 棱柱面（图 1.3.1-2）。

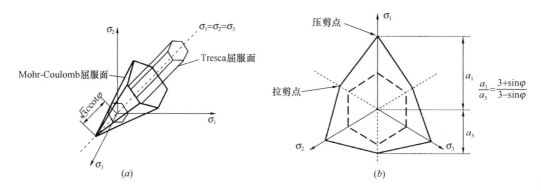

图 1.3.1-2　Tresca 屈服面和 Mohr-Coulomb 屈服面

对于土，其屈服强度一般随正压应力水平的提高而增大，其屈服面一般按 Mohr-Coulomb 屈服准则，即

$$0.5(\sigma_1 - \sigma_3) - 0.5(\sigma_1 + \sigma_3)\sin\varphi - c\cos\varphi = 0 \tag{1.3.1-3}$$

这屈服条件实质上是将表示应力状态的莫尔圆与库仑摩擦强度定律相结合，反映了土的屈服并不是在剪应力最大的切面屈服，而是在剪应力相对于对应正应力最大的切面上屈服，也就是反映了材料的摩擦强度特性（图 1.3.1-3）。

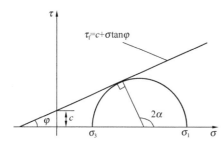

图 1.3.1-3　土的摩尔库仑屈服条件

同样，在不对主应力排序的情况下，屈服条件应采用与上类似的 6 个方程表示。在主应力空间中，完整的屈服面为 6 个平面所组成的以等倾线为中心轴的一个不规则 6 棱锥面（图 1.3.1-2a）。这六棱锥面与 π 平面的交线为图 1.3.1-2 (b) 所示的不规则六边形。这六边形在应力轴正向投影线上的顶点对应于三轴压剪点，在应力轴负向投影线上的顶点对应于三轴拉剪点。仔细分析可知，由于同一 π 平面上的所有点其三个主应力之和相等，而压剪点的三个主应力中有两个相等的小主应力、一个大主应力，拉剪点的三个主应力中有一个小主应力和两个相等的大主应力，当它们均符合摩尔库仑极限条件时，压剪点的剪应力更大一些。进一步计算可知图中两点距 π 平面中心的距离之比为

$$\frac{a_1}{a_3} = \frac{3 + \sin\varphi}{3 - \sin\varphi} \tag{1.3.1-4}$$

按屈服面的概念，它应具有如下性质：

（1）初始屈服面与 π 平面的交线为一封闭曲线，并包围等倾线。如果屈服面与 π 平面的交线不封闭，则在 π 平面上应力路径可通过开口部位增大到无限而不使材料屈服，这显然不合理。因为在 π 平面上，距离其中心越远，剪应力越大。又由于等倾线对应于无剪应力状态，所以等倾线应包含在初始屈服面内，但发生塑性硬化后的屈服面可以有所不同。

（2）在 π 平面上屈服面与任一从其中心点出发的射线应相交一次，且仅一次。否则，剪应力沿某一方向增大的过程中，进入塑性状态后，随剪应力的增大又进入弹性，这是不

合理的。

(3) 对于各向同性材料，屈服面在 π 平面内相对于三个坐标轴对称。假如材料在应力状态 $(\sigma_1, \sigma_2, \sigma_3)$ 下屈服，由于各向同性，在应力状态 $(\sigma_2, \sigma_1, \sigma_3)$ 下材料也应屈服，即 $(\sigma_1, \sigma_2, \sigma_3)$ 和 $(\sigma_2, \sigma_1, \sigma_3)$ 两点均在屈服面上，而此二点关于 σ_3 轴对称。依同理可知屈服面关于 σ_1、σ_2 轴对称。对于摩尔库仑屈服条件，由于压剪点与拉剪点的差异，使得屈服面在 π 平面内相对于任一应力轴的正负两个方向不对称。即便假定各向同性，屈服面在 π 平面内只有三个对称轴。如压剪点与拉剪点无差异，则各向同性模型（比如剑桥模型）的屈服面在 π 平面中将有 6 个等角距分布的对称轴。

(4) 屈服面具有外凸性。屈服面的外凸性及后面所讲的正交流动法则可由 Drucker 关于稳定材料的公设来推证，见 1.3.3 节。

1.3.2 硬化规律

材料在屈服后其应力水平一般可以继续提高，只是对于同样的变形增量应力提高的幅度减小，此时的变形既有弹性也有塑性，即弹塑性变形。材料的这种性质称为硬化，具有硬化性质的材料其屈服应力 σ_y 和极限破坏应力 σ_f 不同（见图 1.3.1-1）。材料发生一定的硬化变形后卸载，它将呈现弹性性质。如卸载后再加载，则应力在达到此前加载的最高应力水平前仍为弹性，之后应力-应变才再沿原硬化曲线发展。如加载硬化后卸载，进而反向加载，则材料的反向加载屈服限一般会因正向加载硬化而减小，但两屈服限对应应力的差基本保持不变（图 1.3.2-1），此种性质称为包辛格效应（Bauschinger Effect）。但也有材料的硬化不呈现包辛格效应，加载硬化使屈服限提高之后，反向加载的屈服限也近似等幅提高，这种性质叫做各向同性硬化或等向硬化（Isotropic Hardening）。而在硬化后呈现包辛格效应的硬化称为机动硬化（Kinematic Hardening）。

但也有材料不发生硬化，或在计算分析时可不考虑其硬化。比如，一般钢材屈服后有一屈服平台，之后随变形增大又出现硬化。而屈服平台对应的塑性应变已足以使某些结构发生不可接受的变形，此种情况下在进行结构分析时对钢材可以认为其屈服后塑性变形持续发展，不发生硬化，也就是采用理想弹塑性模型。还有，即使对于图 1.3.1-1 所示的应力-应变曲线，在进行分析时为简化计算，在计算精度要求不是很高的情况下也可近似采用图 1.3.2-2 中的理想弹塑性应力-应变曲线。当采用理想弹塑性模型时，屈服应力与破坏应力相同。

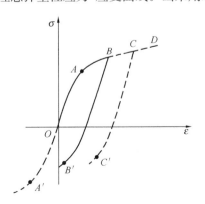

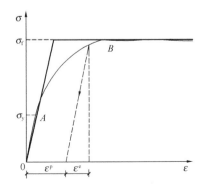

图 1.3.2-1 材料变形的包辛格效应　　图 1.3.2-2 硬化应力-应变曲线的理想弹塑性近似

对于上述的硬化现象，当应力状态为一维的情况下，依据试验给出的应力–应变曲线可直接给出其屈服条件和硬化规律，也就是屈服后的应力应变发展规律，包括屈服限如何变化，应力如何随弹塑性变形发展。对于多维应力状态则需给出屈服条件及相应屈服面随塑性变形发展变化的规律。对于等向硬化材料，屈服限随塑性变形发展等向增大，相应屈服面的中心位置不动，只是其包围的范围在扩大，也就是屈服面扩大。对于机动硬化材料，随塑性变形发展其屈服限在一个方向上提高的同时，另一方向的屈服限降低，相应屈服面大小保持不变而往应力增加方向上移动。更一般的情况是两种硬化同时存在。但在仅考虑单调加载的计算中，可近似采用等向硬化模型。

对于等向硬化的情况屈服条件可用下式表示：

$$F(\sigma_{ij}) - K = 0 \qquad (1.3.2\text{-}1)$$

这里 K 是随塑性应变的累积而单调增大的函数。具体构建 K 与塑性应变的依赖关系时，可以假定 K 直接决定于塑性功 $W_{\mathrm{p}} = \int \sigma_{ij} \mathrm{d}\varepsilon_{ij}^{\mathrm{p}}$、塑性应变路径长度或塑性体积应变 $\varepsilon_{\mathrm{v}}^{\mathrm{p}}$。这里直接确定 K 的变量称为硬化参数。显然，硬化参数在同一屈服面上为常数。

对于机动硬化的情况，屈服条件可写为如下形式：

$$F(\sigma_{ij} - \alpha_{ij}) - K = 0 \qquad (1.3.2\text{-}2)$$

这里 K 是常数，而 α_{ij} 为塑性应变的函数，称为移动张量，例如可取 $\alpha_{ij} = c\varepsilon_{ij}^{\mathrm{p}}$。随塑性变形的发展，屈服面的大小不变，但其位置向应力增大的方向移动。

若式（1.3.2-2）中的 K 也随塑性应变的积累而增大，则屈服面的大小和位置均随塑性应变的发展而变化，则可反映既有等向硬化也有机动硬化的更复杂的材料性质。

1.3.3　流动法则

有了屈服条件和硬化规律之后，还需要给出材料屈服时塑性应变增量矢量的方向，或说是其各个分量的相对大小，这就是流动法则。

按经典弹塑性理论，流动法则的形式是在应力空间中给一曲面，如 $g(\sigma_{ij}) = 0$，并假定塑性应变增量矢量与该曲面在相应应力点的法线方向一致，即

$$\mathrm{d}\varepsilon_{ij}^{\mathrm{p}} = \mathrm{d}\lambda \frac{\partial g}{\partial \sigma_{ij}} \qquad (1.3.3\text{-}1)$$

这里的 $g(\sigma_{ij})$ 称为塑性势函数，其在应力空间的曲面称为塑性势面；$\mathrm{d}\lambda$ 为一非负值乘子，称为塑性乘子，其大小由后面所讲的一致性条件确定。

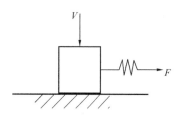

图 1.3.3-1　滑块受力示意图

从式（1.3.3-1）可以看出经典塑性理论的一个思想是，塑性流动的方向决定于当前应力，而与目前发生的应力增量方向无关。塑性流动方向与应力增量方向无关这一思想可用图 1.3.3-1 的滑块来粗略说明。此滑块受到水平拉力 F 和竖向压力 V，以及与此二力平衡的摩擦力和地面支撑力。滑块的滑动类似于塑性流动。显然，滑块的水平滑动既可以由 F 的正增量引起，也可以由 V 的负增量引起，或者由各种使 F 大于 V 所对应摩擦力的增量组合而引起，但滑动的方向总是水平向右的，也就是塑性流动方向与应力增量的方向无关。但需指出，这一经典

理论对于金属之类的材料是符合实际的，但对于土来说只是近似的。

再来看塑性势函数的选择。按经典理论，塑性势函数与屈服函数形式相同，也就是说屈服面即塑性势面，塑性流动方向与屈服面外法线方向一致。这一流动法则称为相关联的流动法则（Associated Flow Rule），其合理性可由著名的卓柯公设（Drucker Postulate）来证明。

如图 1.3.3-2 所示，当材料发生应变硬化使一点的应力状态从屈服面上的一点移动到新屈服面上时，可能的应力增量可以是图 1.3.3-2 (*a*) 中所示 180° 范围内的任一方向。但前已述及，塑性流动的方向与应力增量的方向无关，为保证这任一方向的应力增量与塑性应变增量的内积非负，也就是塑性应变能增量不小于零，塑性流动方向只能在屈服面的法线方向。

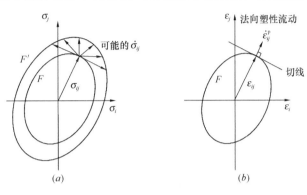

图 1.3.3-2　可能的塑性流动方向

对于金属材料，一般均采用相关联的流动法则，即取 $g = f$，大量试验也证明这是合理的。但对于土，当采用相关联的流动法则时，所计算的塑性体积膨胀过大（见图1.3.3-3）。因此，需要采用一个不同于屈服面的塑性势面。所采用塑性势面的形式与屈服面类似，但采用试验测定的剪胀角来代替确定屈服面所采用的内摩擦角。这种流动法则称为非关联流动法则（Non-associated Flow Rule）。由上一段的论证可知，采用非关联流动法则理论上可能会使计算结果违背能量守恒原理，比如，塑性功为负值。但对于土这类摩擦材料目前尚无更好的选择。

有些屈服面为非光滑曲面，如 Mohr-Coulomb 屈服面由 6 个平面组成。对应的塑性势面有相似的形状，这样在两个不同平面的交线所形成的屈服面尖点处，塑性流动的方向将在尖点处两个外法线之间（图 1.3.3-4），即：

$$d\varepsilon_{ij}^{p} = d\lambda_1 \frac{\partial g_1}{\partial \sigma_{ij}} + d\lambda_2 \frac{\partial g_2}{\partial \sigma_{ij}} \qquad (1.3.3\text{-}2)$$

这里的 g_1、g_2 分别代表相交的两个塑性势面；$d\lambda_1$ 和 $d\lambda_2$ 为相应的塑性乘子，具体大小由一致性条件确定。这一流动法则由 Koiter 最早提出，称为 Koiter 广义流动法则。

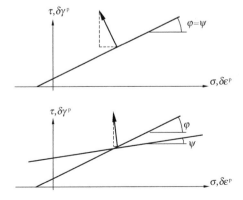

图 1.3.3-3　$\sigma\text{-}\tau$ 面内的 Mohr-Coulomb 屈服面、塑性势面及塑性应变增量

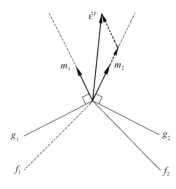

图 1.3.3-4　广义流动法则图示

1.3.4　一般弹塑性模型的积分

在给出弹塑性模型的上述三个要素之后，就可以给出应力增量与应变增量的关系。现设已知材料的屈服条件及塑性势函数如下：

$$F(\sigma_{ij}, H) = 0, \quad g(\sigma_{ij}, H) = 0 \tag{1.3.4-1}$$

其中的 H 为硬化参数，它与塑性应变的关系也已由试验确定，即硬化规律已知。这样，一个弹塑性模型的三要素均已给定，则可求出应力增量 $\{d\sigma\}$ 与应变增量 $\{d\varepsilon\}$ 的关系。

首先应变增量可以分为弹性与塑性两部分，即：

$$\{d\varepsilon\} = \{d\varepsilon_e\} + \{d\varepsilon_p\} \tag{1.3.4-2}$$

因此，

$$\{d\sigma\} = [D](\{d\varepsilon\} - \{d\varepsilon_p\}) \tag{1.3.4-3}$$

依据流动法则，塑性应变增量可以写为

$$\{d\varepsilon_p\} = d\lambda \left\{\frac{\partial g}{\partial \sigma}\right\} \tag{1.3.4-4}$$

将式（1.3.4-4）代入式（1.3.4-3）有：

$$\{d\sigma\} = [D]\left(\{d\varepsilon\} - d\lambda\left\{\frac{\partial g}{\partial \sigma}\right\}\right) \tag{1.3.4-5}$$

再将屈服条件写成微分形式有

$$dF = \left\{\frac{\partial F}{\partial \sigma}\right\}^{\mathrm{T}}\{d\sigma\} + \frac{\partial F}{\partial H}\left\{\frac{\partial H}{\partial \varepsilon_p}\right\}^{\mathrm{T}}\{d\varepsilon_p\} = 0 \tag{1.3.4-6}$$

也就是屈服后应力及塑性应变尽管发生变化，但始终应满足屈服条件，此式称为一致性条件。

将式（1.3.4-4）、式（1.3.4-5）代入式（1.3.4-6）可以解出 $d\lambda$ 为：

$$d\lambda = \frac{\left\{\dfrac{\partial F}{\partial \sigma}\right\}^{\mathrm{T}}[D]\{d\varepsilon\}}{A + \left\{\dfrac{\partial F}{\partial \sigma}\right\}^{\mathrm{T}}[D]\left\{\dfrac{\partial g}{\partial \sigma}\right\}} \tag{1.3.4-7}$$

其中

$$A = -\frac{\partial F}{\partial H}\left\{\frac{\partial H}{\partial \varepsilon_p}\right\}^{\mathrm{T}}\left\{\frac{\partial g}{\partial \sigma}\right\} \tag{1.3.4-8}$$

将式（1.3.4-7）所表示的 $d\lambda$ 代入式（1.3.4-3），则可得到应力增量与应变增量的关系为

$$\{d\sigma\} = [D_{ep}]\{d\varepsilon\} \tag{1.3.4-9}$$

$$[D_{ep}] = [D] - \frac{[D]\left\{\dfrac{\partial g}{\partial \sigma}\right\}\left\{\dfrac{\partial F}{\partial \sigma}\right\}^{\mathrm{T}}[D]}{A + \left\{\dfrac{\partial F}{\partial \sigma}\right\}^{\mathrm{T}}[D]\left\{\dfrac{\partial g}{\partial \sigma}\right\}} \tag{1.3.4-10}$$

显然，由于 $[D]$ 对称，当采用相关联的流动法则时，$[D_{ep}]$ 对称，否则不对称。

上面导出的关系式严格来说仅适用于无限小的应力、应变增量（微分），对于有限大小的增量，则应对式（1.3.4-9）进行积分。由于被积函数中含有待求应力，这应力是应

变的函数，函数的解析式未知，所以这积分的计算较复杂。最简单的方法是将应变增量分成多个小的子增量，采用显式积分。当由一有限大小应变增量按弹性增量计算的应力使屈服函数从小于零增大到大于零时，严格说还需要求出恰好使屈服函数等于零的应变增量，并对这部分增量按弹性进行计算，对超出部分按弹塑性计算。

另外，上述依据弹塑性模型由应变增量计算应力增量的过程，在实际应用时可有所变化。比如，先按弹性计算试探应力，再采用返回映射方法（Return Mapping）进行修正。为此，将式（1.3.4-9）改写成

$$\{d\sigma\} = \{d\sigma_e\} - \{d\sigma_p\} \tag{1.3.4-11}$$

其中

$$\{d\sigma_e\} = [D]\{d\varepsilon\}, \quad \{d\sigma_p\} = [D]\left\{\frac{\partial g}{\partial \sigma}\right\}d\lambda \tag{1.3.4-12}$$

计算时，先按式（1.3.4-12）的前一式计算试探应力增量，之后检查按此计算的应力是否超出屈服面。如未超出，则所求出的应力增量即为符合条件的增量，否则需对应力增量进行修正，即由式（1.3.4-7）求出 $d\lambda$，再由式（1.3.4-12）的后一式及式（1.3.4-11）求出符合弹塑性模型的应力增量。

按上述公式进行返回映射计算时，对有限大小的应变增量同样需要进行积分，具有与积分式（1.3.4-9）类似的问题。作为近似，对于较小的应变增量建议采用以下方法。

首先，由返回映射法的上述公式，应力增量可近似写为：

$$\{\Delta\sigma\} = \{\Delta\sigma_e\} - \{\Delta\sigma_p\} = \{\Delta\sigma_e\} - [D]\Delta\lambda\left\{\frac{\partial g}{\partial \sigma}\right\} \tag{1.3.4-13}$$

再由一致性条件，也就是真实的应力应满足屈服条件，有

$$F(\{\sigma_0\}+\{\Delta\sigma\}) = F(\{\sigma_0\}+\{\Delta\sigma_e\}) - \Delta\lambda\left\{\frac{\partial F}{\partial \sigma}\right\}^T[D]\left\{\frac{\partial g}{\partial \sigma}\right\} = 0 \tag{1.3.4-14}$$

由上式解出 $\Delta\lambda$：

$$\Delta\lambda = \frac{F(\{\sigma_0\}+\{\Delta\sigma_e\})}{\left\{\frac{\partial F}{\partial \sigma}\right\}^T[D]\left\{\frac{\partial g}{\partial \sigma}\right\}} \tag{1.3.4-15}$$

这一近似计算方法的主要特点是在试探应力 $\{\sigma_0\}+\{\Delta\sigma_e\}$ 点计算各函数值，其优点是对于应变增量无需区分纯弹性部分和弹塑性部分。这里的屈服函数没有考虑材料的应变硬化。当有应变硬化时，可类似处理，但精度会差一些。此外，由上式可见，当 $F(\{\sigma_0\}+\{\Delta\sigma_e\})\leqslant 0$，则 $\Delta\lambda=0$。由此可知，当试探应力刚好满足屈服条件时也没有塑性变形。

当屈服面不是一个光滑曲面，而是像 Mohr-Coulomb 屈服面那样存在尖点时，需要采用广义流动法则以及与尖点处有关的两个或多个屈服面对应的一致性条件来进行计算。这将在 1.4.2 节针对 Mohr-Coulomb 模型的积分进行讨论。

§1.4 土的几种常用本构模型

1.4.1 邓肯-张模型

邓肯-张（Duncan-Chang）模型是一种用于描述土的应力-应变关系的相对简化的模

型，一般称它为一种非线性弹性模型。这里所谓"弹性"是指它采用与弹性材料相同形式的弹性矩阵，也就是前边说的"正-剪不耦合"。所谓"非线性"是指它考虑模量随应力水平而变化，且卸载与加载的模量不同，从而可近似给出残余变形。所以严格地说，它既非弹性模型，也非弹塑性模型。

该模型假定土为各向同性材料，所以其弹性矩阵的形式与广义胡克定律的弹性矩阵形式相同。确定此矩阵只需两个独立参数，只是这两个参数随应力水平变化。目前应用的邓肯-张模型有两种，一种是取切线变形模量 E_t 和切线泊桑比 μ_t 为基本参数，可称为 E-μ 模型；另一种是取切线变形模量 E_t 和体积变形模量 B 为基本参数，称为 E-B 模型。由于难以较好确定 μ_t 的值，E-μ 模型应用相对较少。下面仅就 E-B 模型进行介绍。

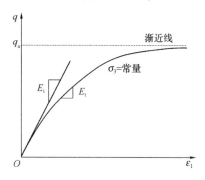

图 1.4.1-1　三轴试验得出的
应力-应变曲线

1.4.1.1　典型三轴试验曲线的拟合

在三轴压缩剪切试验中，给定围压 σ_3，则偏差应力 $q = \sigma_1 - \sigma_3$ 与竖向应变 ε_1 的关系近似为双曲线（图 1.4.1-1），该双曲线可近似用下式表示：

$$q = \frac{\varepsilon_1}{a + b\varepsilon_1} \tag{1.4.1-1}$$

由此式不难看出其中参数 a、b 的物理意义：a 是相应围压下初始模量 E_i 的倒数，而 b 是相应围压下应力-应变双曲线渐进值 q_a 的倒数（图 1.4.1-1），亦即

$$a = \frac{1}{E_i}, \quad b = \frac{1}{q_a} \tag{1.4.1-2}$$

实际上，可以用双曲线较好近似的是试验曲线在试样破坏之前的部分，而双曲线的渐近值 q_a 是大于极限应力 $q_f = (\sigma_1 - \sigma_3)_f$ 的，为此需引入破坏比 R_f 以给出两者的关系：

$$R_f = \frac{q_f}{q_a} = bq_f \quad (0 < R_f < 1) \tag{1.4.1-3}$$

显然，可以通过三轴试验确定不同围压下的 $q_f = (\sigma_1 - \sigma_3)_f$，一般来说它符合众所周知的土的极限条件

$$(\sigma_1 - \sigma_3)_f = \frac{2\sigma_3 \sin\varphi + 2c \cdot \cos\varphi}{1 - \sin\varphi} \tag{1.4.1-4}$$

参数 a、b，也就是 E_i 和 q_a 同样可由试验确定。确定 b 之后，可由式（1.4.1-3）确定 R_f。R_f 与围压关系不大，一般在 $0.8 \sim 0.9$。

为便于通过试验结果拟合给出参数 a、b 的值，可将式（1.4.1-1）写为

$$\varepsilon_1/q = a + b\varepsilon_1 \tag{1.4.1-5}$$

这样以 ε_1/q 和 ε_1 分别为纵、横坐标，则得到一条直线，该直线的截距和斜率分别对应于给定 σ_3 时的 a 和 b。

Janbu 等根据试验建议初始模量 E_i 随围压 σ_3 的变化可用下式近似：

$$E_i = Kp_a \left(\frac{\sigma_3}{p_a}\right)^n \tag{1.4.1-6}$$

其中，p_a 为参考压力，一般取一个大气压，即 100kPa；K、n 为由试验确定的材料常数，n 的值一般在 $0.2\sim1.0$ 之间，粗粒土取小值。

这样，理论上由两个三轴试验即可定出式（1.4.1-6）中的 K 和 n，从而知道任意 σ_3 时的 E_i 及相应的 a 值。当然，也可通过多个试验采用最小二乘法给出更优的 K、n 值。

至此，不同围压下式（1.4.1-1）中的参数 a、b 均已确定。

1.4.1.2 切线变形模量及卸载变形模量的确定

有了上述根据试验拟合得到的应力-应变关系曲线，切线变形模量不难由式（1.4.1-1）求导得出

$$E_t = \frac{\partial(\sigma_1-\sigma_3)}{\partial\varepsilon_1} = \frac{a}{(a+b\varepsilon_1)^2} \tag{1.4.1-7}$$

注意，这里之所以可以采用式（1.4.1-7）计算切线变形模量，是因为在三轴试验中围压 σ_3 保持不变。否则，仅当泊桑比为 0.5 时上列导数关系才成立。

为了用应力来表示变形模量，需将这里的 ε_1 用应力表示。由式（1.4.1-1）解出 ε_1 有

$$\varepsilon_1 = \frac{aq}{1-bq} \tag{1.4.1-8}$$

将式（1.4.1-8）、式（1.4.1-2）、式（1.4.1-3）依次代入式（1.4.1-7）整理可得

$$E_t = (1-R_fS)^2 E_i \tag{1.4.1-9}$$

其中，

$$S = \frac{\sigma_1-\sigma_3}{(\sigma_1-\sigma_3)_f} \tag{1.4.1-10}$$

卸载及再加载时的模量可用下式计算：

$$E_{ur} = K_{ur}p_a\left(\frac{\sigma_3}{p_a}\right)^n \tag{1.4.1-11}$$

这里的 K_{ur} 一般是式（1.4.1-6）中参数 K 的 $1.5\sim2$ 倍，也就是说按此模型，土的卸载或再加载模量大于其初始模量。同时需注意，这里认为 E_{ur} 是由围压大小决定的，而与剪应力水平无关。

卸载计算需要的模量除 E_{ur} 外，还需给出卸载再加载泊桑比 ν_{ur}，其取值一般在 $0.15\sim0.25$ 之间。

为区别加载与卸载，需要合适的加卸载准则。不难理解，当土的应力状态靠近极限状态时为加载，而远离极限状态时为卸载，所以可以采用后面的摩尔库仑屈服函数进行加卸载的判定。也就是由当前应力状态计算屈服函数的值，称为加载函数值，此值较上一步增大则为加载，否则为卸载。但由于所考虑点的应力状态未必是单调加载，实际应用时应记录各应力点的加载函数最大值，当目前的加载函数值大于历史上的最大值时为加载，否则为卸载或再加载。

此外，也可采用 Duncan 等人建议的如下加载函数：

$$f_1 = \frac{\sigma_1-\sigma_3}{(\sigma_1-\sigma_3)_f}\sqrt[4]{\sigma_3} \tag{1.4.1-12}$$

1.4.1.3　体积变形模量 *B* 的确定及 *E-B* 模型

如 1.4.1.2 节得出切线变形模量后，还需再给出另一模量或泊桑比。邓肯-张模型的早期版本曾采用确定切线变形模量的类似方法，给出切线泊桑比 μ_t 的计算公式。但计算发现切线泊桑比难以计算，后来 Duncan 等建议用体积变形模量 *B* 来代替（见郑颖人，龚晓南，1989）。由于在三轴剪切加载过程中体积变形模量同样是变化的，为简化起见 Duncan 建议取偏差应力为 $0.7q_f$ 时的割线体积变形模量，即

$$B = \frac{0.7q_f}{3\,(\varepsilon_v)_{0.7}} \tag{1.4.1-13}$$

这里 $(\varepsilon_v)_{0.7}$ 是偏差应力达 $0.7q_f$ 时仅由偏差应力引起的体积应变。由于在三轴剪切试验中围压保持不变，上式的计算符合割线体积变形模量的定义。

这样对每一给定围压 σ_3 的三轴剪切试验均可确定一个 *B* 的值，而对于不同围压下的 *B* 值可用下式近似计算：

$$B = K_b p_a \left(\frac{\sigma_3}{p_a}\right)^m \tag{1.4.1-14}$$

其中 K_b、*m* 为由三轴试验拟合确定的常数。

如此确定的体积变形模量与前面得到的变形模量构成 *E-B* 模型。但对体积变形模量的取值要注意，由于 *E-B* 之间应符合 $B = E/[3(1-2\mu)]$ 的关系，而泊桑比的值应在 $0\sim0.49$，所以 *B* 还应符合下式

$$E_t/3 \leqslant B \leqslant 17E_t \tag{1.4.1-15}$$

综上所述，应用邓肯-张的 *E-B* 模型需确定的参数有：确定初始模量 E_i 的 *K* 和 *n*，确定体积变形模量的 K_b 和 *m*，土的强度指标 *c* 和 φ，联系土体极限强度与双曲线渐近值的破坏比 R_f，以及进行卸载再加载计算的参数 K_{ur} 和 ν_{ur}，共 9 个参数。

1.4.1.4　邓肯-张模型的主要局限

（1）对于密实砂土及超固结黏性土，$q\varepsilon_1$ 曲线有软化段，和上述的双曲线不同。所以对于这类土如需计算到软化段，此模型是不适用的。

（2）此模型为非线性弹性模型，所以不能模拟土的剪胀性，即不能模拟由剪应力引起的体积应变。所以，在塑性程度较低的情况下才较适用。

（3）由上述计算模量的几个公式可见，当应力 σ_3 很小甚至为负的情况下（以压为正），模量的计算会遇到困难。为此有研究者建议采用前期固结压力，也有建议采用 $\sigma_3 + c\cot\varphi$ 来代替 σ_3。岩土有限元软件 PLAXIS 中是采用后一方法。

（4）土的强度及变形与应力路径有关，应力路径不同其强度及模量也有所差异。根据具体工程问题中的代表性应力路径进行试验确定模型参数，才能更好反映实际情况。不应一律采用加大轴向应力的三轴压剪试验。

1.4.2　Mohr-Coulomb 模型及其积分

1.4.2.1　Mohr-Coulomb 模型要点

Mohr-Coulomb 模型是一种理想弹塑性模型。屈服之前采用广义胡克定律确定土的应力应变关系，屈服后则为理想塑性，亦即屈服限等于极限应力。所以，此模型的屈服条件

直接采用土的极限条件，如对主应力按大小进行排序后为：

$$f_1(\sigma) = 0.5(\sigma_1 - \sigma_3) - 0.5(\sigma_1 + \sigma_3)\sin\varphi - c\cos\varphi = 0 \qquad (1.4.2\text{-}1)$$

由于是理想塑性，该屈服函数表达式中不包含硬化参数。

流动法则对于土一般均采用不相关联的流动法则，因为若采用相关联的流动法则得到的剪胀应变明显偏大（见 1.3 节的图 1.3.3-3）。这样，对应的塑性势函数为

$$g_1(\sigma) = 0.5(\sigma_1 - \sigma_3) - 0.5(\sigma_1 + \sigma_3)\sin\psi - c\cos\psi = 0 \qquad (1.4.2\text{-}2)$$

其中 ψ 为剪胀角，一般均小于土的内摩擦角 φ。对于砂土二者间的一个近似经验关系是

$$\psi \approx \varphi - 30° \qquad (1.4.2\text{-}3)$$

此外，按上述屈服条件，对于黏性土，摩尔库仑模型夸大了土的抗拉强度。实际上土的抗拉强度几乎等于零。当计算的问题中可能出现拉应力时，对摩尔库仑模型应进行拉伸截断（Tension Cut-off），也就是限定三个主应力均不得为拉（图 1.4.2-1）。

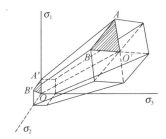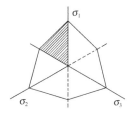

图 1.4.2-1　考虑拉伸截断的摩尔库仑屈服面

Mohr-Coulomb 模型的另一个不足是，完全没有考虑中主应力的影响，材料强度完全由大、小主应力确定。但试验表明由此引起的误差并不大，一般来说能较好地反映土在一般应力状态下的强度，适宜于计算土工结构的极限状态。当然，这里的"极限状态"还未到达临界状态土力学中所说的充分剪切变形后的"临界状态"，所以对于黏性土此时还可以考虑内聚力对强度的贡献。

由上可知，摩尔库仑模型需要 5 个参数，包括：与弹性变形相关的变形模量 E 和泊桑比 ν，以及与强度和塑性变形相关的参数 c、φ 和 ψ。由于这是一个高度简化的应力应变模型，其参数取值更需要根据问题的特点来决定。比如对于变形模量，当计算的结构应力水平低而确实处于弹性阶段时，变形模量 E 应取前述的 E_i；如应力水平较高，则变形模量一般应取 0.5 倍极限应力所对应的割线模量 E_{50}（图 1.4.2-2）。E_{50} 与小主应力的近似关系式与邓肯-张模型中所用模量类似，即

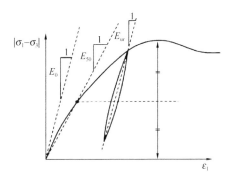

图 1.4.2-2　割线模量 E_{50} 等的定义

$$E_{50} = K_{50} p_a \left(\frac{\sigma_3 + c\cot\varphi}{p_a + c\cot\varphi} \right)^n \qquad (1.4.2\text{-}4)$$

其中的参数 K_{50}、n 由三轴试验确定。相应的泊桑比在排水条件下可取 $0.3 \sim 0.4$。若是卸载问题，则应采用卸载再加载模量 E_{ur} 和弹性泊桑比 ν_{ur}，E_{ur} 的确定见式（1.4.1-11），ν_{ur} 则可在 $0.15 \sim 0.25$ 之间取值。

1.4.2.2 Mohr-Coulomb 模型的简化积分方法

针对此种应力-应变模型，这里简要介绍一种由应变增量计算应力增量的较为简便的返回映射法，详细的讨论请参见 Song & Vermeer，1994。

按此方法先由下列第一式计算一般坐标下的试探应力，再由第二式将其转换为主应力 $\{\sigma^e\}$：

$$\{\tilde{\sigma}^e\} = \{\sigma_0\} + [D]\{\Delta \varepsilon\} \tag{1.4.2-5}$$

$$\{\sigma^e\} = [T]\{\tilde{\sigma}^e\} \tag{1.4.2-6}$$

其中 $[T]$ 为计算主应力的转换矩阵，其确定方法见本书附录。

由试探主应力 $\{\sigma^e\}$ 按下面所讲返回映射法求出主应力空间的塑性应力增量 $\{\Delta\sigma^p\}$，之后按照一般坐标系下的塑性应力增量 $\{\Delta\tilde{\sigma}^p\}$ 的主轴与 $\{\sigma^e\}$ 的主轴近似重合，则有

$$\{\Delta \tilde{\sigma}^p\} = [T]^{-1}\{\Delta \sigma^p\} \tag{1.4.2-7}$$

这样即可求出一般坐标系下符合弹塑性模型的应力为：

$$\{\tilde{\sigma}\} = \{\tilde{\sigma}^e\} - \{\Delta \tilde{\sigma}^p\} \tag{1.4.2-8}$$

也就是在主应力、主应变空间进行计算，之后再由主应力空间的计算结果给出一般直角坐标系下的结果。

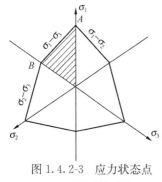

图 1.4.2-3 应力状态点
在 π 平面的区域

现在来看主应力空间的返回映射方法。对弹性试探应力首先判断是否屈服。由于是在主应力空间进行计算，对主应力按大小排序，应力状态点必然在图 1.4.2-3 中所示 π 平面上与 $\sigma_1 \sim \sigma_3$ 屈服面对应的 60° 范围内，真实应力点只能在图中 AB 线上及其以内，而需进行返回映射的试探应力点必在 AB 线以外。所以，屈服时必有

$$f_1(\sigma^e) > 0 \tag{1.4.2-9}$$

但当试探应力点在 A 点的角区时，还会用到第二屈服面，因而有：

$$f_2(\sigma^e) = 0.5(\sigma_1^e - \sigma_2^e) - 0.5(\sigma_1^e + \sigma_2^e)\sin\varphi - c\cos\varphi > 0 \tag{1.4.2-10}$$

如试探应力点在 B 点的角区，第二屈服面应取与 $\sigma_2 \sim \sigma_3$ 对应的屈服面，则有：

$$f_2(\sigma^e) = 0.5(\sigma_2^e - \sigma_3^e) - 0.5(\sigma_2^e + \sigma_3^e)\sin\varphi - c\cos\varphi > 0 \tag{1.4.2-11}$$

角区边界由角点处屈服面 f_1 的返回映射线确定，即当试探应力在返回映射线以外时则属于角区。而返回映射线是由相对应的塑性势面在角点处的法线左乘弹性矩阵 $[D]$ 得到，也就是 $-\{d\sigma_p\}$ 的方向。需说明的是，当泊桑比不等于零时，返回线与塑性势面的法线不同。同时需注意，只有试探应力位于如此确定的角区时，才利用两个屈服面进行上述计

算，否则应仅采用第一屈服面 f_1 和相应的势面 g_1。

由流动法则有塑性应变增量

$$\{\Delta \varepsilon^{\mathrm{p}}\} = \sum_{i=1}^{n} \Delta\lambda_i \left\{ \frac{\partial g_i}{\partial \sigma} \right\} \tag{1.4.2-12}$$

这里的 n 仅对角区的点取 2，否则取 1。

塑性应力增量及返回映射确定的实际应力分别为

$$\{\Delta \sigma^{\mathrm{p}}\} = [D]\{\Delta \varepsilon^{\mathrm{p}}\} = \sum_{i=1}^{n} \Delta\lambda_i [D] \left\{ \frac{\partial g_i}{\partial \sigma} \right\} \tag{1.4.2-13}$$

$$\{\sigma\} = \{\sigma^{\mathrm{e}}\} - \sum_{1}^{n} \Delta\lambda_i [D] \left\{ \frac{\partial g_i}{\partial \sigma} \right\} \tag{1.4.2-14}$$

之后再利用一致性条件列方程解出塑性乘子。在角区时，利用 $f_1(\{\sigma\}) = 0$ 和 $f_2(\{\sigma\}) = 0$ 两个一致性条件，并在试探应力点进行一阶泰勒展开可得以下方程组：

$$\begin{cases} \Delta\lambda_1 \left\{ \dfrac{\partial f_1}{\partial \sigma} \right\}^{\mathrm{T}} [D] \left\{ \dfrac{\partial g_1}{\partial \sigma} \right\} + \Delta\lambda_2 \left\{ \dfrac{\partial f_1}{\partial \sigma} \right\}^{\mathrm{T}} [D] \left\{ \dfrac{\partial g_2}{\partial \sigma} \right\} = f_1(\sigma^{\mathrm{e}}) \\ \Delta\lambda_1 \left\{ \dfrac{\partial f_2}{\partial \sigma} \right\}^{\mathrm{T}} [D] \left\{ \dfrac{\partial g_1}{\partial \sigma} \right\} + \Delta\lambda_2 \left\{ \dfrac{\partial f_2}{\partial \sigma} \right\}^{\mathrm{T}} [D] \left\{ \dfrac{\partial g_2}{\partial \sigma} \right\} = f_2(\sigma^{\mathrm{e}}) \end{cases} \tag{1.4.2-15}$$

由此方程组解出 $\Delta\lambda_1$、$\Delta\lambda_2$，再由前面的式（1.4.2-14）得到符合材料本构模式的应力。

对拉伸截断所形成的角点可采用类似的方法处理。此时拉伸截断面是屈服面的一部分，对此部分屈服面采用相关联的流动法则。由图 1.4.2-1 可见，其中的角点 A' 涉及 4 个屈服面及相应的塑性势面，角点 B' 涉及 3 个屈服面及相应的塑性势面。

1.4.3 Drucker-Prager 模型

Drucker-Prager 模型是对 Mohr-Coulomb 模型的近似，正如 von Mises 模型是对 Tresca 模型的近似一样，旨在采用连续光滑的屈服面，避免处理角区的复杂计算。所以，该模型也是一种理想弹塑性模型。早期建议的屈服面在主应力空间有 Mohr-Coulomb 屈服面的外接圆锥和内切圆锥。此时屈服函数写为

$$\sqrt{J_2} = \alpha I_1 + k = \alpha(I_1 + 3a) \tag{1.4.3-1}$$

其中 α 及 a 与土的强度参数的关系为：

$$\alpha = \frac{2\sin\varphi}{\sqrt{3}(3 - \sin\varphi)} \quad （外接圆锥） \tag{1.4.3-2}$$

$$\alpha = \frac{\sin\varphi}{\sqrt{9 + 3\sin^2\varphi}} \quad （内切圆锥） \tag{1.4.3-3}$$

$$a = c\cot\varphi \tag{1.4.3-4}$$

由图 1.4.3-1 可知，式（1.4.3-2）所示与外接圆锥对应的 α 计算式可由屈服条件式（1.4.3-1）在三轴压剪应力状态下与 Mohr-Coulomb 屈服条件一致而得出，式（1.4.3-3）所示与内切圆锥对应的 α 计算式可由 Mohr-Coulomb 屈服面任一边到 π 平面中心最近点的

应力状态符合屈服条件式（1.4.3-1）来确定。

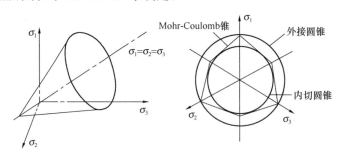

图 1.4.3-1　Drucker-Prager 模型的屈服面

但是，Drucker-Prager 模型对 Mohr-Coulomb 模型的近似并没有 von Mises 模型对 Tresca 模型的近似那样令人满意，特别是当内摩擦角较大时，Mohr-Coulomb 模型的屈服面在 π 平面内接近三角形，无法用一个外接圆或内切圆来近似。而试验表明，Mohr-Coulomb 屈服面更符合实际。从另一角度看，Drucker-Prager 模型的这种误差是因为夸大了中主应力对强度的贡献。为此，有研究者建议对外接锥和内切锥取平均，即采用所谓折中锥，从图形直观来看，可以在一定程度上减小此模型与 Mohr-Coulomb 模型的差异。

但是，对于平面应变问题，笔者仔细分析了材料屈服破坏时应力状态的 Lode 角，发现对于常见剪胀角较小的情况，Lode 角有确定的值，对应应力状态点在 Drucker-Prager 圆与 Mohr-Coulomb 不规则六边形的切点附近（详细推导见 Song，1990），并由此给出 Drucker-Prager 模型的参数为

$$\alpha = \frac{1}{3}\sin\varphi, \quad a = \frac{c\cos\varphi}{3\alpha} \tag{1.4.3-5}$$

与前面所给模型参数对比可见，由此得出的 a 值与前相同，α 值与式（1.4.3-3）所给内切圆锥的 α 很接近。这就是说，对于工程中经常遇到的平面应变问题采用内切锥计算的结果较为合理，而非外接锥或折中锥。

和 Mohr-Coulomb 模型类似，Drucker-Prager 模型的塑性势函数与屈服函数的形式类似，只是需用剪胀角 ψ 代替内摩擦角 φ 来计算塑性势函数中的系数。此外，对于黏性土此模型同样需要拉伸截断。

在屈服函数及塑性势函数确定后，再用上节的知识则可给出应力与应变的增量关系。这里不再赘述。

1.4.4　基于松冈-中井空间滑动面的弹塑性模型

由 1.4.2 节和 1.4.3 节的介绍可见，摩尔库仑模型能较好反映土的强度特性，但由于屈服面不是光滑曲面，相应的应力-应变积分较复杂。此外，它只考虑最大和最小主应力，完全不考虑中主应力的大小，也就是不考虑中主应力的影响。Drucker-Prager 模型屈服面为一光滑锥面，但它给出的屈服准则与实际差异较大。从考虑中主应力的角度看，它严重夸大了中主应力的影响。松冈、中井（Matsuoka & Nakai，1974）基于所发现的空间滑动面（Spatial Mobilized Plane）而提出的屈服准则，较前两者均有改进。其屈服面是外接于摩尔库仑屈服面全部 6 个角点的锥面，这与 Mises 屈服面外接于 Tresca 屈服面的 6 个角点类似（图

1.4.4-1)。试验表明，同摩尔库仑模型相比，它较好反映了中主应力的影响。

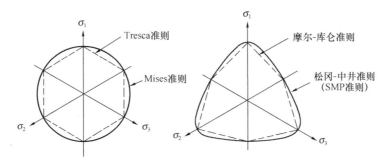

图 1.4.4-1 π 平面中的屈服面

松冈-中井空间滑动面相对于摩尔库仑破裂面的关系完全类似于 Mises 应力所在等倾面相对于 Tresca 最大剪应力面的关系。如图 1.4.4-2 所示，Tresca 屈服准则是考虑三个主应力中两两组合所对应的最大剪应力，其所在切面与相应主应力所在面成 45°角；而 Mises 屈服准则是考虑三个主应力之等倾面上的剪应力，亦即八面体剪应力。摩尔库仑屈服准则是考虑三个主应力两两组合所计算的剪应力与相应正应力之比的最大值，其所在切面与相应两主应力中较大者所在面成 $45° + \varphi/2$ 角，具体见图 1.4.4-3（a）；而空间滑动面则是相对于每一主

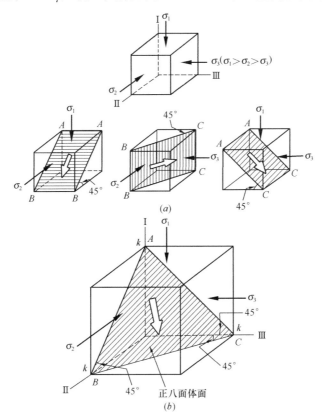

图 1.4.4-2 三个最大剪应力面和正八面体面
(a) 三个最大剪应力面；(b) 正八面体面

[（日）松冈元著，罗汀、姚仰平编译，2001]

应力都倾斜的面，其确定方法如图 1.4.4-3 (b)，图中 φ_{moij} (i, $j=1$, 2, 3) 是与 $\sigma_i \sim \sigma_j$ 对应的机动摩擦角，也就是它们与相应主应力满足摩尔库仑极限条件 $\sqrt{\sigma_i} = \sqrt{\sigma_j} \tan(45° + \varphi_{moij}/2)$。松冈-中井屈服准则是考察空间滑动面上的剪应力与正应力之比。

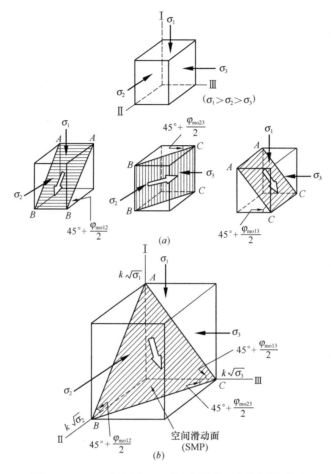

图 1.4.4-3　三个 Mohr-Coulomb 滑移面和空间滑动面
(a) 3 个滑动面；(b) 空间滑动面（SMP）
[（日）松冈元著，罗汀、姚仰平编译，2001]

松冈与中井给出其空间滑动面上的剪应力与正应力之比为：

$$\frac{\tau_{SMP}}{\sigma_{SMP}} = \frac{1}{3}\sqrt{\frac{(\sigma_1 - \sigma_2)^2}{\sigma_1 \sigma_2} + \frac{(\sigma_2 - \sigma_3)^2}{\sigma_2 \sigma_3} + \frac{(\sigma_3 - \sigma_1)^2}{\sigma_3 \sigma_1}} \qquad (1.4.4-1)$$

由此可构造屈服准则：

$$\frac{1}{3}\sqrt{\frac{(\sigma_1 - \sigma_2)^2}{\sigma_1 \sigma_2} + \frac{(\sigma_2 - \sigma_3)^2}{\sigma_2 \sigma_3} + \frac{(\sigma_3 - \sigma_1)^2}{\sigma_3 \sigma_1}} = \alpha_1 \qquad (1.4.4-2)$$

而摩尔库仑屈服条件可以写成：

$$\left(\frac{\tau}{\sigma}\right)_{max} = \frac{\sigma_1 - \sigma_3}{2\sqrt{\sigma_1 \sigma_3}} = \tan\varphi \qquad (1.4.4-3)$$

对于三轴剪切应力状态，上列二式应给出关于是否屈服的相同判断，因此应有：

$$\alpha_1 = \frac{2\sqrt{2}}{3}\tan\varphi \approx 0.9428\tan\varphi \tag{1.4.4-4}$$

为便于进行应力应变积分，也可将式（1.4.4-2）平方后再将式（1.4.4-4）代入写为：

$$\frac{(\sigma_1-\sigma_2)^2}{\sigma_1\sigma_2} + \frac{(\sigma_2-\sigma_3)^2}{\sigma_2\sigma_3} + \frac{(\sigma_3-\sigma_1)^2}{\sigma_3\sigma_1} = 8\tan^2\varphi \tag{1.4.4-5}$$

实际计算时常采用应力或偏应力的不变量。当采用应力不变量替换式（1.4.4-1）中的三个主应力时，不难验证下式成立：

$$\frac{\tau_{\text{SMP}}}{\sigma_{\text{SMP}}} = \sqrt{\frac{I_1 I_2 - 9 I_3}{9 I_3}} \tag{1.4.4-6}$$

其中三个应力不变量与主应力的关系式为

$$I_1 = \sigma_1+\sigma_2+\sigma_3, \quad I_2 = \sigma_1\sigma_2+\sigma_2\sigma_3+\sigma_3\sigma_1, \quad I_3 = \sigma_1\sigma_2\sigma_3 \tag{1.4.4-7}$$

由此可得出松冈-中井屈服准则的另一形式：

$$I_1 I_2 - (8\tan^2\varphi + 9) I_3 = 0 \tag{1.4.4-8}$$

将此式中的内摩擦角 φ 用剪胀角 ψ 代替则给出相应塑性势函数。

以上屈服准则中没有考虑土的黏聚力 c，亦即是针对无黏性土的。当黏聚力大于零时，屈服锥面的顶点沿等倾线的负向移动一定距离，对同样的应力其抗剪强度增大。计算时可将正应力均增大 $c\cot\varphi$ 后代入到上述屈服准则进行计算。

§1.5 几种应变硬化本构模型

1.5.1 剑桥模型及有关理论

剑桥模型是基于临界状态土力学理论建立的一种针对黏性土的本构模型。在讨论此模型之前，有必要先了解临界状态土力学的基本理论。

1.5.1.1 临界状态土力学的基本理论

临界状态土力学（Critical State Soil Mechanics）是剑桥大学土力学研究团队，经大量试验研究及理论分析，综合已有相关研究，在 20 世纪 60 年代建立的一套针对重塑饱和土强度及变形的理论。了解此理论对研究一般土的力学特性同样有重要参考价值。

临界状态土力学理论认为，对任一给定组分的土其可能的应力状态及密实程度可用三个状态变量来描述，即有效平均压应力 $p=(\sigma_1+\sigma_3+\sigma_3)/3$、偏应力 $q=\sigma_1-\sigma_3$ 及孔隙比 e（或比体积 $V=1+e$）来描述。在 p、q、e 三维空间中，土体可能的状态只能在图 1.5.1-1 所示曲面内或以下，该曲面称为土的状态边界面。当土的状态点在此曲面下方时，土处于弹性状态；

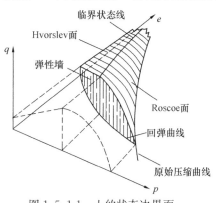

图 1.5.1-1 土的状态边界面

当土的状态点到达状态边界面时，土处于塑性状态。该曲面的右侧部分称为 Roscoe 面，左侧部分称为 Hvorslev 面，左右两部分曲面的交线为临界状态线 CSL，前面已经提及的土的临界状态位于这临界状态线上。

临界状态线在 p-e 坐标面的投影，是一个位于原始压缩曲线左侧并与之平行的曲线，而在 p-q 面的投影是一过原点的直线，其倾角与土的残余强度指标对应。这里临界状态线过原点，是因为土体受充分剪切后，已完全丧失颗粒间原来存在的黏结。

位于临界状态线右侧的 Roscoe 面，其右边界是位于 p-e 面内的原始压缩曲线；位于临界状态线左侧的 Hvorslev 面往左延伸到 e 轴正上方为止。如考虑土不能承受任何拉应力，则状态边界面的最左侧应为自 e 轴向右上倾斜的面。

可以看出状态边界面形状与土的主要强度特性相吻合。比如，随着孔隙比增大，土的抗剪强度减小，反之则增大，等等。

不管是正常固结土还是超固结土，当承受剪切作用时，随剪应力增大其状态点将从状态边界面下方某点移动到状态边界面，之后状态点在边界面上移动，最终均将到达临界状态线。之后便不再移动，亦即 e、p、q 均保持不变，仅剪切变形持续发展。下面分别以不同固结度土的三轴排水和不排水剪切变形过程，详细说明不同情况下状态点在状态空间的移动过程。

（1）正常固结或轻度超固结土的三轴排水压剪试验。在施加剪应力之前，土的状态点位于 p-e 面上 CSL 投影线的右侧（或者偏左不多的位置）。随剪应力的增大，土的状态路径在 p-q 面的投影应是斜率为 3 的直线。到达状态边界面之前，因土处于弹性状态，剪应力不引起体积变化（即"剪正不耦合"），状态路径在 p-e 面的投影是过初始状态点的回弹再压缩曲线。亦即此时状态路径位于自该回弹再压缩曲线向上立起的竖直面内，这竖直面称为弹性墙，其上边界是状态边界面。随着剪应力的增大，状态点将到达 Roscoe 边界面（正常固结土的初始状态位于原始压缩曲线，亦即其初始状态便已位于状态边界面），之后只能在面内移动。同时，由于土为正常固结或轻度超固结，进入塑性后发生体积剪缩，状态路径在 Roscoe 面上向着 e 减小的方向移动，从而剪应力增大，也就是塑性硬化，且 Δq 仍以 $3\Delta p$ 的比例上升。但此时因有塑性体积变形，p 与 e 的关系不再符合某一确定的回弹再压缩曲线。随着剪应力的不断增大，这状态路径将到达 CSL，也就是达到临界状态，之后 p、q、e 均保持不变，只有剪切塑性变形持续发展。

（2）高度超固结土的三轴排水压剪试验。此种情况下，在施加剪切之前，土的初始状态点位于 p-e 面上 CSL 投影线的左侧。随剪应力的增大，土的状态路径在弹性墙内并保持 Δq 与 Δp 之比为 3 的比例上升到 Hvorslev 面，之后状态点只能在该边界面内移动。同时，由于土为高度超固结，进入塑性后发生剪胀，状态路径向着 e 增大的方向移动，从而发生软化，试验施加的剪应力只能逐步减小。但因是三轴压剪试验，Δq 与 Δp 之比仍为 3，只是现在的增量为负值。由 CSL 的空间形态可以理解，状态点随剪胀、软化的发展将达到 CSL，即达到临界状态。

（3）正常固结或轻度超固结土的三轴不排水压剪试验。施加剪切前土的状态点位于 p-e 面上 CSL 投影线的右侧。由于是不排水剪切，土的孔隙比保持不变。在到达边界面之前，土体为弹性，没有塑性体积变形，故有效平均压力 p 也保持不变，这样随剪应力的增大，土的状态路径从初始点竖直上升。到达 Rocsoe 边界面后，发生体积剪缩，但因总体积保持不变，故同时会伴有体积的弹性膨胀，有效压应力 p 减小，亦即状态路径在边界面上沿着与 p 轴平行的路径左移，最后将达到临界状态，之后 p、e、q 均保持不变，仅塑性剪切变形持续发展。

（4）高度超固结土的三轴不排水压剪试验。施加剪切前土的状态点位于 p-e 面上 CSL 投影线的左侧。同样，随剪应力的增大，土的状态路径从初始点竖直上移到 Hvorslev 边界面。之后发生塑性体积剪胀，但总体积保持不变，故同时伴有体积的弹性压缩，有效压应力增大，亦即状态路径在边界面内沿着与 p 轴平行的路径右移，由 Hvorslev 面的形状可知此时土体硬化，最后达到临界状态。

由上述理论还可理解，对于组分（颗粒形状、矿物组成、颗粒级配）给定的土，在不排水条件下，只要初始密实度相同，则到临界状态时的平均有效压应力 p 和偏差应力 q 即相同。因为此条件下体积保持不变，必到临界状态线上的同一点。而在排水条件下，只要围压相同，则最终比体积和 q 即相同。因为到临界状态时，不再发生剪胀或剪缩，摩擦角基本上只是由其组分决定的值。当然，临界状态对应的变形较大，特别是密实砂土和高度超固结黏性土。

以上讨论中只是涉及超固结和正常固结土，而未提及欠固结土。实际上，欠固结土是在自重应力下的压缩和剪切尚未完成的土。如自重应力只引起等向压缩，则欠固结土的初始状态点位于原始压缩曲线上的某一点，随着其固结过程发展，状态点沿原始压缩曲线移动。如自重应力同时也引起剪切，那么欠固结土随固结过程发展，其状态路径从一开始便在 Roscoe 面上移动。

此外，以上讨论中，对土的初始状态就明确了是否高度超固结，且只考虑了三轴压剪试验中的状态路径。轻度超固结和正常固结土的状态点将到 Roscoe 面，同时因为超固结度低而发生剪缩；高度超固结土的状态点将到 Hvorslev 面，同时因超固结度高而发生剪胀。而实际上，不管土的初始状态如何，从理论上来说，依所施加作用的不同，其状态点可能到达边界面的任意部位。但是，只要状态点到达 Roscoe 面，土便发生剪缩；到达 Hvorslev 面，土便发生剪胀。因为 Hvorslev 面内的点到 p-e 面的投影点更偏于左侧，也就是属于高度超固结；而 Roscoe 面内的点到 p-e 面的投影点更偏于右侧，也就是属于轻度超固结或正常固结。也就是说，究竟应剪胀还是剪缩，决定于土的当前超固结度，而非初始超固结度。

1.5.1.2 剑桥应力-应变模型

现拟在上述理论基础上提出土的应力-应变弹塑性模型，亦即要给出屈服条件、硬化规律和流动法则这三要素。

先看屈服条件或屈服面。首先要明确，上述的状态边界面不是屈服面，因为屈服面应是定义在应力空间的曲面，且可以随塑性应变或塑性功之类参数的变化而改变其大小和位置，也就是发生硬化或软化。

这样，不难理解，前述提到的弹性墙的上边界线到 p-q 面的投影实际上是屈服面。该边界线的右侧部分是位于 Roscoe 面内的一曲线，而左侧部分是位于 Hvorslev 面内的曲线。因为至此两部分边界面的方程未知，所以这两段曲线的方程也还不明确。剑桥模型引入一定的假设，通过塑性变形过程中的能量分析导出屈服面的方程。

原始剑桥模型屈服面方程的推导如下。该模型假设：①土体屈服后，其剪切应变完全

27

是塑性的；②塑性流动符合相关联流动法则；③屈服面的左右两部分近似用一个方程来描述。

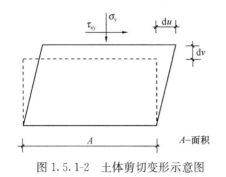

图 1.5.1-2　土体剪切变形示意图

如图 1.5.1-2 所示，设土体在剪切作用下发生剪胀变形，根据能量守恒原理可以认为正应力和剪应力所做的塑性功等于摩擦产生的能量耗损。这里剪胀变形 $\mathrm{d}v$ 为塑性变形，剪切变形按前述假设认为完全为塑性，因此有：

$$\tau_{xy} A \mathrm{d}u - \sigma_y A \mathrm{d}v = \mu \sigma_y A \mathrm{d}u \qquad (1.5.1\text{-}1)$$

这里，μ 为摩擦系数。

式（1.5.1-1）又可写成

$$\frac{\tau_{xy}}{\sigma_y} = \mu + \frac{\mathrm{d}v}{\mathrm{d}u} \qquad (1.5.1\text{-}2)$$

仿此可以写出

$$\frac{q}{p} = M - \frac{\mathrm{d}\varepsilon_v^p}{\mathrm{d}\varepsilon_s^p} \qquad (1.5.1\text{-}3)$$

式右端"—"号是由于这里体积应变以压为正。

由于塑性流动方向与屈服面正交，在屈服面上任意一点 $[\mathrm{d}p \quad \mathrm{d}q]^{\mathrm{T}}$ 与 $[\mathrm{d}\varepsilon_v^p \quad \mathrm{d}\varepsilon_s^p]^{\mathrm{T}}$ 正交，其内积为零，故有：

$$\frac{\mathrm{d}q}{\mathrm{d}p} = -\frac{\mathrm{d}\varepsilon_v^p}{\mathrm{d}\varepsilon_s^p} \qquad (1.5.1\text{-}4)$$

将式（1.5.1-4）的 $\mathrm{d}\varepsilon_v^p / \mathrm{d}\varepsilon_s^p$ 代入式（1.5.1-3）有

$$\frac{\mathrm{d}q}{\mathrm{d}p} - \frac{q}{p} + M = 0 \qquad (1.5.1\text{-}5)$$

令 $q/p = Z$ 代换可求出此微分方程的解为

$$\frac{q}{Mp} + \ln p = C \qquad (1.5.1\text{-}6)$$

若记屈服面与 p 轴交点处的 p 值为 p_0，亦即 $p = p_0$ 时 $q = 0$，则可求出待定常数 C，从而有屈服面方程为

$$\frac{q}{p} - M \ln \frac{p_0}{p} = 0 \qquad (1.5.1\text{-}7)$$

若设屈服面与 CSL 的交点已知，为 (p_x, Mp_x)，代入式（1.5.1-6）求出待定常数 C，则可得到屈服面方程的另一形式为：

$$\frac{q}{p} - M \ln \frac{p_x}{p} - M = 0 \qquad (1.5.1\text{-}8)$$

该屈服面的形状如图 1.5.1-3 所示。

再看硬化规律，即要确定屈服面应随哪个塑性应变分量的变化而变化。

首先需明确，按弹塑性理论，当材料进入塑性后，应力增量与弹性变形间的关系仍然符合弹性关系。因此，当应力状态沿剑桥模型的同一屈服面移动时，p 与弹性孔隙比 e^e 的

关系仍符合回弹再压缩曲线。但是，剑桥模型的任一给定屈服面在 p-e 面的投影本来就在回弹再压缩曲线上，与任一给定 p 值对应的 e^c 也就是总的孔隙比 e。所以，对于此模型，应力状态沿同一屈服面移动时，孔隙比没有塑性变化，亦即塑性体积应变不发生改变。而当有塑性体积应变的变化时，屈服面便要发生改变，也就是说塑性体积应变是该模型的硬化参数。

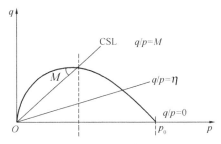

图 1.5.1-3 原始剑桥模型的屈服面

这样，只需给出屈服面上任意一特殊点随塑性体积应变变化的情况，即给出了硬化规律。由式（1.5.1-7）所示屈服面方程可见，屈服面的位置可由其与 p 轴的交点坐标 p_0 决定，该点也是当前屈服面所对应回弹再压缩曲线与原始压缩曲线的交点，相应 p_0 值为先期固结压力。它与塑性体积应变的关系可根据原始压缩及回弹曲线得到。

当有效平均压应力增量为 $\mathrm{d}p$，由原始压缩曲线有孔隙比 e 的增量：

$$\mathrm{d}e = -\lambda\frac{\mathrm{d}p}{p} \tag{1.5.1-9}$$

其中的弹性增量为：

$$\mathrm{d}e^c = -\kappa\frac{\mathrm{d}p}{p} \tag{1.5.1-10}$$

所以，塑性增量为：

$$\mathrm{d}e^p = -(\lambda-\kappa)\frac{\mathrm{d}p}{p} \tag{1.5.1-11}$$

按小变形理论则有塑性体积应变增量为：

$$\mathrm{d}\varepsilon_v^p = \frac{-\mathrm{d}e^p}{1+e_0} = \frac{\lambda-\kappa}{1+e_0}\frac{\mathrm{d}p}{p} \tag{1.5.1-12}$$

由此可知 p_0 与塑性体积应变的增量关系为

$$\mathrm{d}\varepsilon_v^p = \frac{\lambda-\kappa}{1+e_0}\frac{\mathrm{d}p_0}{p_0}，\quad \mathrm{d}p_0 = \frac{1+e_0}{\lambda-\kappa}p_0\,\mathrm{d}\varepsilon_v^p \tag{1.5.1-13}$$

这就是剑桥模型的硬化规律。随塑性体积应变的增减，p_0 增大或减小，从而改变屈服面的大小（见式 1.5.1-7）。

前已述及，剑桥模型采用相关联的流动法则。这样，剑桥弹塑性模型的三要素便已明确。而弹性阶段的应力应变关系，由式（1.5.1-11）按上述思路可得到弹性体积变形模量的计算式

$$B_{ur} = \frac{(1+e_0)p}{\kappa} \tag{1.5.1-14}$$

若再已知弹性变形时的泊桑比 ν_{ur}，则可进行非线性弹性有关的计算。至此就构成一个完整的弹塑性本构模型。

但是，由剑桥模型的屈服面形状可知（图 1.5.1-3），它存在一些不合理之处。主要有：①由于相应于 Hvorslev 边界面的屈服面也采用如上推出的方程所对应的曲面，而又采用相关联的流动法则，对于超固结土，此模型给出的剪胀可能偏大；②当应力

状态为等向压缩时，同样因采用相关联的流动法则，模型仍给出塑性剪切变形，这显然也不合理。

因此，又提出了修正剑桥模型。修正剑桥模型的屈服面为半椭圆曲线，半椭圆的顶点恰好位于 CSL 线上（图 1.5.1-4）。它是以 $p_0/2$ 及 $Mp_0/2$ 为半轴长度，中心在 $(p_0/2, 0)$ 的椭圆，由此不难写出其方程为：

$$q^2 - M^2(pp_0 - p^2) = 0 \qquad (1.5.1\text{-}15)$$

显然，该修正剑桥模型只是改进了前面所述的第二个问题，因此仍只是对正常固结土或轻度超固结土才较适用。

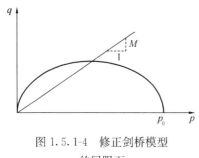

图 1.5.1-4　修正剑桥模型
的屈服面

由上可见，剑桥模型和修正剑桥模型均不显含黏聚力 c。但是，对于正常固结土或轻度超固结土，其加载计算只涉及屈服面在临界状态线（CSL）右侧的一半，其峰值强度由 CSL 决定，这恰恰体现了正常固结土的固结压力为零则抗剪强度为零的理论。对于超固结度较高的土，其加载计算只涉及屈服面在 CSL 左侧的一半。显然，在平均压应力相同的条件下，高度超固结土的峰值强度远高于正常固结土，而其发生较大变形时的残余强度与同样组分的正常固结土相同。因此可以说，工程中所用 c 值的作用在这里实际上已予以考虑，不显含 c 值只是忽略了土的拉伸强度。

至此可见，利用剑桥模型进行计算需要的参数，对于正常固结土有 5 个：等向压缩和回弹指数 λ 及 κ、初始孔隙比 e_0、弹性泊桑比 ν_{ur} 以及临界状态线的斜率 M。若所考虑的土有一定的超固结度，还需给出土的前期固结压力 p_0。对 M 的取值下面予以讨论。

1.5.1.3　参数 M 取值及有关讨论

由前述介绍已知，参数 M 是临界状态线在 $p\text{-}q$ 面投影线的斜率，亦即

$$q = Mp \qquad (1.5.1\text{-}16)$$

并且，按临界状态土力学理论，M 是与具体应力状态无关的常数，亦即不管三轴压剪还是三轴拉剪或其他任何应力状态，剪应变充分发展后土的状态点均将到达同一条临界状态线。

现考察式（1.5.1-16）所示临界应力条件在主应力空间的形态。由于

$$p = (\sigma_1 + \sigma_2 + \sigma_3)/3, \qquad q = \sigma_1 - \sigma_3$$

在主应力空间中式（1.5.1-16）为平面，它与 π 平面的交线为直线。如果不对主应力按大小排序，则类似式（1.5.1-16）的条件应写出 6 个，它们所对应的平面与 π 平面的交线将形成一个六边形。取其中一个临界应力条件分析其对应面与 π 平面的交线，分别考察此交线上对应于三轴压剪（$\sigma_1 > \sigma_2 = \sigma_3$）和三轴拉剪（$\sigma_1 = \sigma_2 > \sigma_3$）的点，可知此二点距 π 平面中心的距离相同。亦即，临界应力条件在三维应力空间是一个正六棱锥，它与 π 平面的交线为正六边形。

但由上节已知，摩尔库仑模型可以较好反映土的强度特性。因此，这里的问题是如何将临界应力状态面的正六边形与摩尔库仑破坏强度准则的不规则六边形拟合。也就是 M

如何取值使临界应力条件与摩尔库仑条件接近。若要求三轴压剪应力状态下两强度条件一致则有

$$M = \frac{6\sin\varphi}{3 - \sin\varphi} \qquad (1.5.1\text{-}17)$$

若要求三轴拉剪应力状态下两强度条件重合则有

$$M = \frac{6\sin\varphi}{3 + \sin\varphi} \qquad (1.5.1\text{-}18)$$

但在实际应用中，很少有土工结构中的应力均为三轴压剪或三轴拉剪状态。所以，无论采用上述哪一式对 M 取值，都可能有较大误差。

不过，对于平面应变问题，仍可采用笔者对 Drucker-Prager 模型的分析结论。由式（1.4.3-5）所给 α 的计算式，注意到 q、p 与 $\sqrt{J_2}$、I_1 的差异，则可得出

$$M = \sqrt{3}\sin\varphi \qquad (1.5.1\text{-}19)$$

综上所述，基于临界状态土力学理论的修正剑桥模型还存在一些明显的缺陷。一是对超固结土还不能给出较好的应力-应变关系，二是计算得到的土的残余强度（对正常固结及轻度超固结土则是峰值强度）一般也有较大误差。由于修正剑桥模型的上述缺陷，许多研究者对其进行改进，其中姚仰平提出的 UH 模型能够较好模拟超固结土的硬化、软化过程，其工程应用的可靠性在业内已得到较为广泛的认同。

1.5.1.4 状态边界面方程的推导

前述推导中已指出剑桥模型的屈服面是弹性墙与边界面的交线，屈服面方程是该交线到 p-q 面投影线的方程，也就是这条交线上任一点的 p 与 q 的关系式。如再给出它们与状态变量 e 或 V 的关系，就得到了状态边界面的方程。而弹性墙内任一线上的 p-V 关系符合回弹再压缩曲线，所以只需给出相应回弹再压缩曲线的方程：

为此，设上述屈服面和 CSL 有一共同点 $B(p_x, q_x, V_x)$，这里 V 为比体积。则此点的坐标既符合此屈服面对应回弹再压缩曲线的方程：

$$V_x = r - \kappa\ln p_x \qquad (1.5.1\text{-}20)$$

又符合 CSL 的方程：

$$V_x = \Gamma - \lambda\ln p_x \qquad (1.5.1\text{-}21)$$

联立以上两式可解出：

$$r = \Gamma - (\lambda - \kappa)\ln p_x \qquad (1.5.1\text{-}22)$$

因此，对应于此屈服面的回弹再压缩曲线方程为：

$$V = \Gamma - (\lambda - \kappa)\ln p_x - \kappa\ln p \qquad (1.5.1\text{-}23)$$

由此式解出 $\ln p_x$ 代入式（1.5.1-8）则有

$$q = \frac{Mp}{\lambda - \kappa}(\Gamma + \lambda - \kappa - V - \lambda\ln p) \qquad (1.5.1\text{-}24)$$

这便是状态边界面的方程。由于该方程可较合理地描述屈服面的右侧部分，该方程可作为 Roscoe 面的方程。

如果注意到式（1.5.1-7）所示屈服面方程中的前期固结压力 p_0 符合原始压缩曲线的

方程，即

$$V = N - \lambda \ln p_0 \qquad (1.5.1\text{-}25)$$

由此解出 $\ln p_0$ 代入式（1.5.1-7）可得另一形式的 Roscoe 边界面方程：

$$q = \frac{Mp}{\lambda - \kappa}(N - V - \lambda \ln p) \qquad (1.5.1\text{-}26)$$

1.5.2　硬化土模型

硬化土模型（Hardening Soil Model）由 Schanz 等（1999）提出，后增加反映压剪的屈服面并植入著名岩土有限元软件 PLAXIS 而得到广泛应用。该模型综合了邓肯-张模型和摩尔库仑模型以及剑桥模型的一些优点：邓肯-张模型能较好计算土工结构在正常状态下的变形；摩尔库仑模型可较好反映土的强度；剑桥模型则可较好计算正常固结土的压剪变形。其屈服面如图 1.5.2-1 所示。

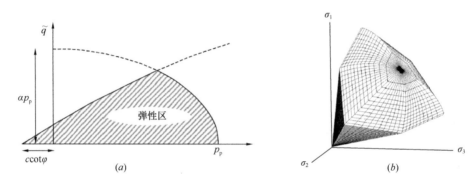

图 1.5.2-1　硬化土模型的屈服面

1.5.2.1　剪切屈服部分

剪切屈服部分的屈服条件及相应硬化规律的建立采用三轴剪切试验给出的应力-应变曲线。与邓肯-张模型类似，假定应力-应变曲线可用双曲线拟合，即

$$\varepsilon_1 = \frac{q}{E_i(1 - q/q_a)} \qquad (1.5.2\text{-}1)$$

引入卸载模量 E_{ur}，对三轴剪切试验 q/E_{ur} 为弹性应变 ε_1^e，再由总应变等于弹性应变与塑性应变之和便有

$$f = \frac{q}{E_i(1 - q/q_a)} - \frac{q}{E_{ur}} - \varepsilon_1^p = 0 \qquad (1.5.2\text{-}2)$$

这便是含有硬化参数的剪切屈服面方程。对其中的硬化参数 ε_1^p 在模型中近似视为如下特殊定义的剪应变 γ^p

$$\varepsilon_1^p \approx 0.5(2\varepsilon_1^p - \varepsilon_v^p) = 0.5(\varepsilon_1^p - \varepsilon_2^p - \varepsilon_3^p) = 0.5\gamma^p \qquad (1.5.2\text{-}3)$$

其目的是使剪切屈服面与随后增加的压剪屈服面各自独立发生硬化。

式（1.5.2-3）中的 q_a 仍如邓肯-张模型中那样利用摩尔库仑强度并引入破坏比 R_f 来计算，初始切线模量 E_i 对于双曲线型应力-应变曲线在理论上等于割线模量 E_{50}（见式

1.4.2-4）的 2 倍，而卸载再加载模量 E_{ur} 与邓肯-张模型中相同，一般可取（2～3）E_{50}。

式（1.5.2-2）所表示的剪切屈服面随塑性剪应变的增大而发生硬化，在 p-q 面中的屈服面形状如图 1.5.2-2 所示。硬化过程中 p-q 面中的屈服面为曲线，因为屈服函数中含有模量 E_{50} 和 E_{ur}，它们与应力的关系在 m 不等于 1 时为非线性。随硬化发展，屈服面最终趋于摩尔库仑破坏线。

在硬化土模型中，E_{ur} 被视为真实弹性模量，同时仍认为弹性变形的泊桑比 ν_{ur} 与应力水平无关，从而可计算对应于给定围压下的弹性剪切模量

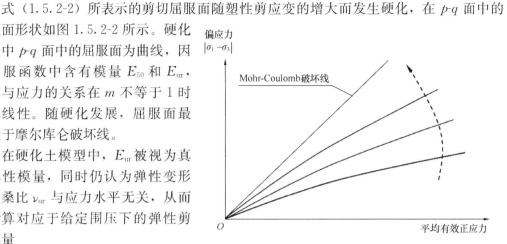

图 1.5.2-2 剪切屈服面的硬化情况

$$G_{ur} = \frac{E_{ur}}{2(1 + \nu_{ur})} \qquad (1.5.2\text{-}4)$$

由此便可形成弹性矩阵 $[D]$，进行弹性变形有关的计算。

相应于剪切屈服面的流动法则采用不相关联的流动法则，剪胀角采用 Rowe 公式计算，即

$$\sin\psi_m = \frac{\sin\varphi_m - \sin\varphi_{cv}}{1 - \sin\varphi_m \sin\varphi_{cv}} \qquad (1.5.2\text{-}5)$$

这里机动剪胀角 ψ_m 随机动内摩擦角 φ_m 的增大而增大，而 φ_m 随剪切屈服面的硬化而变化，最终达到土的峰值内摩擦角 φ，剪胀角达到其最大值 ψ。

式（1.5.2-5）中的 φ_{cv} 为残余内摩擦角，一般是利用 φ_m 达到峰值内摩擦角 φ 时剪胀角达到其最大值 ψ 这一条件，代入式（1.5.2-5）进行计算，即

$$\sin\varphi_{cv} = \frac{\sin\varphi - \sin\psi}{1 - \sin\varphi \sin\psi} \qquad (1.5.2\text{-}6)$$

不过，试验表明式（1.5.2-5）在机动内摩擦角较小时会给出过大的剪缩变形。为此在 PLAXIS 中建议，当计算的剪胀角为负值时则取零，但这又使计算的体积压缩变形偏小。Xu 与 Song（2009）建议采用剪缩应变达到极值时的机动摩擦角代替式（1.5.2-5）中的 φ_{cv} 进行计算，可有效改进其计算结果。

1.5.2.2 压剪屈服部分

上述剪切屈服面不能反映压应力为主的情况下土的塑性体积变形。为此要增加反映压剪变形的帽盖屈服面。硬化土模型采用的帽盖屈服面是依据修正剑桥模型修改而来，它是以坐标原点为中心的四分之一椭圆在剪切屈服面下方的部分（图 1.5.2-1a），其硬化规律与剑桥模型相同，塑性流动采用相关联的流动法则。

帽盖屈服面的函数表达式为

$$f_c = \tilde{q}^2 - M^2(p_p^2 - p^2) = 0 \qquad (1.5.2\text{-}7)$$

这里 p 为平均有效正应力，即 $p = (\sigma_1 + \sigma_2 + \sigma_3)/3$，$\tilde{q}$ 取为

$$\tilde{q} = \sigma_1 + (\alpha - 1)\sigma_2 - \alpha\sigma_3, \quad \alpha = \frac{3 + \sin\varphi}{3 - \sin\varphi} \quad (1.5.2-8)$$

这样取值的目的是要减小帽盖屈服面上三轴拉伸应力点距 π 平面中心的距离，以便与基于摩尔库仑屈服条件的剪切屈服面对接。若仍采用此前的偏应力 q，则由 1.5.1 节对修正剑桥模型的讨论可知，帽盖屈服面与 π 平面的交线将是正六边形。按式（1.5.2-8）对偏应力取值进行修改后，三轴压剪应力状态下 $\tilde{q} = \sigma_1 - \sigma_3$，而三轴拉剪应力状态下则有 $\tilde{q} = \alpha(\sigma_1 - \sigma_3)$，这里 α 正是压剪点与拉伸点到 π 平面中心的距离之比。

帽盖屈服函数中 M 的取值，则是要使该压剪屈服面在模拟土体侧限压缩时给出的侧压力系数 K_0 与试验吻合。因为 M 值大则帽盖屈服面陡，从而对应同样平均正应力的偏差应力会较大，也就是 K_0 值较小。反之，如 M 值小则计算给出的 K_0 值会较大。研究表明，修正剑桥模型的椭圆屈服面给出的 K_0 值偏大，为此 PLAXIS 软件中是根据 K_0 值来修改 M，一般都是加大，也就是要使屈服面更陡一些。至于土的强度则另外采用摩尔库仑准则予以考虑。硬化土模型中的帽盖屈服面是采用四分之一椭圆，同原来的半椭圆相比已经较陡（屈服面上任一点的 q/p 已经显著增大），因此基本不需要再对 M 值进行修正。

帽盖屈服面的硬化规律与修正剑桥模型相同，亦即由压剪屈服面计算的塑性体积变形来决定帽盖屈服面与 p 轴的交点坐标 p_p，其计算式与式（1.5.1-12）相同，但这里是用模量表示。式（1.5.1-12）可以写为：

$$d\varepsilon_v^p = \left(\frac{dp}{E_{oed}} - \frac{dp}{E_{oed}^{ur}}\right) = \frac{dp}{H} \quad (1.5.2-9)$$

其中 E_{oed}、E_{oed}^{ur} 与 H 分别为体积压缩模量、体积回弹再压缩模量和塑性体积模量，其计算式为：

$$E_{oed} = \frac{(1+e_0)p}{\lambda}, \quad E_{oed}^{ur} = \frac{(1+e_0)p}{\kappa}, \quad H = \frac{E_{oed}E_{oed}^{ur}}{E_{oed}^{ur} - E_{oed}} \quad (1.5.2-10)$$

PLAXIS 有限元软件中对 E_{oed}^{ur} 是根据弹性体积模量与变形模量及泊桑比的关系用 E_{ur} 和 v_{ur} 进行计算，而对 E_{ur} 和 E_{oed} 则分别采用下列二式计算：

$$E_{ur} = E_{ur}^{ref}\left(\frac{\sigma_3 + c\cot\varphi}{p_a + c\cot\varphi}\right)^n, \quad E_{oed} = E_{oed}^{ref}\left(\frac{\sigma_1 + c\cot\varphi}{p_a + c\cot\varphi}\right)^n \quad (1.5.2-11)$$

需注意，按上式计算的 E_{ur} 对给定围压是定值，与剪应力大小无关，即对每一三轴试验是固定值。而 E_{oed} 的计算则采用大主应力 σ_1，给出侧限压缩时的切线模量。由此可知，对同一种土，此二模量应密切相关，但又没有明确的关系。一般情况下 E_{ur}^{ref} 是 E_{50}^{ref} 的 3～4 倍，而 E_{oed}^{ref} 与 E_{50}^{ref} 可取近似相同的值，但对于很软的土，E_{50}^{ref} 会比 $2E_{oed}^{ref}$ 还要大一些。对此只要仔细考察此二参考模量各自对应的应力状态即不难理解。

至此可见，硬化土模型需要以下参数：与剪切屈服面有关的模量参数，包括割线模量参考值 E_{50}^{ref}、卸载模量参考值 E_{ur}^{ref}、指数 n；与强度及塑性变形有关的参数，即黏聚力 c、内摩擦角 φ 和剪胀角 ψ；与体积变形有关的压缩模量参考值 E_{oed}^{ref}；此外还有弹性泊桑比 ν_{ur}、正常固结状态下的侧压力系数 K_0，以及破坏比 R_f。后三个参数对常见土有较确定的值，一般 ν_{ur} 可取 0.2，$K_0 = 1 - \sin\varphi$，R_f 可取 0.9。

由于此模型需要输入较多参数，而这些参数之间并非严格相互独立，而是存在一定的制约关系，所以应用时要注意参数间关系的合理性，否则会使计算结果不合理，甚至错误。比如，对于给定强度参数，如输入偏小的 K_0 值会使水平土层的初始自重应力都在屈服面之外，显然这样的输入值是不合理的。另外，对于软土，尽管 E_{50}^{ref} 会大于 E_{oed}^{ref}，但如取值过于悬殊也会使计算困难。

1.5.3 考虑小应变刚度的硬化土模型

土在应变很小的情况下，其变形模量要远大于以往一般工程分析中所采用的值。过去由于试验测试仪器的限制，人们对此没有清晰的认识。但是，在动力分析领域，人们在进行地基波动分析时，一般都采用远大于常见静力分析中所用的模量值，因为地基震动时大部分部位的应变是很小的。但那时人们多将此模量取值的不同归结为动力问题和静力问题的差异，而没有认识到是小应变刚度问题。

随着研究的深入，目前人们对土的小应变刚度已经有了较多的了解。图 1.5.3-1 给出了土的剪切模量随应变增大时的典型衰减规律，同时也给出一般常见工程中的应变值范围、不同测试方法所能测得的应变范围等。

考虑小应变刚度的必要性包括以下几点：①任何土工结构的变形都不是均匀的，对变形大小不同的部位均采取偏小的模量，则不能准确计算位移差，在不少情况下这是不安全的。比如对于一般土层中的基坑开挖问题，如采用小应变刚度计算得到的坑边沉降槽相对小而深，较符合实际；而不考虑小应变刚度，则计算得到的沉降槽相对浅而大。②从变形的时间过程来看，一个土工结构的变形有从小到大的过程，而在这过程中结构的构成还可能变化，如不考虑小应变刚度，在变形较小的阶段也采用偏小的模量，计算的结构内力和变形就不符合实际。仍以基坑支护为例，在分步开挖的过程中施作支护结构，如采用不符合实际的模量，计算的变形和内力显然会有较大误差。而这误差未必偏于安全，比如护壁桩某一部位向一侧弯曲的弯矩被夸大后，相邻部位弯矩的正负都可能是错误的，这就可能导致相邻部位的配筋设计不安全。

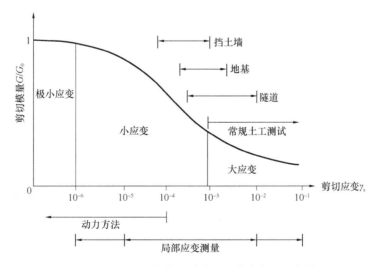

图 1.5.3-1 土的剪切模量随应变幅值变化的一般特征

(Atkinsong & Sallfors，1991)

本节介绍考虑小应变刚度的硬化土模型（HSsmall 模型），该模型也是已经植入

PLAXIS 软件的一种模型。

一般所说小应变刚度主要是剪切刚度，HSsmall 模型对小应变刚度的考虑也主要是剪切刚度。图 1.5.3-1 所示剪切模量随剪应变衰减的典型规律可采用 Santos 与 Correia（2001）建议的下列公式较好地近似：

$$\frac{G_s}{G_0} = \frac{1}{1 + 0.385\left|\dfrac{\gamma}{\gamma_{0.7}}\right|} \tag{1.5.3-1}$$

其中 G_0 为应变很小情况下的初始剪切模量，G_s 为应变等于 γ 时的割线剪切模量，$\gamma_{0.7}$ 为割线剪切模量衰减到 $0.722G_0$ 时的剪应变值。

这样仅引入上述两个新的参数便可描述小应变情况下剪切模量的变化。由割线模量乘以应变 γ 得出剪应力，再对 γ 求导则有切线模量的计算式：

$$G_t = \frac{G_0}{\left(1 + 0.385\left|\dfrac{\gamma}{\gamma_{0.7}}\right|\right)^2} \tag{1.5.3-2}$$

试验表明小应变刚度同样随围压增大而增大，且服从此前所述的类似规律，即：

$$G_0 = G_0^{\text{ref}}\left(\frac{\sigma_3 + c\cot\varphi}{p^{\text{ref}} + c\cot\varphi}\right)^n \tag{1.5.3-3}$$

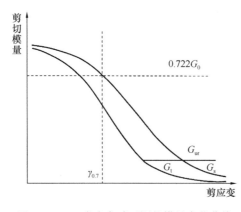

图 1.5.3-2　考虑衰减下限的模量变化曲线

按上述公式计算的模量随应变增大持续衰减。但由于是将小应变刚度植入硬化土弹塑性模型，所以当切线剪切模量 G_t 衰减到硬化土模型中的卸载再加载模量 G_{ur} 时，便采用原来的弹塑性模型进行计算，也就是对刚度衰减曲线加一下限，如图 1.5.3-2 所示。其中 G_{ur} 采用常值泊桑比 ν_{ur} 和 E_{ur} 计算，即 $G_{ur} = 0.5E_{ur}/(1+\nu_{ur})$。小应变情况下的切线变形模量 E_t 与切线剪切模量间也近似符合 $G_t = 0.5E_t/(1+\nu_{ur})$。由式(1.5.3-2)可得出对应于模量衰减下限的剪应变值为

$$\gamma_{\text{cut}} = \frac{\gamma_{0.7}}{0.385}\left(\sqrt{\frac{G_0}{G_{ur}}} - 1\right) \tag{1.5.3-4}$$

这样，在小应变阶段采用 E_t 代替 E_{ur} 进行计算，到模量衰减下限则采用 E_{ur} 进行计算。

至此，对单调比例加载问题可以如上所述进行计算了。但是，考虑小应变刚度时的复杂问题至少还有以下两点：

（1）图 1.5.3-1 所示模量随应变增大而衰减的曲线是针对应变持续在同一方向发展的情况。如果土在变形过程中应变的方向有改变，则模量要取较大的值，甚至是接近初始模量的值。

（2）较长的加载时间间隔会影响土对应变历史的记忆。如加载后保持长时间的恒定，土对应变历史的记忆会减弱甚至完全消失，也就是再加载时即便在同一方向土又会表现出

较大的刚度。

对于问题（2）目前只能根据土的类别及时间间隔长短凭经验决定，或在新的加载阶段开始前再由试验测试土的力学性质。一般如果间隔时间不是很长，应无明显变化。对于问题（1），土体刚度的变化与应变方向改变的程度大小有关，也与应变方向改变时已发生应变的大小有关。这方面还没有足够的数据支持建立完善精确的模型。PLAXIS 中 HSs-mall 模型的提出人 Benz，借鉴 Simpson 所给的用绳索拖拉砖块的比喻模型，近似构造了一应变历史张量，但其合理可靠性还需进一步检验。但是，对于比例加卸载问题，可以采用动力循环加载分析中采用的 Masing 规则，即（1）卸载时的模量等于初始加载时的切线模量；（2）卸载再加载曲线与初始加载曲线形状相同，但长度大一倍，如图 1.5.3-3 所示。

由前述模量衰减的确定方法可知，对于上述规则的第二条只需在利用式（1.5.3-2）进行卸载或再加载模量的计算时，将 $\gamma_{0.7}$ 加大一倍即可。

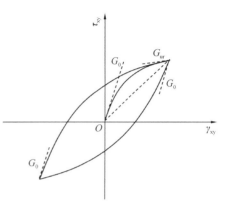

图 1.5.3-3　荷载循环变化时的应力-应变曲线

前已指出，此模型的参数除硬化土模型的参数之外仅增加了初始剪切模量参考值 G_0^{ref} 和 $\gamma_{0.7}$ 两个参数。参数 G_0^{ref} 可由孔隙比 e 利用 Hardin 和 Black（1968）建议的下列经验公式进行估算：

$$G_0^{\mathrm{ref}} = \frac{33 \cdot (2.97 - e)^2}{1 + e} (\mathrm{MPa}) \tag{1.5.3-5}$$

该估算值对应于围压 $100\ \mathrm{kPa}$。对 $\gamma_{0.7}$ 的估计在 PLAXIS 手册中则给出如下近似公式：

$$\gamma_{0.7} = \frac{1}{9G_0} \{2c[1 + \cos(2\varphi)] + \sigma_1(1 + K_0)\sin(2\varphi)\} \tag{1.5.3-6}$$

其中 c、φ 均为土的有效强度指标，σ_1 为有效竖向应力。

§1.6　用于循环荷载的本构模型

按前面介绍的弹塑性模型，加载到屈服时土发生塑性变形，而卸载及再加载时土仅发生弹性变形。这样，如对土反复加卸载，但使应力状态保持在屈服面以内，则土的变形不会随荷载反复作用而有任何增加。

但试验表明，土在反复荷载下总有塑性变形的积累，特别是塑性体积压缩变形往往会不断增大。在排水条件下，反复荷载会使土趋于密实；在不排水条件下，则使孔隙超静水压增长，甚至使土液化。其根本原因是，土在每次加卸载过程中都有一定的塑性变形，只是相对于初次加载屈服时的塑性变形小得多。这样在单调加载或反复次数很少的情况下，可以忽略卸载再加载过程中的塑性变形，采用此前的弹塑性模型进行分析；但在荷载反复次数相对较多的情况下，就需要考虑卸载再加载过程中的塑性变形。

为此，很多研究者尝试构造适合的模型来反映反复荷载下土的上述性质。所提出的模型大体可分成两类，一类是针对某一特定问题，直接基于试验来构造简化的模型，用于进行相关分析；一类是在弹塑性等理论基础上进一步发展构造适用的模型。前一类模型较为简便实用，可以直接反映试验发现的一些规律，比如剪应力比及荷载循环次数的影响等。后一类在理论上较完善，但模型参数一般较多，实际问题的计算也较复杂。

用于反复荷载下土体变形分析的本构模型，关键是要能正确预测土的塑性体积变形随荷载反复作用的累积。在不排水条件下与有效应力法结合，或在一定渗流排水的条件下与固结或动力固结理论相结合，就可以预测孔隙超静水压的增长以及可能的液化。

本节介绍两种可用于循环荷载下土体变形计算的弹塑性模型，一是 Dafalias 与 Herrmann（1980）所提出的边界面模型（Bounding Surface Model），一是 Pastor 与 Zienkiewizc 等（1990）提出的广义塑性模型，两种模型构建的思路各有一些值得借鉴的特点。

此外需说明，循环荷载引起土内应力的往复变化包含两方面，一是应力幅值变化，二是主应力轴旋转。如交通荷载引起路基内应力的反复变化即包含此两方面。试验表明，单纯主应力轴旋转同样会引起土体积变形的累积。但这里介绍的两种模型还不能较好地预测此种变形。因为主应力大小不变，仅主应力轴旋转，则每一应力增量均属于中性加载，故不产生塑性变形。理论上的原因是，按传统流动法则，塑性流动方向决定于当前应力，而与应力增量无关。为此有研究者建议（如 Wang，1990）对流动法则等进行修正，令塑性流动方向与应力增量方向有关，构建了可以考虑主应力轴旋转的本构模型。但也有研究认为（黄茂松，柳艳华，2011），主应力轴旋转之所以引起塑性变形的积累是因为材料具有各向异性，包括应力诱导的各向异性。所以，主应力轴旋转引起变形的机理还需深入研究。

1.6.1　边界面模型

边界面模型的基本思想是，应力状态在屈服面内发生变化时，具体说是发生加载时，土也会发生一定的塑性变形。这里的"加载"自然与以往的模型一样也包括反向加载，也就是卸载到反方向的偏应力幅值开始增大的情况。

为确定这塑性变形，显然就需要：①加卸载准则，以判断是否处于加载阶段；②流动法则，以确定塑性流动的方向，也就是塑性应变增量各分量的相对大小；③确定塑性应变增量大小的方法，这里是采用塑性变形模量，再利用一致性条件来确定。塑性应变增量完全确定后，即可给出应力-应变的增量关系。

为明确以上三点，边界面模型提出边界面和加载面的概念。所谓边界面就是之前所说的屈服面，它同样可以硬化、软化。但是，既然要分析土在反复荷载下的塑性体积变形，自然需要一个能反映压缩变形的边界面，也就是带帽盖的边界面，如图 1.6.1-1 所示的椭圆形边界面。边界面方程的一般形式可

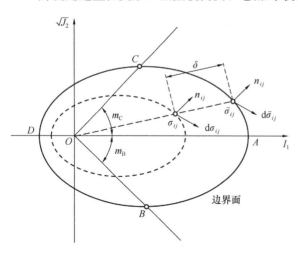

图 1.6.1-1　边界面模型的边界面及
加载面（郑颖人，龚晓南，1989）

写为：

$$F(\sigma_{ij}, H) = 0 \qquad (1.6.1\text{-}1)$$

其中 H 为硬化参数，Dafalias 与 Herrmann 的边界面模型中取塑性体积应变为硬化参数，这与剑桥模型相同。对于在边界面内的一应力状态点 σ_{ij}，设过此应力状态点的加载面，如图 1.6.1-1 中的虚线椭圆所示。加载面必须是与边界面关于某一基点的相似形，这里是取应力坐标系的原点作为基点。

关于某一基点的相似形是指，由此基点做任意不同方向的射线，每一射线与两图形分别有一交点（见图 1.6.1-1），当所有射线得到的两个交点到基准点的距离之比均相等时，则称这两个图形关于该基点相似。显然，当这相似形无限缩小时，它将逼近基点。

从基点出发过某一应力状态点 σ_{ij} 的射线，与边界面相交，该交点 $\bar{\sigma}_{ij}$ 称为此应力状态点在边界面的像点。

有了边界面、加载面，便不难确定加卸载、塑性流动方向和塑性变形模量，现逐一叙述如下。

1. 加卸载准则

由图 1.6.1-1 不难理解，加载应该是应力状态点向着与其所在加载面外法线成锐角的方向移动。而任一应力状态点处加载面的外法线与此应力点在边界面上像点处的外法线方向相同，这就不需要写出加载面的方程，只需求出此应力点的像点。设所考虑的应力为 σ_{ij}，当基点为应力空间的原点时，自基点出发经过此应力点的射线上任一点可写为 $a\sigma_{ij}$，令 $a\sigma_{ij}$ 符合当前边界面的方程，解出 a 即可确定像点为 $\bar{\sigma}_{ij} = a\sigma_{ij}$。这样，加卸载准则可表示为：

$$\frac{\partial F}{\partial \bar{\sigma}_{ij}} d\sigma_{ij} > 0 \quad \text{为加载；} \qquad (1.6.1\text{-}2a)$$

$$\frac{\partial F}{\partial \bar{\sigma}_{ij}} d\sigma_{ij} = 0 \quad \text{为中性加载；} \qquad (1.6.1\text{-}2b)$$

$$\frac{\partial F}{\partial \bar{\sigma}_{ij}} d\sigma_{ij} < 0 \quad \text{为卸载} \qquad (1.6.1\text{-}2c)$$

2. 流动法则

这里塑性流动方向取所考虑应力点处加载面或其像点处边界面的外法线方向，也可以说是采用相关联的流动法则。将此外法线方向的单位矢量记为 n_{ij}，则

$$n_{ij} = \frac{\partial F}{\partial \bar{\sigma}_{ij}} \bigg/ \left| \frac{\partial F}{\partial \bar{\sigma}_{kl}} \cdot \frac{\partial F}{\partial \bar{\sigma}_{kl}} \right|^{1/2} \qquad (1.6.1\text{-}3)$$

而塑性应变增量可表示为

$$d\varepsilon_{ij}^{p} = <dL> n_{ij} \qquad (1.6.1\text{-}4)$$

其中 dL 不小于 0，为塑性应变增量的模。这里 dL 与此前的 $d\lambda$ 虽然类似，但其量纲和数值大小都不同。

3. 塑性变形模量

为计算塑性变形增量的大小，这里采用塑性变形模量。塑性变形模量是应力增量在屈服面（这里也是塑性势面）外法线方向的投影与塑性变形增量模的比值。边界面模型

认为：

$$\mathrm{d}L = \frac{1}{K}\mathrm{d}\sigma_{ij}n_{ij} = \frac{1}{K_\mathrm{b}}\mathrm{d}\bar{\sigma}_{ij}n_{ij} \qquad (1.6.1\text{-}5)$$

这里 K 和 K_b 分别是与加载面和边界面对应的塑性变形模量。此式的含义是，应力在边界面内部加载引起的塑性变形同样使边界面发生硬化。此时边界面的硬化扩大，意味着土的超固结度在增大，这与黏性土发生次固结变形而使其超固结度增大是类似的。

由于应力增量在塑性势面外法线方向的投影可为正或负，而 $\mathrm{d}L$ 不小于零（塑性流动总在塑性势面的外法线方向），所以塑性变形模量可为正、负或正无穷大。塑性变形模量为正时硬化，为负时软化。

现在考虑如何利用边界面上的塑性变形模量 K_b 得到加载面上的塑性变形模量 K。显然，此二模量间的关系应该与应力状态点到其像点距离的相对大小有关，边界面模型中采用以下关系式：

$$K = K_\mathrm{b} + \frac{\delta}{\delta_0(\varepsilon_\mathrm{v}^\mathrm{p}) - \delta}H(\varepsilon_\mathrm{v}^\mathrm{p}) \qquad (1.6.1\text{-}6)$$

其中 $H(\varepsilon_\mathrm{v}^\mathrm{p})$ 为硬化参数，$\delta_0(\varepsilon_\mathrm{v}^\mathrm{p})$ 为参考"距离"，二者均随塑性体积应变 $\varepsilon_\mathrm{v}^\mathrm{p}$ 变化，量纲与应力相同。这里取 $\delta_0(\varepsilon_\mathrm{v}^\mathrm{p})$ 为基点到边界面的最大距离 OA。这样，当应力状态点位于 p 轴且无限趋近基点时，K 趋于无限大；若应力状态点非常接近其像点，塑性变形模量 K 便很接近由边界面确定的塑性变形模量 K_b。

对于图 1.6.1-1 所示的椭圆边界面，在 $OCAB$ 区 $K_\mathrm{b} > 0$，在 $OCDB$ 区 $K_\mathrm{b} < 0$，在 B、C 点 $K_\mathrm{b} = 0$。而式（1.6.1-6）中的中 $H(\varepsilon_\mathrm{v}^\mathrm{p})$、$\delta_0(\varepsilon_\mathrm{v}^\mathrm{p})$ 及 δ 均非负值，这样在 $OCAB$ 区 $K > 0$，加载面和边界面均硬化。而在 $OCDB$ 区，当 δ 较大，也就是应力状态点远离边界面时 $K > 0$，此时尽管发生剪胀变形，但加载面硬化，而边界面软化；当 δ 较小，即应力状态点接近边界面时，$K < 0$，此时加载面和边界面均软化。边界面的硬化使给定的反复应力状态点与边界面的距离增大，尽管此时 $\delta_0(\varepsilon_\mathrm{v}^\mathrm{p})$ 也随着边界面的硬化而增大，但式（1.6.1-6）计算的塑性变形模量还是不断增大的。这就使等幅反复荷载引起的塑性体积变形增大速率随反复次数增大而逐渐减小，至少定性来看这是合理的。

图 1.6.1-1 中还画出了横轴下方的边界面。由此图可以看出，当应力状态在 $OCAB$ 区对称于 p 轴进行反复正向加载和反向加载时，正负剪应变将近似相互抵消，而塑性体积压缩应变不断累积。

接下来还需确定 K_b 的计算式，以便由式（1.6.1-6）确定 K。K_b 是与边界面对应的塑性变形模量，所以要以边界面作为屈服面来进行推导。具体过程如下：

由式（1.6.1-5）并注意单位法线的计算式有：

$$K_\mathrm{b} = \frac{1}{\mathrm{d}L}\left(\frac{\partial F}{\partial \bar{\sigma}_{ij}} \middle/ \left[\frac{\partial F}{\partial \bar{\sigma}_{kl}}\frac{\partial F}{\partial \bar{\sigma}_{kl}}\right]^{1/2}\right)\mathrm{d}\bar{\sigma}_{ij}$$

由一致性条件 $\mathrm{d}F = 0$ 有：

$$\frac{\partial F}{\partial \bar{\sigma}_{ij}}\mathrm{d}\bar{\sigma}_{ij} = -\frac{\partial F}{\partial H}\frac{\partial H}{\partial \varepsilon_\mathrm{v}^\mathrm{p}}\mathrm{d}\varepsilon_\mathrm{v}^\mathrm{p} = -\frac{\partial F}{\partial H}\frac{\partial H}{\partial \varepsilon_\mathrm{v}^\mathrm{p}}\mathrm{d}L\frac{\partial F}{\partial \bar{\sigma}_{kk}}\middle/\left[\frac{\partial F}{\partial \bar{\sigma}_{ij}}\frac{\partial F}{\partial \bar{\sigma}_{ij}}\right]^{1/2}$$

代入 K_b 的计算式即有：

$$K_{\mathrm{b}} = -\frac{\partial F}{\partial H}\frac{\partial H}{\partial \varepsilon_{\mathrm{v}}^{\mathrm{p}}}\frac{\partial F}{\partial \bar{\sigma}_{kk}} \bigg/ \left[\frac{\partial F}{\partial \bar{\sigma}_{ij}}\frac{\partial F}{\partial \bar{\sigma}_{ij}}\right] \tag{1.6.1-7}$$

式（1.6.1-7）右侧表达式中有一负号，但这并不意味着塑性变形模量是负的。可取具体的屈服函数，比如修正剑桥模型的屈服函数（见式 1.5.1-15）来进行推导验证。

4. 应力-应变增量关系式

至此，可以给出边界面模型的应力-应变增量关系。由于已知边界面的函数形式，包括其硬化规律，较方便的做法是利用边界面方程对应的一致性条件来进行推导。

首先，应力增量应如下计算：

$$\mathrm{d}\sigma_{ij} = D_{ijkl}(\mathrm{d}\varepsilon_{kl} - \mathrm{d}L n_{kl}) \tag{1.6.1-8}$$

再由边界面的一致性条件有：

$$\frac{\partial F}{\partial \bar{\sigma}_{ij}}\mathrm{d}\bar{\sigma}_{ij} + \frac{\partial F}{\partial H}\frac{\partial H}{\partial \varepsilon_{\mathrm{v}}^{\mathrm{p}}}\mathrm{d}L\frac{\partial F}{\partial \bar{\sigma}_{kk}} \bigg/ \left[\frac{\partial F}{\partial \bar{\sigma}_{ij}}\frac{\partial F}{\partial \bar{\sigma}_{ij}}\right]^{1/2} = 0 \tag{1.6.1-9}$$

注意到 K_{b} 的计算式（1.6.1-7），上式可写为：

$$\frac{\partial F}{\partial \bar{\sigma}_{ij}}\mathrm{d}\bar{\sigma}_{ij} - K_{\mathrm{b}}\mathrm{d}L\left[\frac{\partial F}{\partial \bar{\sigma}_{ij}}\frac{\partial F}{\partial \bar{\sigma}_{ij}}\right]^{1/2} = 0 \tag{1.6.1-10}$$

由于

$$\frac{\partial F}{\partial \bar{\sigma}_{ij}} = n_{ij}\left[\frac{\partial F}{\partial \bar{\sigma}_{kl}}\frac{\partial F}{\partial \bar{\sigma}_{kl}}\right]^{1/2}$$

式（1.6.1-10）又可写为

$$\mathrm{d}\bar{\sigma}_{ij} n_{ij} - K_{\mathrm{b}}\mathrm{d}L = 0 \tag{1.6.1-11}$$

再利用式（1.6.1-5），上式变为：

$$\frac{K_{\mathrm{b}}}{K}\mathrm{d}\sigma_{ij} n_{ij} - K_{\mathrm{b}}\mathrm{d}L = 0 \tag{1.6.1-12}$$

将式（1.6.1-8）代入上式有：

$$\frac{K_{\mathrm{b}}}{K}D_{ijkl}(\mathrm{d}\varepsilon_{kl} - \mathrm{d}L n_{kl}) n_{ij} - K_{\mathrm{b}}\mathrm{d}L = 0 \tag{1.6.1-13}$$

由上式解出 $\mathrm{d}L$ 有：

$$\mathrm{d}L = \frac{D_{ijkl} n_{ij} \mathrm{d}\varepsilon_{kl}}{K + D_{ijkl} n_{ij} n_{kl}} \tag{1.6.1-14}$$

结合式（1.6.1-8）和式（1.6.1-14）便可由应变增量计算应力增量。

以上介绍了 Dafalias 和 Herrmann 所给边界面模型的思路，并按笔者自己的理解给予必要的点评。由上可见，此模型的思路总体上是合理的。当然，为使模型的预测结果与试验很好吻合，模型的各个方面均可以依据试验进行改进。实际上，Dafalias 和 Herrmann 所给边界面模型的边界面并非整个为椭圆，而是从左到右分成三段，拉伸段用椭圆的一部分，向右到临界状态点用双曲线，再向右用四分之一椭圆。此外，对流动法则，对基点的选取，两塑性变形模量关系式等均有可优化的余地，特别是应考虑卸载过程中的塑性压缩体积应变。

1.6.2　广义塑性模型

本节介绍 Pastor 等人（1990）提出的广义塑性模型 Pastor-Zienkiewicz Ⅲ（图 1.6.2-1）。

该模型可用于描述砂土与黏土的静动力变形性态,是一种较为简便有效的本构模型。它不显式定义屈服面和塑性势面,而是直接定义加载方向、塑性流动方向及塑性模量来确定土的应力-应变的增量弹塑性关系。对反复荷载作用下的土体,可以模拟其应力-应变的非线性滞回特性,以及随荷载反复在排水情况下趋于密实、在不排水条件下孔隙超静水压增长甚至发生液化的性质。

按此模型,不但加载时有塑性变形,卸载时同样有塑性变形,这与试验现象吻合。排水条件下的试验表明,土在反复荷载下的体积压缩主要发生在卸载阶段;而不排水试验中,平均有效压应力 p 在卸载过程中也有减小,这也说明卸载过程中有塑性体积压缩变形的产生。

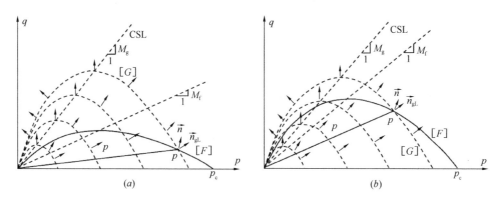

图 1.6.2-1　Pastor-Zienkiewicz Ⅲ 模型加卸载方向及塑性流动方向定义

(a) 松砂;(b) 密砂

(Zienkiewicz et al,1998)

1.6.2.1　广义塑性模型要点

(1) 流动法则

在 p-q 面内剪胀比实际上就是流动法则,因为它给出体积塑性应变增量和剪切塑性应变增量的比值,也就是塑性流动的方向。根据大量试验,剪胀比 d_g 由剪应力比与特征状态线斜率的差值确定,按此模型由下式计算:

$$d_g = \frac{d\varepsilon_v^p}{d\varepsilon_s^p} = (1+\alpha_g)(M_g - \eta) \tag{1.6.2-1}$$

其中 $\eta = q/p$ 为当前应力状态对应的剪应力比;M_g 为 p-q 面内特征状态线 CSL (Characteristic State Line) 的斜率,见图 1.6.2-1;α_g 是由试验确定的模型参数。由此式可见,当 $\eta = M_g$,剪胀比 $d_g = 0$,亦即无塑性体积应变。随后将会看到 $\eta = M_g$ 是土由剪缩转变为剪胀的一个临界剪应力比。

由剪胀比不难得出塑性流动方向为:

$$\{n_{gL}\} = \left(\frac{d_g}{\sqrt{1+d_g^2}}, \frac{1}{\sqrt{1+d_g^2}} \right)^T \tag{1.6.2-2}$$

这是加载情况下的流动方向。而卸载情况下的流动方向为:

$$\{n_{\mathrm{gu}}\} = \left[-\frac{\mathrm{abs}(d_{\mathrm{g}})}{\sqrt{1+d_{\mathrm{g}}^2}}, \frac{1}{\sqrt{1+d_{\mathrm{g}}^2}}\right]^{\mathrm{T}} \qquad (1.6.2\text{-}3)$$

这里规定卸载时土体塑性体积应变恒为负，也就是恒为剪缩变形。

这里虽未明确给出塑性势面，但给出了塑性势面的法线，亦即式（1.6.2-2）所定义的单位矢量。由此可理解，塑性势面是一族在顶点相交于 CSL 的曲线，如图 1.6.2-1 所示。由此曲线形状可知，当 $\eta < M_{\mathrm{g}}$ 土体发生剪缩，$\eta > M_{\mathrm{g}}$ 土体发生剪胀。

（2）加载方向

加卸载的判定一般可以事先给出与屈服面关于某点相似的加载面（见边界面模型），当应力增量与加载面外法线方向成锐角则为加载，否则为卸载。广义塑性模型未明确给出加载面，而是由试验得到加载面的形状后直接给出加载方向。如图 1.6.2-1 所示，在 p-q 面内定义一条过原点、斜率为 M_{f} 的直线，加载面是一族在顶点与此线相交的曲线。参照确定塑性流动方向的做法，不难写出加载面的法线为：

$$\{n\} = \left(\frac{d_{\mathrm{f}}}{\sqrt{1+d_{\mathrm{f}}^2}}, \frac{1}{\sqrt{1+d_{\mathrm{f}}^2}}\right)^{\mathrm{T}} \qquad (1.6.2\text{-}4)$$

其中 d_{f} 如下确定：

$$d_{\mathrm{f}} = (1+\alpha_{\mathrm{f}})(M_{\mathrm{f}} - \eta) \qquad (1.6.2\text{-}5)$$

（3）加载塑性模量

塑性模量为实际应力增量与塑性应变的比值。此模型的加载塑性模量由下列公式确定

$$H_{\mathrm{L}} = H_0\, p\, (1-\eta/\eta_{\mathrm{f}})^4 (1-\eta/M_{\mathrm{g}} + \beta_0\beta_1 e^{-\beta_0\xi}) H_{\mathrm{DM}} \qquad (1.6.2\text{-}6)$$

此式带有较强的经验性，现将其各组成部分逐一介绍如下：

H_0：决定加载塑性模量大小的基本试验参数，无量纲。

p：平均有效压应力，有效压应力增大则塑性模量增大。

η_{f}：$\eta_{\mathrm{f}} = (1+1/\alpha_{\mathrm{f}})M_{\mathrm{f}}$。式中含有因式 $(1-\eta/\eta_{\mathrm{f}})^4$ 意味着当 η 接近 η_{f} 时塑性模量快速趋近于 0，也就是破坏。故 η_{f} 是剪应力的一个上限，可以是 M_{f} 的 2～3 倍。

ξ：$\xi = \int |\mathrm{d}\varepsilon_{\mathrm{s}}^{\mathrm{p}}|$，为塑性剪应变路径长度。塑性模量计算式中 $\beta_0\beta_1 e^{-\beta_0\xi}$ 表示随塑性剪应变的累积，塑性模量不断减小。β_0、β_1 为试验拟合参数。

H_{DM}：称为离散记忆因子（Discrete Memory Factor），是反映应力历史的一个变量，无量纲。初始加载时为 1，再加载时 $H_{\mathrm{DM}} = (\eta_{\mathrm{REV}}/\eta)^{\gamma_{\mathrm{DM}}}$，$\eta_{\mathrm{REV}}$ 为整个变形过程中 η 所曾达到的最大值，γ_{DM} 为试验参数。显然，这里 H_{DM} 使卸载后再加载时塑性模量增大。

此外，从式中因式 $(1-\eta/M_{\mathrm{g}} + \beta_0\beta_1 e^{-\beta_0\xi})$ 可以预期，随着剪切塑性应变的累积，ξ 逐渐增加到很大的值，从而 $\beta_0\beta_1 e^{-\beta_0\xi}$ 趋近 0。当再有 $\eta = M_{\mathrm{g}}$ 时，整个因式为零，从而塑性模量为 0，土体破坏，应力状态落到 CSL 上。但是，在剪切塑性应变累积值较小的阶段，即便剪应力比 $\eta = M_{\mathrm{g}}$ 土体并不破坏，因为塑性模量不为零。这就是说，加载初期，在塑性剪切变形累计很小的阶段，剪应力比可大于 M_{g}。同时，由此因式可以看出，当 $\eta > M_{\mathrm{g}}$ 时加载塑性模量可能为负值，也就是会发生软化。而 η 的增大可以是由于剪应力的增大，也可以是由于有效压应力的减小。所以，若孔隙超静水压持续增长，最终土的应力状态会落到 CSL 线上，从而发生破坏。

（4）卸载塑性模量

$$H_{\mathrm{u}} = H_{\mathrm{u}0}(M_{\mathrm{g}}/\eta)^{r_{\mathrm{u}}} \quad 当 |M_{\mathrm{g}}/\eta| > 1 \left.\begin{array}{l} \\ \\ \end{array}\right\}$$
$$H_{\mathrm{u}} = H_{\mathrm{u}0} \quad\quad\quad\quad 当 |M_{\mathrm{g}}/\eta| \leqslant 1$$

$$(1.6.2\text{-}7)$$

这里对较小的剪应力比取较大的塑性模量，也就是同样的应力增量会产生较小的塑性变形。$H_{\mathrm{u}0}$ 与 r_{u} 为试验拟合参数。

（5）弹性变形参数

弹性变形的计算需要两个参数，这里取体变模量 K 和剪切模量 G。考虑土的压硬性，两模量均随有效压应力增大而增大，具体计算式为

$$K = K_0(p/p_0) \quad\quad\quad\quad (1.6.2\text{-}8\mathrm{a})$$

$$G = G_0(p/p_0) \quad\quad\quad\quad (1.6.2\text{-}8\mathrm{b})$$

式中 K_0、G_0 分别为平均有效压力 p_0 下的体变模量和剪切模量值。

由上可见，广义塑性模型依据试验发现的规律对传统本构模式进行了一些修改，从而实现对循环荷载下土的变形特性的模拟。

上述公式中的应力均是以平均有效压应力 p 或偏差应力 q 出现的，但对于各应力分量可根据其与 p 和 q 的关系进行计算。

从以上介绍还可以理解，当给定应力增量时，不难利用此模型计算相应的弹塑性应变增量。当然，由于当前应力增量引起的塑性应变未知，对于加载的情况，加载塑性模量并不能事先精确确定，故需迭代。有限元计算中一般先求出应变增量，再由本构模型计算弹塑性应力。按此模型进行此种计算似乎并不方便。但是，对照上一子节的式（1.6.1-14），尽管这里没有显式地给出屈服函数及塑性势函数，但计算塑性增量乘子需要的各元素均已给出，只是有些变量在真实应力求出之前不能准确确定，需进行迭代，但这也正是几乎所有弹塑性模型积分均需处理的问题。

1.6.2.2 模型参数确定及试验模拟

此模型共 12 个参数，包括流动法则中的 M_{g} 和 α_{g}，加载方向中的 M_{f} 和 α_{f}，加载塑性模量中的 H_0、β_0、β_1 及 γ_{DM}，卸载模量中的 $H_{\mathrm{u}0}$ 与 r_{u}，以及确定弹性常数的 K_0 和 G_0。这些参数可通过拟合单调及循环荷载下土的固结不排水三轴试验来确定。但由于这些参数并不都具有明确的物理意义，不同参数之间又相互制约，所以模型参数的确定需要一定的探索过程。模型提出人之一 Chan 曾建议了确定这些模型参数的步骤，为配合动力有限元软件 DIANA SWANDYNE-II 的应用，还开发了模拟三轴试验的辅助程序。笔者课题组刘光磊（2007）对此也有一些讨论，并通过模拟三轴试验标定了几种砂土的广义塑性模型参数，其中一组为：$M_{\mathrm{g}} = 1.32$，$M_{\mathrm{f}} = 0.545$，$\alpha_{\mathrm{g}} = \alpha_{\mathrm{f}} = 0.45$，$p_0 = 50\mathrm{kPa}$ 下的 $K_0 = 9\mathrm{MPa}$，$G_0 = 4.5\mathrm{MPa}$，$\beta_0 = 1$，$\beta_1 = 0.4$，$H_0 = 1000$，$H_{\mathrm{u}0} = 10\mathrm{MPa}$，$\gamma_{\mathrm{u}} = 4$，$\gamma_{\mathrm{DM}} = 2$。其他相关参数为：渗透系数 $k = 2.30 \times 10^{-4}\mathrm{m/s}$，土颗粒体积模量 $K_{\mathrm{s}} = 36.0\mathrm{GPa}$，流体体积模量 $K_{\mathrm{f}} = 2.18\mathrm{GPa}$，初始孔隙比 $e_0 = 0.712$。用此组参数模拟的三轴不排水循环剪切试验结果与实际试验结果的对比见图 1.6.2-2，可见此模型可以较好地模拟砂土在循环剪切下的孔隙水压增长以及平均有效压应力降低直至液化的过程。

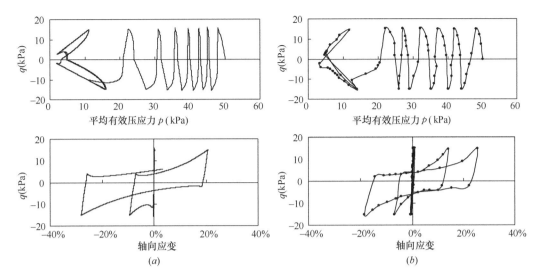

图 1.6.2-2 三轴不排水循环剪切的数值模拟与试验结果对比

(a) 计算结果；(b) 试验数据

§1.7 其他几类本构模型简介

1.7.1 非各向同性本构模型

本章 1、2 节讨论了各向异性材料的线弹性本构模型，但当应力水平较高时，则需构建可以反映材料各向异性的弹塑性本构模型。

实际上，土一般均具有较明显的非各向同性。关于土的各向异性，往往要区分"原生各向异性"和"应力诱导各向异性"。土的原生各向异性是土在形成过程中，由于颗粒排列有一定的优势方向等原因，而使其受力变形呈现出非各向同性。土的应力诱导各向异性顾名思义是由于应力作用而引起的非各向同性。

应力诱导各向异性实际上是个很复杂的概念，或者说是个还不够清楚的概念。文献中可看到一些描述。比如，在土所受的三个主应力大小不等的情况下，分别在大主应力和小主应力方向加载，则会得到不同的反应。这在弹性本构关系的范畴可以说是因为存在初始应力而引起了各向异性，但在弹塑性本构关系的范畴应该不属于各向异性。还比如，对于 K_0 固结的土，在等 p 应力条件下，继续在原有剪应力方向剪切和反向剪切的两种不同情况下其模量不同，这本来就是加载塑性与卸载弹性的区别，不能说是应力诱导的非各向同性。如果说，在反向剪切时发现按某种本构模型（比如图 1.7.1-1 所示修正剑桥模型）计算的弹性范

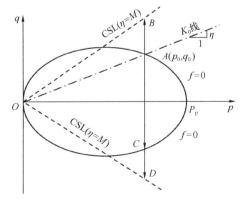

图 1.7.1-1 K_0 固结土正向和反向剪切应力路径

45

围较实际偏大，那首先应该是因为所采用的本构模型未能反映土体 K_0 固结时的机动硬化。由此可见，具有机动硬化特性的各向同性材料与应力诱导各向异性之间是交织在一起的。要研究应力诱导的各向异性，需要严格梳理、区分这里的复杂关系。若能构造准确反映土的真实硬化特性的本构模型，精细考虑应该考虑的应力应变历史，相信可以较好地模拟应力诱导的各向异性。但在实际工程中，若要采用相对简化的应力应变模型，对已经受应力的土体进行后续加载变形及强度的分析，那这分析对象自然需要看成具有应力诱导各向异性的材料。

要构造各向异性材料的弹塑性本构模型，就要首先知道所研究的材料具有怎样的各向异性以及一些有关参数，比如是正交各向异性还是横观各向同性，以及各个不同方向破裂面的强度参数等。其弹性应力-应变关系如本章第一节所述，而弹塑性应力-应变模型仍然需给出前述的三要素，即屈服条件、硬化规律和流动法则。其中屈服条件在理想塑性情况下即为强度准则。硬化规律一般不再是各向同性硬化，而流动法则仍然应是相关联的或不相关联的两种。这些，都需依据相关材料力学试验再辅以相应的基本理论来确定。

较方便和直观的表达还是在主应力空间。此时需明确，一般直角坐标系下的 6 个应力分量与 3 个主应力的关系是平衡关系，与材料是否各向同性无关。对任意给定主应力方向，可以由其与材料主轴的夹角大小等来确定相应的屈服强度，从而写出屈服函数。当然，也可以在一般直角坐标系下构造屈服函数等，此时自然也需明确坐标轴方向与材料主轴方向的关系，同时在不同方向上采用不同的参数来反映该方向上的性质与其他方向的差异。屈服函数等必须满足的基本条件是，当材料的各向性质趋于相同时，所构造的屈服函数趋于各向同性材料的屈服函数。

考虑材料非各向同性时，也仍然可以采用应力不变量。但这不变量要采用给定直角坐标系下的应力分量来计算，而在计算时对不同方向上的应力需考虑非各向同性附加不同的系数。

1.7.2 流变模型

土在所受应力发生变化时，其变形也随之发生变化。但应力-应变的变化并非都是同时同步的。即使在排水条件下的变形，也有一定的时间过程。土的此种性质称为流变。

土的流变对黏性土较为明显，特别是高塑性黏土。对于粗粒土一般不明显，其变形的时间过程往往可不予考虑，也就是认为是瞬时完成。但在压应力大的情况下，粗粒土颗粒延时破碎引起的变形，其时间过程也较明显。此种情况下，对粗粒土也需考虑流变。

土的流变性一般有以下几种不同的表现：（1）蠕变，也就是在应力不变的情况下，变形持续发展；（2）应力松弛，对受应力作用的土体，因边界条件限制而使其变形保持恒定的情况下，其应力会随时间减小；（3）弹性后效，是指应力卸除后土的变形随时间逐渐恢复；（4）加载速率效应，土的瞬时刚度和强度与加载速率有关；（5）刚度和强度与受荷历时长短有关，比如要求承受某种荷载 10 年而不破坏的承载力可能会低于承受同种荷载 5 年而不破坏的承载力，因为变形随时间发展，只有变形发生了材料才能真正感受到荷载的作用。

受较大荷载的材料其蠕变随时间发展的典型情况可分三个阶段，即蠕变衰减阶段、蠕变平稳阶段和加速蠕变阶段。开始时蠕变速率较大，之后逐渐降低到一定值而基本保持不变，之后随蠕变发展蠕变速率又持续增大，即加速蠕变并很快破坏。若荷载较小，则材料的蠕变只进入到第二阶段；荷载再小时，则在第一阶段蠕变速率就衰减到零，材料的变形趋于稳定。

材料的流变变形有弹性和塑性之分，分别称为黏弹性和黏塑性。前者在应力卸除后可随时间逐渐恢复，后者则不可恢复。如应力水平较低，材料的变形可能完全为弹性，可包括弹性和黏弹性，反之则既有弹性也有塑性。如按蠕变所处阶段来看，在衰减蠕变阶段卸载，蠕变变形有可能完全恢复。

弹性流变有线性和非线性之分。所谓线性是指等时应力-应变关系为线性，亦即荷载作用任意指定时长下的变形与荷载大小成正比。对于线性流变，叠加原理仍然成立，也就是可以分别计算不同时刻施加的不同大小荷载所引起任意指定时刻的变形，再将计算结果相加。

流变材料的本构模型包括黏弹性、弹-黏弹性、弹-黏塑性、黏弹-黏塑性、弹塑-黏塑性模型，前两种统称黏弹性模型，后几种统称黏塑性模型。

常用流变材料的应力-应变模型主要有两类，即元件模型和屈服面模型。

元件模型是采用弹簧、阻尼器及滑块等三种基本元件组合来模拟材料的流变性质。滑块多用圣维南滑块，其性态为理想刚塑性。将滑块与阻尼器并联则形成 Bingham 体，用于模拟刚-黏塑性变形（图 1.7.2-1）。一些简单的元件模型有 Maxwell 流体模型、Kelvin 模型、标准固体模型（图 1.7.2-2）。

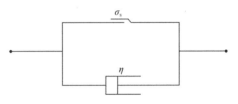

图 1.7.2-1　Bingham 体

元件模型当用于承受三维应力状态的材料时，一般均将变形分为体积应变和剪切应变，分别构建其元件模型。但这只对各向同性材料才较方便。此外，这种模型难以考虑土的剪胀。

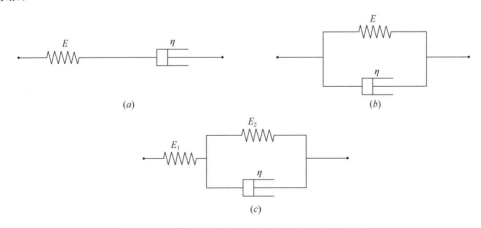

图 1.7.2-2　模拟材料流变的几种简单元件模型
(a) Maxwell 流体模型；(b) Kelvin 模型；(c) 标准固体模型

屈服面模型则多采用基于 Perzyna 理论的过应力模型，其构成仍是屈服条件、硬化规律和流动法则三大要素。但与弹塑性模型不同的是，此时应力可以在屈服面之外，黏塑性变形的大小和方向由硬化规律与流动法则确定，而不采用弹塑性模型的一致性条件。硬化规律给出屈服面随塑性变形发展而变化的规律，可以有各向同性硬化或软化，可以是机动硬化。流动法则如下式所示：

$$\dot{\varepsilon}_{ij}^{\mathrm{vp}} = \lambda \varphi(f) \frac{\partial g}{\partial \sigma_{ij}} \tag{1.7.2-1}$$

其中 λ 为反映材料黏性的参数；$\phi(f)$ 是屈服函数 $f(\sigma_{ij}, k_i)$ 的函数，它具有如下特性：

$$\begin{cases} \varphi(f) > 0, & \text{当 } f > 0 \\ \varphi(f) = 0, & \text{当 } f \leqslant 0 \end{cases} \tag{1.7.2-2}$$

至于流变模型的积分，一般是由给定时间增量 Δt 和相应应变增量 $\{\Delta\varepsilon\}$，由流变模型计算应力增量 $\{\Delta\sigma\}$，因为实际工程问题的求解多采用直接求解节点位移的有限元法。此时的应力应变积分与弹塑性模型相比，有着不同的特点，对有些较复杂的模型需要求解微分方程，但已有不少建议的方法可供参考。

此外，在基础工程中，软土地基的次固结也是蠕变问题。对于软土在一般荷载下的次固结，殷建华和 Vermmer 分别根据 Bjerrum 给出的等时线图建立了弹-黏塑性模型，其基本思想是依据等时线图给出由应力和蠕变应变表示的次固结蠕变速率，再引入塑性势函数来确定多维应力状态下的黏塑性流动，从而可计算一般荷载下的蠕变。其做法与元件模型和过应力模型均有所不同。

1.7.3　结构性模型

土的结构是指土的颗粒排布及颗粒间的胶结状况。土的结构性则是指土具有类似比如砖石结构那样的力学性质，当结构损伤破坏之前具有较大的刚度、强度，而在结构破坏后则更接近散碎颗粒的性质。

原状土在其自重应力下经漫长年代的地质作用，其颗粒排布较为稳定，颗粒间有着较强的胶结，因此其结构性明显。20 世纪中期人们注意到本来是正常固结的天然软土却呈现出超固结的性质，也就是当压力显著超过其前期固结压力后压缩曲线才有明显的转折（图 1.7.3-1）。开始曾认为是由于土的次固结而使超固结度增大。按这一思路，天然土的孔隙比应较同样压力作用下组分相同的重塑土小，但实际上前者的孔隙比却远大于后者。后来才认识到是天然土具有显著的结构性，并了解了土结构性的一些表现，包括较大的孔隙比、较好的渗透性、陡降的压缩曲线、折线形强度包线（图 1.7.3-2），扰动会引起沉降增大及强度降低等。

结构性土的上述表现意味着它具有较明显的屈服应力，屈服之前其变形接近弹性，渗透性也较好；随应力增大，结构逐渐破损，压缩性增大，渗透性也显著降低；待结构完全损伤，则与重塑土相同。沈珠江将此称为结构性土变形的三个阶段。如再加上临界状态，共是四个阶段。

针对结构性黏土的本构关系，沈珠江先后提出了弹塑性损伤模型和堆砌体模型。

弹塑性损伤模型中引入刻画土结构损伤程度的损伤比 ω，认为土的刚度、强度参数为原状土的参数 S_i 和完全损伤土的参数 S_d 按破损比 ω 的组合，即

$$S = (1-\omega)S_i + \omega S_d \tag{1.7.3-1}$$

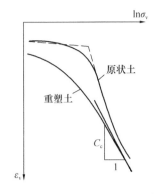

图 1.7.3-1　原状土和重塑土的
压缩曲线比较
（沈珠江，1993）

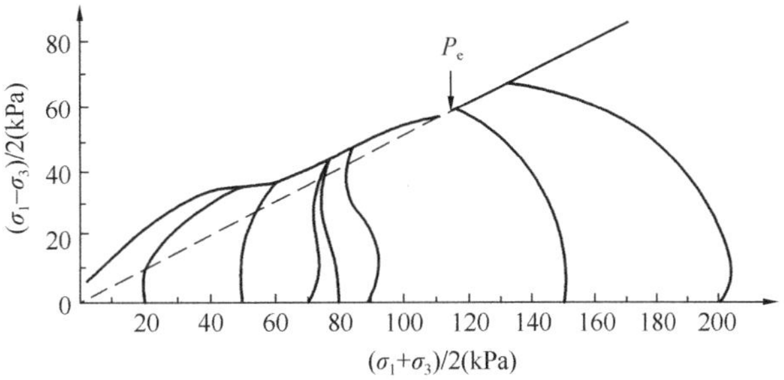

图 1.7.3-2　上海黏土剪切强度
（沈珠江，1998）

　　土的塑性应变则是由原状土的屈服、损伤土的屈服以及损伤比增大三部分贡献的组合。这里有两套屈服函数、硬化规律等。

　　堆砌体模型则把变形过程中的结构性土看作不同大小土块的集合体，土的总变形被看成是由土块的弹性变形、土块间滑动引起的塑性变形和土块破碎引起的损伤变形三部分组成。塑性变形采用弹塑性模型描述，损伤变形则引入一种损伤函数来描述。这里之所以将结构性土看成不同大小土块的集合，是因为颗粒间的胶结强度不均匀，土中应力也不可能均匀，结构性土的损伤过程是大颗粒集合体破碎为小颗粒集合体的过程。

主 要 参 考 文 献

[1]　钱伟长，叶开源. 弹性力学[M]，北京：科学出版社，1980.

[2]　郑颖人，龚晓南. 岩土塑性力学基础[M]. 北京：中国建筑工业出版社，1989.

[3]　A. Schofield and P. Wroth. Critical State Soil Mechanics[M]. New York：McGraw-Hill Book Company Limited，1968.

[4]　H. Matsuoka，T. Nakai. Stress-deformation and strength characteristics of soil under three different principal stresses[J]. JSCE，1974 (232)：59-70.

[5]　（日本）松冈元. 土力学[M]. 罗汀、姚仰平(编译). 北京：中国水利水电出版社，2001.

[6]　赵衡，宋二祥，徐明. 基于推广 SMP 准则的边坡稳定性分析[J]. 清华大学学报，2012，52 (2)：150-154.

[7]　E. X. Song. Elasto-plastic Consolidation Under Steady and Cyclic Loads[D]. PhD thesis，Delft：Delft University of Technology，1990.

[8]　R. B. J. Brinkgreve，et al. PLAXIS-Material Models Manual[R]. The Netherlands：PLAXIS bv，2015.

[9]　E. X. Song and P. A. Vermeer. Implementation and application of Mohr-Coulomb model with tension cut-off[C]. Proc. of Inter. Conf. on Computational Methods in Structural and Geotechnical Engineering，Hong Kong，Dec. 1994.

[10]　李广信. 高等土力学[M]. 北京：清华大学出版社，2004.

[11]　姚仰平. UH 模型系列研究[J]. 岩土工程学报，2015，37(2)：193-217.

[12] M. Xu，E. X. Song. Numerical simulation of the shear behavior of rockfills[J]. Computers and Geotechnics，36(8)，2009.

[13] 俞茂宏. 强度理论新体系：理论、发展和应用(第 2 版)[M]. 西安：西安交通大学出版社，2011.

[14] 赵成刚，白冰，等. 土力学原理(第 2 版)[M]. 北京：清华大学出版社，2017.

[15] 杨光华. 土的现代本构理论的发展回顾与展望[J]. 岩土工程学报，2018，40(6)：1363-1372.

[16] Y. F. Dafalias，L. R. Herrman. A bounding surface soil plasticity model[C]. Int. Symp. on Soil under Cyclic and Transient Loading. Swansea，U. K.，1980.

[17] M. Pastor，O. C. Zienkiewicz，A. H. C. Chan. Generalized plasticity and the modeling of soil behavior[J]. International Journal for Numerical and Analytical Methods in Geomechanics，1990，14：151-190.

[18] O. C. Zienkiewicz，A. H. C. Chan，M. Pastor，B. A. Schrefler，T. Shiomi. Computational Geomechanics with Special Reference to Earthquake Engineering[M]. New York：John Wiley & Sons，1998.

[19] Z. L. Wang. Bounding Surface Hypoplasticity for Granular Soils and Its Application[D]，Davis：University of California，1990.

[20] 黄茂松，柳艳华. 天然软黏土屈服特性及主应力轴旋转效应的本构模拟[J]. 岩土工程学报，2011，33(11)：1667-1675.

[21] R. Hill. The Mathematical Theory of Plasticity [M]. Oxford：Oxford University Press，1950.

[22] 沈珠江. 结构性黏土的弹塑性损伤模型[J]. 岩土工程学报，1993，15(3)：21-28.

[23] 沈珠江. 软土工程特性和软土地基设计[J]. 岩土工程学报，1998，20(1)：100-111.

[24] 沈珠江. 结构性黏土的堆砌体模型[J]. 岩土力学，2000，21(1)：1-4.

[25] 王向余，刘华北，宋二祥. 一种实用的土体统一弹塑-黏塑性本构模型[J]. 河海大学学报，2009，37(2)：166-170.

[26] P. Perzyna. Fundamental problems in viscoplasticity[J]. Advances in Fundamental Mechanics，1966，9：243-377.

[27] J. H. Yin and J. Graham. Equivalent times and elastic visco-plastic modelling of time-dependent stress-strain behaviour of clays[J]. Canadian Geotechnical Journal，1994，31：42-52.

[28] J. H. Atkinson，G. Sallfors. Experimental determination of soil properties[C]. Proc. 10th ECSMFE，1991，3：915-956.

[29] B. O. Hardin，W. L. Black. Vibration modulus of normally consolidated clays[J]. Proc. ASCE J. Soil Mechanics and Foundations Division，1968，94(SM2)：353-369.

[30] T. Schanz，P. A. Vermeer and P. G. Bonnier. The hardening soil model：Formulation and verification[C]. In R. J. B. Brinkgreve，Beyond 2000 in Computational Geotechnics，Balkema，Rotterdam，1999，281-290.

[31] J. A. Santos and A. G. Correia. Reference threshold shear strain of soil：Its application to obtain a unique strain-dependent shear modulus curve for soil[J]. In 15th Int. Conf. SMGE，Istanbul：A. A. Balkema. 2001，1：267-270.

[32] 刘光磊. 饱和地基中地铁地下结构地震反应机理研究[D]. 北京：清华大学，2007.

第2章　土工结构的非线性分析

上一章讨论了土的基本力学特性及应力应变关系，本章讨论土工结构的非线性分析。一个结构受力变形性态的非线性可以是因为材料应力应变关系的非线性，也可以是由于变形较大，以至需要考虑变形对平衡的影响而使描述问题的方程成为非线性。前者称为材料非线性或物理非线性，后者称为几何非线性。本章主要讨论材料非线性问题。

土的孔隙中常含有水，所以土体的变形往往与孔隙水的渗流相互耦合，使土体的变形呈现随时间变化的过程，严格来说对这种问题的分析均应采用固结理论。但是，在土的渗透性相对很好的情况下，土体变形的时间过程很短，一般人们只关心土体变形完成后的情况，此时可按排水情况进行分析，水的存在主要影响土的有效重度及相应的初始应力。而当土的渗透性相对很差的情况下，其固结过程将很长，此时除需进行固结过程的分析外，可能还需分析结构受荷初期的变形情况，对后者可按不排水情况进行分析。对于含水饱和度很低的土，自然无必要考虑固结过程。

对于固结问题将在第4章进行讨论。本章仅讨论饱和土在排水和不排水情况下的分析。除一般弹塑性分析之外，还深入讨论了破坏荷载的计算、建造过程的模拟以及降低强度参数计算土工结构安全系数的方法等。

在本章的讨论中，除2.2节因涉及孔隙水压的讨论，应力、应变及孔隙水压均以压为正外，其他各节均以拉为正。

§2.1　有限元方法简介

描述固体力学问题的方程有：（1）应力平衡方程，一般是偏微分方程组；（2）给出应力-应变关系的物理方程，诸如第1章介绍的本构模型；（3）由位移计算应变的几何方程；（4）定解条件，包括边界条件和初始条件。分析一个土工结构的受力和变形，就是要在定解条件下，求解上述方程。即便对形状规则的结构，假定材料为线弹性，求解析解仍是十分困难的，一般均需采用数值方法，特别是有限元法。本节简要梳理介绍求解固体力学问题广泛应用的有限元法。

2.1.1　有限元法基本思路

有限元法的基本思路是，采用积分形式的方程代替以偏微分方程组形式出现的平衡方程，再将分析对象划分为有限元网格，以节点位移为基本未知量，通过插值用节点位移表示位移场，进而通过几何方程和物理方程将应变、应力及其导数等用基本未知量表达，代入到积分形式的平衡方程，积分得出与原问题对应的线性代数方程组，再引入位移边界条件即可求解。

对于固体力学问题，与应力平衡微分方程等价的方程是虚功方程：

$$\int \delta\{\varepsilon\}^{\mathrm{T}}\{\sigma\}\mathrm{d}V = \int \delta\{u\}^{\mathrm{T}}\{f\}\mathrm{d}V + \int \delta\{u\}^{\mathrm{T}}\{t\}\mathrm{d}S \tag{2.1.1-1}$$

这里，$\{u\}$、$\{f\}$、$\{t\}$ 分别代表位移、体积力和面荷载向量，V 和 S 分别代表分析区域的体积和边界表面。

对求解区域划分有限元，之后插值，由节点位移来表达整个位移场：

$$\{u\} = [N]\{\hat{u}\} \tag{2.1.1-2}$$

这里用 "^" 标记节点量，$\{\hat{u}\}$ 为节点位移向量，$[N]$ 为整个网格的插值函数矩阵。

再由几何方程及位移场，给出由节点位移表达的变形场：

$$\{\varepsilon\} = [L]\{u\} = [B]\{\hat{u}\} \tag{2.1.1-3}$$

其中，算子矩阵 $[L]$ 对三维问题其表达式如下：

$$[L]^{\mathrm{T}} = \begin{bmatrix} \dfrac{\partial}{\partial x} & 0 & 0 & \dfrac{\partial}{\partial y} & 0 & \dfrac{\partial}{\partial z} \\ 0 & \dfrac{\partial}{\partial y} & 0 & \dfrac{\partial}{\partial x} & \dfrac{\partial}{\partial z} & 0 \\ 0 & 0 & \dfrac{\partial}{\partial z} & 0 & \dfrac{\partial}{\partial y} & \dfrac{\partial}{\partial x} \end{bmatrix} \tag{2.1.1-4}$$

再由物理方程，可给出用节点位移表达的应力场：

$$\{\sigma\} = [D]\{\varepsilon\} = [D][B]\{\hat{u}\} \tag{2.1.1-5}$$

将由节点位移表达的位移、应变、应力代入到虚功方程，再注意到节点虚位移的任意性，即可得到关于节点位移的线性代数方程组：

$$[K]\{\hat{u}\} = [F] \tag{2.1.1-6}$$

其中

$$[K] = \int [B]^{\mathrm{T}}[D][B]\mathrm{d}V \tag{2.1.1-7}$$

$$\{F\} = \int [N]^{\mathrm{T}}\{f\}\mathrm{d}V + \int [N]^{\mathrm{T}}\{t\}\mathrm{d}S \tag{2.1.1-8}$$

这里 $[K]$ 为整体刚度矩阵，在 $[D]$ 矩阵对称（比如材料为弹性）的情况下，$[K]$ 为对称矩阵。

在以上推导中，已经引入荷载边界条件，但位移边界条件尚未反映。引入位移边界条件之前，方程（2.1.1-6）的系数矩阵奇异，不能求解，因为整体位移中可有任意刚体位移，是不确定的。引入位移边界条件后，才可求解。此时，由能量原理可知引入位移边界条件后的总体刚度矩阵正定。

引入位移边界条件的方法：设已知位移向量中的第 i 个位移 $\hat{u}_i = \bar{u}_i$，按线性代数方程组的求解原理，可将第 i 个方程删除，同时把其他方程中的 $\hat{u}_i$ 用已知值 $\bar{u}_i$ 代入，并将含 $\hat{u}_i$ 的项移到右端。也就是将荷载向量中除第 i 个以外的各元素 $F_j (j \neq i)$ 分别修改为 $F_j - K_{ji}\bar{u}_i$。这里下标 j 代表行号。但在计算程序中，这样的处理需要将总刚矩阵的第 i 行和第 i 列删除，这就意味着要对总刚矩阵的很多元素重新编号。为简便起见，实际编程时是将总刚矩阵的第 i 行第 i 列的主对角元置 1，其他元素置零，同时将荷载向量的第 i 个元素

替换为 $\widehat{u}_i$。

2.1.2 等参元及有关计算

在对实际结构进行有限元分析时，各个单元处在整体坐标系下的不同位置，形状也往往不同。为便于统一编程计算，在有限元法中引入子、母单元。如图 2.1.2-1 所示，对实际整体坐标系 xy 中的任一单元，都通过映射变换使其与标准坐标系中固定位置的标准形状单元对应。此标准单元称为母单元，实际坐标系中的单元称为子单元。插值函数针对母单元构造，但需要采用实际坐标进行求导、积分计算时，利用子-母单元的映射关系采用复合函数求导或积分。

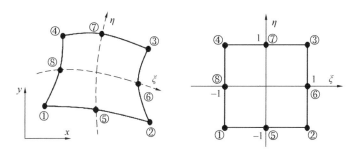

图 2.1.2-1 子、母单元

以图 2.1.2-1 所示 8 节点平面单元为例，在标准坐标系下，根据各节点的插值函数在其本节点为 1、在其他所有节点为 0 的要求，不难写出其 8 个节点的插值函数如下：

$$N_1 = (1-\xi)(1-\eta)(-1-\xi-\eta)/4; \quad N_5 = (1-\xi)(1+\xi)(1-\eta)/2;$$
$$N_2 = (1+\xi)(1-\eta)(-1+\xi-\eta)/4; \quad N_6 = (1+\xi)(1-\eta)(1+\eta)/2;$$
$$N_3 = (1+\xi)(1+\eta)(-1+\xi+\eta)/4; \quad N_7 = (1-\xi)(1+\xi)(1+\eta)/2;$$
$$N_4 = (1-\xi)(1+\eta)(-1-\xi+\eta)/4; \quad N_8 = (1-\xi)(1-\eta)(1+\eta)/2;$$

而子-母单元中各点的对应关系，可以采用同一套插值函数进行计算，即：

$$x = \sum_{i=1}^{8} N_i(\xi,\eta)\widehat{x}_i, \quad y = \sum_{i=1}^{8} N_i(\xi,\eta)\widehat{y}_i \tag{2.1.2-1}$$

这里子-母单元的映射关系采用与位移插值同样个数的插值函数，故称为等参元。

当对位移场求导计算应变时，应是位移对真实坐标 x 或 y 求导，这就需要计算插值函数对 x、y 坐标的导数。但插值函数中显含的是局部坐标，为此先做如下运算：

$$\begin{bmatrix} \dfrac{\partial N_i}{\partial \xi} \\[2mm] \dfrac{\partial N_i}{\partial \eta} \\[2mm] \dfrac{\partial N_i}{\partial \zeta} \end{bmatrix} = \begin{bmatrix} \dfrac{\partial x}{\partial \xi} & \dfrac{\partial y}{\partial \xi} & \dfrac{\partial z}{\partial \xi} \\[2mm] \dfrac{\partial x}{\partial \eta} & \dfrac{\partial y}{\partial \eta} & \dfrac{\partial z}{\partial \eta} \\[2mm] \dfrac{\partial x}{\partial \zeta} & \dfrac{\partial y}{\partial \zeta} & \dfrac{\partial z}{\partial \zeta} \end{bmatrix} \begin{bmatrix} \dfrac{\partial N_i}{\partial x} \\[2mm] \dfrac{\partial N_i}{\partial y} \\[2mm] \dfrac{\partial N_i}{\partial z} \end{bmatrix} = [J] \begin{bmatrix} \dfrac{\partial N_i}{\partial x} \\[2mm] \dfrac{\partial N_i}{\partial y} \\[2mm] \dfrac{\partial N_i}{\partial z} \end{bmatrix} \tag{2.1.2-2}$$

这里矩阵 $[J]$ 称为雅克比矩阵，矩阵中各元素由式（2.1.2-1）不难得到。

由上式解出插值函数对整体坐标的导数有

$$\begin{bmatrix} \dfrac{\partial N_i}{\partial x} \\[2mm] \dfrac{\partial N_i}{\partial y} \\[2mm] \dfrac{\partial N_i}{\partial z} \end{bmatrix} = [J]^{-1} \begin{bmatrix} \dfrac{\partial N_i}{\partial \xi} \\[2mm] \dfrac{\partial N_i}{\partial \eta} \\[2mm] \dfrac{\partial N_i}{\partial \zeta} \end{bmatrix} \qquad (2.1.2\text{-}3)$$

这样便不难得到计算刚度矩阵所需的 B 矩阵（见式 2.1.1-3），进而计算刚度矩阵。

进行积分计算时，同样需要从整体坐标变换到局部坐标，并采用高斯数值积分，以便利用计算机进行计算，即：

$$\int_a^b F(x)\,\mathrm{d}x = \int_{-1}^1 \widetilde{F}(\xi)\,\frac{\mathrm{d}x}{\mathrm{d}\xi}\mathrm{d}\xi = \sum_1^k \widetilde{F}(\xi_i)\,\frac{\mathrm{d}x}{\mathrm{d}\xi}w_i \qquad （一维） \qquad (2.1.2\text{-}4a)$$

$$\iint_{a\,c}^{b\,d} F(x,y)\,\mathrm{d}x\mathrm{d}y = \int_{-1}^1\int_{-1}^1 \widetilde{F}(\xi,\eta)\,|J|\,\mathrm{d}\xi\mathrm{d}\eta$$

$$= \sum_{i,j} \widetilde{F}(\xi_i,\eta_j)\,|J(\xi_i,\eta_j)|\,w_i w_j \qquad （二维） \qquad (2.1.2\text{-}4b)$$

其中的 (ξ_i,η_j) 为高斯积分点坐标，w_i 为相应高斯点的积分权值。

在采用有限元进行实际计算时，都是对各个单元分别计算其刚度矩阵，再按其节点在整个网格中的编号，将单元刚度矩阵中各元素对号入座累加到总体刚度矩阵的相应元素。

由于只有出现在同一单元内的节点才会有交叉影响，刚度矩阵中的相应元素才不等于零，所以对于规则网格适当进行节点编号的情况下，总刚矩阵的非零元素分布在以主对角线为中心的条带内。在编程计算时，为节省计算机内存，可以只存储该条带中的元素。如果总刚矩阵对称只可存储其半个条带中的元素，即所谓半带宽存储。

以上是以四边形平面单元为例进行介绍，对于一维单元、三维六面体单元，与此类似。但对于三角形、四面体单元，其标准单元分别为直角等腰三角形和直角等腰三棱锥。其局部坐标应分别采用面积和体积坐标。

2.1.3　结构及界面单元

一个土工结构，除包含土体之外，往往还有钢筋混凝土结构构件，比如基坑支护中的护壁桩、墙，隧道的钢筋混凝土衬砌等。对这类构件一般用结构力学中的构件来模拟，当采用有限元进行分析时就需要用梁、板或壳单元来模拟。这里的结构单元就是指这类单元。

由于这种结构构件与土的刚度、强度相差悬殊，其接触界面与相互接触的两种材料都不同，需要特殊考虑，所以就需要引入界面单元。对刚度相差悬殊的结构单元与土单元之间，为保证计算精度，一般也需要设置界面单元。

下面分别介绍 Mindlin 梁单元和界面单元。

2.1.3.1　Mindlin 梁单元

梁单元有欧拉（Euler）梁单元和明德林（Mindlin）梁单元两种。前者不考虑梁的剪切变形，因此任一截面的转角与轴线因梁弯曲而发生的转角相同，亦即梁的横向位移完全是由弯曲变形引起。后者也叫铁木辛柯梁，同时考虑弯曲变形和剪切变形。这在梁的截面高度与跨度之比相对较大时是必要的，也包括考虑弯曲杆件按高阶振型振动的情况，因为此时杆件截面高度相对同向振动段的长度较大。

对于欧拉梁单元，当只有两个节点时（图2.1.3-1），其横向位移 w 的最一般表达式是轴向坐标 x 的3次函数

$$w(x) = ax^3 + bx^2 + cx + d$$

$$(2.1.3-1)$$

其中的4个系数 a、b、c、d 可由此梁单元两端节点处的横向位移和转角来表达，进而

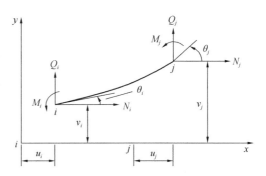

图 2.1.3-1　两节点欧拉梁单元

可将 w 表达为插值函数与节点位移及转角的乘积。该插值函数也可以在标准局部坐标系内构建，但不管采用何种坐标系，两节点梁单元的横向位移是其轴向坐标的3次函数。

但是，当梁单元采用两个节点时，与其相邻土体单元的任一边也应该是两个节点。而每边两个节点的土体单元，其边界上任一方向的位移沿边长线性变化。这样，梁单元和土单元的位移不协调。所以，此时采用欧拉梁单元严格来说是不可以的。而采用明德林梁单元便可满足与土单元的变形协调。

明德林梁单元同时考虑梁的弯曲变形和剪切变形。此时梁轴线的转角是由梁的弯曲变形和剪切变形共同引起，而弯曲变形使梁的横截面转动，剪切变形仅使截面间相互错动，而不转动。这样，梁轴线的横向位移对轴线的导数便不再等于梁截面的转动，后者对应于梁截面上的正应力。

这里以3节点平面明德林曲梁单元为例进行讨论（图2.1.3-2），但其思路及方法同样可用于三维及更多节点的情况。之所以考虑曲梁单元，是由于它也可以用于大变形问题。因为考虑大变形时，直梁也变成曲梁。

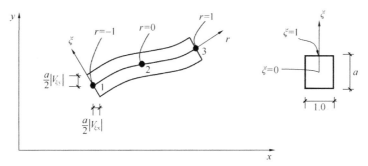

图 2.1.3-2　三节点明德林曲梁单元及相应坐标系

由于是平面梁单元，其节点位移为 x、y 方向的位移和转角，即3个节点未知量。若是三维梁单元，则节点未知量将有三个位移、两个弯曲转角和一个扭转转角，共6个节点未知量。需注意，这里的节点位移是在整体坐标系下定义的，又由于是曲梁，轴向及横向变形是相互耦合的。

明德林梁单元的力学分析采用与实体等参元很类似的思路，利用梁单元节点的位移及转角，通过插值得到梁内任一点的位移，也就是位移场，进而求出其刚度矩阵。与实体元所不同的是，在刻画梁的变形模式时，要考虑梁的变形特点，比如梁的横截面本身仅发生

平动和转动，而不发生变形，即符合平截面假定。利用这种思路可以方便地计算各种梁、板及壳的单元刚度矩阵等。

图 2.1.3-2 所示 3 节点曲梁单元的刚度矩阵同样用如下的公式计算：

$$[K]^e = \int_{-1}^{1} \int_{-1}^{1} [B]^{\mathrm{T}} [D] [B] | [J] | \mathrm{d}r \mathrm{d}\xi \qquad (2.1.3\text{-}2)$$

下面逐一讨论该式中各个矩阵的计算方法。

（1）局部坐标与整体坐标的对应关系

与等参元的子母单元类似，这里对同一曲梁单元分别用标准局部坐标和实际整体坐标进行描述。图中局部坐标 r 是梁轴线方向的曲线坐标，其对应于梁单元两端点的值分别为 -1 和 1；ξ 是沿截面高度方向的坐标，其对应于梁截面上下两表面的值分别为 1 和 -1。由图可知，对于此单元，局部坐标与整体坐标的对应关系为

$$\left\{ \begin{matrix} x \\ y \end{matrix} \right\} = \sum_{k=1}^{3} h_k(r) \left[\left\{ \begin{matrix} x \\ y \end{matrix} \right\}^k + \frac{a}{2} \xi \left\{ \begin{matrix} V_{\xi x} \\ V_{\xi y} \end{matrix} \right\}^k \right] \qquad (2.1.3\text{-}3)$$

这里 $h_k(r)$ 为插值函数，其表达式为

$$h_1 = -r(1-r)/2, \quad h_2 = (1+r)(1-r), \quad h_3 = r(1+r)/2 \qquad (2.1.3\text{-}4)$$

$V_{\xi x}$ 和 $V_{\xi y}$ 分别是 ξ 正向单位矢量在整体坐标 x 向和 y 向的投影，a 是梁截面的高度，带右上角标的量为节点量。

（2）位移场的表达

由单元节点的位移 u^k、v^k 和转角 θ^k 通过插值可以给出梁单元内任一点的位移：

$$\left\{ \begin{matrix} u \\ v \end{matrix} \right\} = \sum_{k=1}^{3} h_k(r) \left[\left\{ \begin{matrix} u \\ v \end{matrix} \right\}^k + \frac{a}{2} \xi \left\{ \begin{matrix} -V_{\xi y} \\ V_{\xi x} \end{matrix} \right\}^k \theta^k \right] \qquad (2.1.3\text{-}5)$$

将上式用一般有限元的标准形式表达则可写为：

$$\left\{ \begin{matrix} u \\ v \end{matrix} \right\} = [N]\{d\} \qquad (2.1.3\text{-}6a)$$

$$[N] = \begin{bmatrix} h_1, & 0, & -\frac{a}{2} V_{\xi y}^{(1)} \xi h_1, & h_2, & 0, & -\frac{a}{2} V_{\xi y}^{(2)} \xi h_2, & h_3, & 0, & -\frac{a}{2} V_{\xi y}^{(3)} \xi h_3 \\ 0, & h_1, & \frac{a}{2} V_{\xi x}^{(1)} \xi h_1, & 0, & h_2, & \frac{a}{2} V_{\xi x}^{(2)} \xi h_2, & 0, & h_3, & \frac{a}{2} V_{\xi x}^{(3)} \xi h_3 \end{bmatrix}$$

$$(2.1.3\text{-}6b)$$

$$\{d\} = [u_1\ v_1\ \theta_1\ u_2\ v_2\ \theta_2\ u_3\ v_3\ \theta_3]^{\mathrm{T}} \qquad (2.1.3\text{-}6c)$$

（3）雅克比矩阵 $[J]$

由雅克比矩阵的计算式：

$$[J] = \begin{bmatrix} \dfrac{\partial x}{\partial r} & \dfrac{\partial y}{\partial r} \\ \dfrac{\partial x}{\partial \xi} & \dfrac{\partial y}{\partial \xi} \end{bmatrix} \qquad (2.1.3\text{-}7)$$

再利用式（2.1.3-3）即可计算雅克比矩阵的各个元素。

(4) $[B]$ 矩阵

利用几何方程:

$$\varepsilon_x = \frac{\partial u}{\partial x}, \quad \varepsilon_y = \frac{\partial v}{\partial y}, \quad \gamma_{xy} = \frac{\partial v}{\partial x} + \frac{\partial u}{\partial y} \tag{2.1.3-8}$$

及式（2.1.3-6）可得到联系应变与节点位移的 $[B]$ 矩阵，但由于插值函数矩阵是用局部坐标表达的，为计算位移场对实际空间坐标的导数，与一般等参元类似，需要用到雅克比矩阵的逆矩阵。

(5) $[D]$ 矩阵

计算单元刚度矩阵的式（2.1.3-2）中所用为整体坐标系中的弹性矩阵 $[D]$，对于梁单元首先知道的是其在局部坐标系中的弹性矩阵 $[\bar{D}]$，因此要从局部坐标下的矩阵 $[\bar{D}]$ 经坐标变换得到整体坐标下的矩阵 $[D]$。

在局部坐标系下有:

$$\{\bar{\sigma}\} = [\bar{D}]\{\bar{\varepsilon}\} \tag{2.1.3-9}$$

其中

$$\{\bar{\sigma}\} = \begin{bmatrix} \sigma_r & \sigma_\xi & \tau_{r\xi} & \tau_{\xi r} \end{bmatrix}^T \tag{2.1.3-10}$$

$$\{\bar{\varepsilon}\} = \begin{bmatrix} \varepsilon_r & \varepsilon_\xi & \gamma_{r\xi}/2 & \gamma_{\xi r}/2 \end{bmatrix}^T \tag{2.1.3-11}$$

$$[\bar{D}] = \begin{bmatrix} K + \frac{4}{3}G & K - \frac{2}{3}G & 0 & 0 \\ K - \frac{2}{3}G & K + \frac{4}{3}G & 0 & 0 \\ 0 & 0 & 2kG & 0 \\ 0 & 0 & 0 & 2kG \end{bmatrix} \tag{2.1.3-12}$$

这里应力、应变均取 4 个分量是为了便于随后给出具有正交性的坐标转换矩阵。弹性矩阵 $[\bar{D}]$ 是取平面应变条件下的弹性矩阵，亦即认为在出平面方向的正应变为零。$[\bar{D}]$ 中与剪应力及剪应变对应的元素采用了一修正系数 k，因为按照插值方案，在任一给定梁截面上是采用平均剪应力和剪应变进行计算，这与实际有差异，为使计算结果在总体上与梁的情况吻合，需要对剪切模量进行修正。由材料力学可知，当梁的横截面为矩形时，修正系数 $k=5/6$。

为给出整体坐标系下的弹性矩阵 $[D]$，需先进行应力应变的坐标转换。设整体坐标系到局部坐标系的转角为 α，规定以逆时针为正，取微元体进行分析或利用应力莫尔圆及应变莫尔圆分析可得到:

$$\{\bar{\sigma}\} = [T]\{\sigma\}, \quad \{\bar{\varepsilon}\} = [T]\{\varepsilon\} \tag{2.1.3-13}$$

其中

$$[T] = \begin{bmatrix} \cos^2\alpha & \sin^2\alpha & \sin\alpha\cos\alpha & \sin\alpha\cos\alpha \\ \sin^2\alpha & \cos^2\alpha & -\sin\alpha\cos\alpha & -\sin\alpha\cos\alpha \\ -\sin\alpha\cos\alpha & \sin\alpha\cos\alpha & -\sin^2\alpha & \cos^2\alpha \\ -\sin\alpha\cos\alpha & \sin\alpha\cos\alpha & \cos^2\alpha & -\sin^2\alpha \end{bmatrix} \tag{2.1.3-14}$$

将式（2.1.3-13）代入式（2.1.3-9），并注意到 $[T]$ 为正交矩阵，则有：

$$\{\sigma\} = [T]^{\mathrm{T}}[\bar{D}][T]\{\varepsilon\} \tag{2.1.3-15}$$

于是得到整体坐标系下的弹性矩阵为：

$$[D] = [T]^{\mathrm{T}}[\bar{D}][T] \tag{2.1.3-16}$$

由于这里是考虑小变形问题，按 α 角的定义，α 可由下式确定：

$$\tan\alpha = \frac{\partial y(r,0)}{\partial r} \bigg/ \frac{\partial x(r,0)}{\partial r} \tag{2.1.3-17}$$

采用数值积分时，坐标 r 取积分点的局部坐标值。

（6）计算单元刚度矩阵的数值积分

将以上求出的矩阵 $[J]$、$[B]$、$[D]$ 代入到式（2.1.3-2），再利用高斯数值积分即可计算梁单元的刚度矩阵。此时需考虑按前述 $[B]$ 矩阵计算给出的剪应变与式（2.1.3-11）所示值的差异，对此处的 $[D]$ 矩阵进行调整，以保证结果的正确。同时须明确，由于对剪切模量的修改，此 $[D]$ 矩阵不再各向同性，其第 3、4 行与列中的非对角元未必是零。在进行数值积分时，在梁的截面高度方向一般取两个积分点，而在长度方向则根据插值函数的阶次确定积分点的数目。但需指出，当梁相对较细时，明德林梁单元会发生剪切闭锁，解决的方法一般是采用降阶积分。对于 3 节点梁单元在轴线方向可取 2 个积分点，对于 5 节点梁单元，取 4 个积分点。

（7）截面内力的计算

对于梁一般需要给出截面上的轴力、剪力和弯矩，这可由横截面上的应力，也就是局部坐标下的相应应力在截面上积分给出。即：

$$\langle\bar{\sigma}\rangle = [\bar{D}][T][B]\{d\} \tag{2.1.3-18}$$

$$M = \int_{-1}^{+1} \sigma_{\mathrm{r}}\left(\frac{a}{2}\xi\right)\frac{a}{2}\mathrm{d}\xi = \frac{a^2}{4}\int_{-1}^{+1}\sigma_{\mathrm{r}}\xi\mathrm{d}\xi \tag{2.1.3-19a}$$

$$Q = \int_{-1}^{+1} \tau_{r\xi}\frac{a}{2}\mathrm{d}\xi = \frac{a}{2}\int_{-1}^{+1}\tau_{r\xi}\mathrm{d}\xi \tag{2.1.3-19b}$$

$$N = \int_{-1}^{+1} \sigma_{\mathrm{r}}\frac{a}{2}\mathrm{d}\xi = \frac{a}{2}\int_{-1}^{+1}\sigma_{\mathrm{r}}\mathrm{d}\xi \tag{2.1.3-19c}$$

这里 $\langle d\rangle$ 为节点位移向量，见式（2.1.3-6c）。

由于采用平截面假定，这里梁截面上的正应力仍是线性变化的，而剪应力为常数。

（8）算例

这里计算一组圆环形曲梁的受力变形。梁的截面宽度取一个长度单位，截面高度 H 与圆环半径 R 之比取一系列大小不同的值，从而使剪切变形的影响程度在较大范围内变化。计算结果见图 2.1.3-3，其中图（a）为无量纲化位移随截面高度的变化曲线，图（b）和（c）分别为计算的轴力与弯矩分布。

2.1.3.2　界面单元

当土工结构中两种相互接触材料的力学性质差异显著时，有必要采用界面单元模拟其接触界面的性质，否则计算精度会明显降低。刚度相差悬殊的两种材料相互作用而发生变

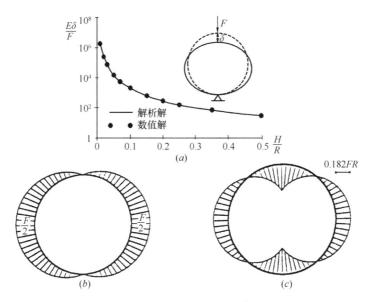

图 2.1.3-3 圆环形梁的计算分析（Song & Vermeer，1993）

(*a*) 位移；(*b*) 轴力；(*c*) 弯矩

形时，在接触界面的较弱材料一侧还可能出现变形奇异点，例如图 2.1.3-4 所示基础的角点部位。在此类奇异点处，土内会出现变形集中，破坏滑移方向不确定。此处的界面单元应相互交叉，两个不同方向的界面单元要向土内有一定延伸，以模拟可能的破坏滑移变形。

界面单元有相距几乎为零的两排节点，分别属于相互接触的两种材料。现以每边 3 节点的界面单元说明其有限元格式。此界面单元可称为 3 节点界面单元，实际共有 6 个节点，其局部坐标及节点局部编号如图 2.1.3-5 所示。注意这里节点的局部编号对每一节点对是按从下到上的顺序，以保证按式（2.1.3-24）、式（2.1.3-25）计算的变形以压为正。当然也可以采用另一种节点编号顺序，以拉为正，相应调整屈服函数中某些项的正负号。

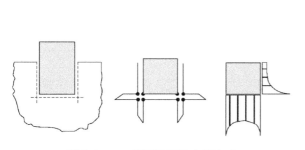

图 2.1.3-4 界面单元的应用方式

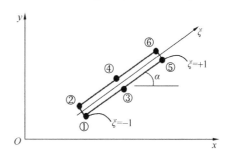

图 2.1.3-5 界面单元及其局部坐标

下面先在局部坐标系下讨论界面单元的计算，之后再将计算的单元刚度矩阵转换到整体坐标系。

在局部坐标系下此界面单元的三个插值函数为

$$h_1 = -\xi(1-\xi)/2, \quad h_2 = (1+\xi)(1-\xi), \quad h_3 = \xi(1+\xi)/2 \quad (2.1.3-20)$$

它们分别对应于图中自左到右的 3 个节点对。

界面单元局部坐标为 ξ 的任一点的整体坐标为

$$x = \sum_{i=1}^{3} h_i(\xi)\hat{x}_i, \quad y = \sum_{i=1}^{3} h_i(\xi)\hat{y}_i \tag{2.1.3-21}$$

这里用"^"来标记节点量。

对于曲线形界面可由式（2.1.3-21）计算界面单元任一点的倾角 $\mathrm{d}y/\mathrm{d}x$ 以及微元实际长度与局部坐标系中长度的比值 $\mathrm{d}s/\mathrm{d}\xi$。对于直线界面自然可直接采用节点整体坐标进行有关计算。

记局部坐标下界面单元的节点位移、节点力分别为

$$\{\hat{\bar{u}}\} = [\bar{u}_1, \bar{v}_1, \bar{u}_2, \bar{v}_2, \bar{u}_3, \bar{v}_3, \bar{u}_4, \bar{v}_4, \bar{u}_5, \bar{v}_5, \bar{u}_6, \bar{v}_6]^{\mathrm{T}} \tag{2.1.3-22}$$

$$\{\hat{\bar{F}}\} = [\bar{F}_{s1}, \bar{F}_{n1}, \bar{F}_{s2}, \bar{F}_{n2}, \bar{F}_{s3}, \bar{F}_{n3}, \bar{F}_{s4}, \bar{F}_{n4}, \bar{F}_{s5}, \bar{F}_{n5}, \bar{F}_{s6}, \bar{F}_{n6}]^{\mathrm{T}} \tag{2.1.3-23}$$

则局部坐标下界面单元内任一点的变形为

$$\{\bar{\varepsilon}\} = \begin{Bmatrix} \Delta\bar{u} \\ \Delta\bar{v} \end{Bmatrix} = [N]\{\hat{\bar{u}}\} \tag{2.1.3-24}$$

其中

$$[N] = \begin{bmatrix} h_1 & 0 & -h_1 & 0 & h_2 & 0 & -h_2 & 0 & h_3 & 0 & -h_3 & 0 \\ 0 & h_1 & 0 & -h_1 & 0 & h_2 & 0 & -h_2 & 0 & h_3 & 0 & -h_3 \end{bmatrix} \tag{2.1.3-25}$$

注意，这里在求界面单元的变形时，并不需要求导，因此也就不需要雅克比矩阵。

局部坐标系下界面的弹性矩阵可取为：

$$[\bar{D}] = \begin{bmatrix} k_s & 0 \\ 0 & k_n \end{bmatrix} \tag{2.1.3-26}$$

其中 k_s、k_n 分别为界面的剪切和压缩刚度，其取值稍后讨论。

这样，界面单元的应力为：

$$\{\bar{t}\} = \begin{Bmatrix} \bar{t}_s \\ \bar{t}_n \end{Bmatrix} = [\bar{D}] \begin{Bmatrix} \Delta\bar{u} \\ \Delta\bar{v} \end{Bmatrix} = [\bar{D}][N]\{\hat{\bar{u}}\} \tag{2.1.3-27}$$

根据虚功原理，外力虚功等于内力虚功，有：

$$\int_{-1}^{+1} \{\delta\bar{\varepsilon}\}^{\mathrm{T}} \{\bar{t}\} \left| \frac{\mathrm{d}s}{\mathrm{d}\xi} \right| \mathrm{d}\xi = \{\delta\hat{\bar{u}}\}^{\mathrm{T}}\{\hat{\bar{F}}\} \tag{2.1.3-28}$$

将式（2.1.3-24）和式（2.1.3-27）代入上式，并注意到节点虚位移的任意性，得出界面单元刚度矩阵在局部坐标系下的计算式为：

$$[\bar{K}]\{\hat{\bar{u}}\} = \{\hat{\bar{F}}\} \tag{2.1.3-29}$$

其中

$$[\bar{K}] = \int_{-1}^{+1} [N]^{\mathrm{T}} [\bar{D}][N] |\mathrm{d}s/\mathrm{d}\xi| \mathrm{d}\xi \tag{2.1.3-30}$$

由于这里的积分需在实际空间进行，故需要用到 $|\mathrm{d}s/\mathrm{d}\xi|$。该积分的计算同样需采用数值积分，按 van Langen（1991）的研究，采用 Newton-Cotes 积分较好，因为 Gauss 积分计

算的界面应力会有较明显的振荡。

下面进行坐标转换。对任一节点 i 的位移在局部坐标系和整体坐标系下的关系式为：

$$\begin{Bmatrix} \bar{u}_i \\ \bar{v}_i \end{Bmatrix} = [T]_i \begin{Bmatrix} u_i \\ v_i \end{Bmatrix} \tag{2.1.3-31}$$

$$[T]_i = \begin{bmatrix} \cos\alpha_i & \sin\alpha_i \\ -\sin\alpha_i & \cos\alpha_i \end{bmatrix} \tag{2.1.3-32}$$

其中 α 是整体坐标系逆时针转到局部坐标系的转角。

这样，整个界面单元节点力或节点位移的坐标转换矩阵为

$$\{\bar{\hat{u}}\} = [T]\{\hat{u}\}, \quad \{\bar{\hat{F}}\} = [T]\{\hat{F}\} \tag{2.1.3-33}$$

$$[T] = \begin{bmatrix} T_1 & 0 & 0 & 0 & 0 & 0 \\ 0 & T_2 & 0 & 0 & 0 & 0 \\ 0 & 0 & T_3 & 0 & 0 & 0 \\ 0 & 0 & 0 & T_4 & 0 & 0 \\ 0 & 0 & 0 & 0 & T_5 & 0 \\ 0 & 0 & 0 & 0 & 0 & T_6 \end{bmatrix} \tag{2.1.3-34}$$

上式右端矩阵中的每一元素均为 2×2 的矩阵。

将式（2.1.3-33）代入式（2.1.3-29）则有：

$$[K]\{\hat{u}\} = \{\hat{F}\}, \quad [K] = [T]^{\mathrm{T}}[\bar{K}][T] \tag{2.1.3-35}$$

现再考虑界面的弹塑性。设置界面单元的目的往往是为了模拟结构与土之间的相对滑移，所以界面塑性变形的考虑很有必要。虽然这里的界面单元是无厚度界面元，而实际界面总是有一定厚度的，只是其厚度很小，一般只有几个土颗粒相应的厚度。界面的变形同样有剪胀性等，较为复杂，但一般可用摩擦强度准则近似描述。在局部坐标系下其屈服函数和塑性势函数可分别取为：

$$f(t) = |\bar{t}_s| - \bar{t}_n \tan\varphi - c = 0 \tag{2.1.3-36a}$$

$$g(t) = |\bar{t}_s| - \bar{t}_n \tan\psi = 0 \tag{2.1.3-36b}$$

当 $\bar{t}_s > 0$，上列两函数可写为

$$f(t) = \bar{t}_s - \bar{t}_n \tan\varphi - c = 0 \tag{2.1.3-37a}$$

$$g(t) = \bar{t}_s - \bar{t}_n \tan\psi = 0 \tag{2.1.3-37b}$$

按照第 1 章推导弹塑性矩阵的思路可推出局部坐标下的 $[\bar{D}_{\mathrm{ep}}]$ 为：

$$[\bar{D}_{\mathrm{ep}}] = \frac{k_s k_n}{(k_s + k_n \tan\varphi \tan\psi)} \begin{bmatrix} \tan\varphi\tan\psi & \tan\varphi \\ \tan\psi & 1 \end{bmatrix} \tag{2.1.3-38}$$

当 $\bar{t}_s < 0$，局部坐标系下的屈服函数和塑性势函数分别成为：

$$f(t) = \bar{t}_s + \bar{t}_n \tan\varphi + c = 0 \tag{2.1.3-39a}$$

$$g(t) = \bar{t}_s + \bar{t}_n \tan\psi = 0 \tag{2.1.3-39b}$$

所以只需把 $\left[\overline{D}_{\mathrm{ep}}\right]$ 的表达式（2.1.3-38）中的 $\tan\varphi$ 和 $\tan\psi$ 反号即可。

得到弹塑性矩阵后，用它替代式（2.1.3-30）中的弹性矩阵即可得到局部坐标下的切线刚度矩阵，随后的计算与一般弹塑性有限元相同。当采用初刚度迭代计算时，同样如第 1 章所述采用返回映射法计算界面应力。

对于界面单元的力学性质参数取值首先一个基本原则是界面的强度应以相互接触的两种材料中较弱者的强度为上限。界面粗糙程度低时，对其刚度及强度参数还要适当折减。弹性阶段的刚度参数 k_{s}、k_{n} 应取较大的值，因为实际界面厚度很小，弹性变形自然也很小。但也不能取过大的值，否则会影响整体刚度矩阵的数值性态。k_{s} 的取值可以是剪切模量 G 的一个较大倍数，而 k_{n} 除与 G 成比例外，还与材料的泊桑比 ν 有关，即

$$k_{\mathrm{s}} = \beta G, \quad k_{\mathrm{n}} = \beta G/(1-2\nu) \tag{2.1.3-40}$$

其中 β 可取 100 左右。

界面的强度参数可由其构成材料中较弱者的参数视粗糙度情况适当折减，即

$$\tan\varphi = R\tan\varphi_{\mathrm{s}}, \quad c = Rc_{\mathrm{s}}$$

其中 R 对一般粗糙度的界面可取 2/3。

此外需指出，粗糙程度的大小是相对的。比如，对于一般预制混凝土构件表面与土的接触界面，当土为颗粒较粗的砂土、碎石时，粗糙度相对较低；而当土是颗粒较细的粉土或黏性土时，界面的粗糙度就相对较高。但当黏性土中含水时，界面强度会降低。

界面的本构模型也是一个值得深入研究的问题，精细模拟需要更复杂的模型，可参见 Liu & Song（2006）。

§2.2　土体分析的总应力法与有效应力法

2.2.1　两类孔隙水压

对于受荷载作用的饱和土体，其孔隙水压力应分为两部分，一部分是由地下水的空间分布决定的水压，包括有渗流与无渗流两种情况；另一部分是因土体变形挤压孔隙水而产生的水压。后者一般称为超静水压（Excess Pore Pressure），对于前者难找到一个很合适的名称，这里仍称之为静水压（Steady Pore Pressure）。

这样区分的原因是由于在考虑土体的强度时，静水压不可能采用与总应力对应的强度指标来反映。而由土体变形挤压孔隙水所引起的超静水压，可以认为与土体的变形有某种确定的联系，因此可以认为其影响能够通过总应力强度指标予以近似考虑。也就是说，所谓总应力强度指标中的"总应力"除有效应力外，只能包括超静水压，不可能包含静水压。

按有效应力原理，将总应力写为有效应力 σ'_{ij} 与静水压 p_{s} 及超静水压 p_{e} 之和，则平衡微分方程可写为：

$$\sigma'_{ij,j} + \delta_{ij}(p_{\mathrm{s}} + p_{\mathrm{e}})_{,j} - f_i = 0 \tag{2.2.1-1}$$

其中 f_i 为体积力，在无其他体积力作用的情况下 f_i 为土水混合体的重度。由于本节应力应变及孔隙水压以压为正，而外力仍以与坐标轴正向相同为正，故此式中 f_i 前为减号。

2.2.2 排水条件下的计算

在排水情况下，超静水压 p_e 为零。计算时应采用与有效应力对应的土体应力-应变关系及强度指标，静水压的存在仅影响体系的平衡。此时，与式（2.2.1-1）对应的有限元方程应为

$$\int_V [B]^T (\{\sigma'\} + p_s\{m\}) dV = -\int_V [N]^T \{f\} dV - \int_{S_t} [N]^T \{t\} dS \qquad (2.2.2\text{-}1)$$

这里的静水压由水位分布或渗流计算确定。将含静水压的一项移到方程右端，再引入土的有效应力-应变关系，则式（2.2.2-1）写为

$$\int_V [B]^T [D] [B] dV \{u\} = -\int_V [N]^T \{f\} dV - \int_{S_t} [N]^T \{t\} dS - \int_V [B]^T \{m\} p_s dV \qquad (2.2.2\text{-}2)$$

对于无渗流发生的情况，对水位以下的土体可采用有效重度，对边界压力也采用有效值，同时不考虑静水压，因为浮力与静水压是相互平衡的，这样式（2.2.2-2）可以写为

$$\int_V [B]^T [D] [B] dV \{u\} = -\int_V [N]^T \{f'\} dV - \int_{S_t} [N]^T \{t'\} dS \qquad (2.2.2\text{-}3)$$

但在有渗流发生的情况下，土体骨架将受到水的渗透力，这时仍应采用式（2.2.2-2）进行计算，这样才能考虑渗透力的影响。

2.2.3 不排水条件下按总应力法的计算

如前所述，饱和土在不排水情况下存在两类水压，采用与总应力对应的刚度、强度指标只能近似考虑超静水压的影响，所以对静水压仍应按上节的方法单独考虑。此时将平衡微分方程（2.2.1-1）改写为

$$\sigma_{ij,j} + \delta_{ij} p_{s,j} - f_i = 0 \qquad (2.2.3\text{-}1)$$

其中

$$\sigma_{ij} = \sigma'_{ij} + \delta_{ij} p_e \qquad (2.2.3\text{-}2)$$

其相应的有限元方程与式（2.2.2-2）相似，只是目前是采用与总应力对应的应力-应变关系，即

$$\int_V [B]^T [D_u] [B] dV \{u\} = -\int_V [N]^T \{f\} dV - \int_{S_t} [N]^T \{t\} dS - \int_V [B]^T \{m\} p_s dV \qquad (2.2.3\text{-}3)$$

同样，如无渗流发生，则体积力一项中采用土的有效重度，同时要省去静水压一项。

2.2.4 不排水条件下按有效应力法的计算

按总应力法进行计算时不能分别计算有效应力与超静水压，因此也不能较好地考虑超静水压的不同增长规律对土体变形性态的影响。为较好考虑超静水压的影响，对饱和土不排水情况下的计算应采用有效应力法。该方法根据土体的体积变形来计算超静水压的大小，从而能同时得出有效应力与超静水压，可较好地考虑超静水压的影响。

设体积应变为 ε_v（压为正），它可理解为单位体积土体的体积减小量。该体积减小量，在忽略土颗粒的压缩时，即为孔隙体积的减小量。如孔隙率为 n，再假定含水饱和，则水

的体积应变应为 ε_v/n，所以由此引起的孔隙水压力应为：

$$p_e = \frac{K_w}{n}\varepsilon_v = \widehat{K_w}\varepsilon_v = \widehat{K_w}\{m\}^T\{\varepsilon\} \qquad (2.2.4\text{-}1)$$

其中 K_w 为水的体积变形模量，纯水常温下 K_w 大约为 2×10^6 kPa。当水中含有气泡时，模量会大幅度减小，比如含有 1% 的气泡时，亦即饱和度为 0.99 时，其模量将降低到正常值的 1/200。

由式（2.2.4-1）计算超静水压后，再由有效应力原理将其与有效应力-应变关系式相加可得到总应力与应变的关系式

$$\{\sigma\} = \{\sigma'\} + \{m\}p_e = ([D]+[D_w])\{\varepsilon\} \qquad (2.2.4\text{-}2)$$

其中

$$[D_w] = \{m\}\{m\}^T\widehat{K_w} \qquad (2.2.4\text{-}3)$$

这样，利用式（2.2.4-2）给出的总应力与应变的关系，按有效应力法进行分析的有限元方程与按总应力法分析时的类似，只是有限元平衡方程（2.2.3-3）中的 $[D]$ 现在要用 $[D]+[D_w]$ 来代替，即

$$\int_V [B]^T([D]+[D_w])[B]dV\{u\}$$
$$= -\int_V [N]^T\{f\}dV - \int_{S_t} [N]^T\{t\}dS - \int_V [B]^T\{m\}p_s dV \qquad (2.2.4\text{-}4)$$

由上式求出位移后，进而可求应变，然后由式（2.2.4-1）计算超静水压，由与有效应力对应的应力应变关系可计算有效应力。在采用适当的弹塑性应力-应变关系的情况下，则可以求出土体受剪切时孔隙超静水压的增大或减小。

但是，采用上述方法进行计算时要注意，K_w 的取值不可过大，否则整体刚度矩阵接近奇异，使计算精度很差。一般可取 $K_w \approx 1000K$，这里 K 为土体骨架的体积变形模量。这样，K_w 的取值可能比其实际值小很多，但这对计算结果并无多大影响。因为，当 K_w 取值比实际值偏小时，求出的体积应变将偏大。但只要 K_w 比 K 大得多，这一偏大的体积变形比起土体的剪切变形还是可以忽略不计。另一方面，偏大的体积应变与偏小的 K_w 相乘仍可给出与实际接近的超静水压。这样既可保证计算的精度，又避免了数值计算方面的困难。

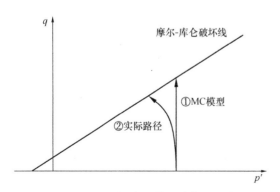

图 2.2.4-1　摩尔-库仑模型计算应力路径与
实际应力路径的对比

但需指出，采用有效应力法进行土工结构的弹塑性分析时，需要选用合适的弹塑性应力应变模型，否则不能较好计算超静水压，也就无法较好反映超静水压的影响，从而会给出错误的结果。比如，当采用摩尔-库仑模型进行计算时，由于此模型为理想弹塑性模型，对于与三轴压剪类似的应力路径，在屈服之前计算的有效应力路径将如图 2.2.4-1 中的路径①。但实际上，此时当大、小总主应力发生变化时，其引起的超静水压变化为

$$\Delta p_\mathrm{e} = B\Delta\sigma_3 + AB(\Delta\sigma_1 - \Delta\sigma_3) \tag{2.2.4-5}$$

其中 A、B 为由 Skempton 引入的孔隙超静水压系数，其中 B 的取值取决于饱和度，当土含水饱和时取 1；A 对应于剪应力引起的超静水压，对于正常固结及轻度超固结土，剪应力将使土体剪缩，在不排水情况下会使超静水压增长，从而实际有效应力路径将如路径②。显然，此时采用摩尔-库仑模型将给出偏高的强度，这需要引起高度重视。

2.2.5 采用不排水强度指标的问题

前面 2.2.3 节介绍了不排水条件下按总应力进行计算的方法。在按总应力进行计算时，采用与总应力对应的强度及刚度参数，不再计算超静水压。但是，这里需要指出，对这种方法的应用条件需要仔细分析，否则会给出错误的结果。

依据太沙基有效应力原理，土的强度和变形决定于有效应力，与总应力和孔隙水压没有直接关系。直接由总应力来计算土的强度和变形，只适用于某些特殊情况。

当所分析的土体先在某一应力状态下固结，之后因施工相对很快而使其经受几乎不排水条件下的受力变形，此时依据土在上述应力状态下固结后的不固结不排水剪切试验测定的总应力强度及刚度参数进行计算是正确的。

但是，目前有些技术规范中对类似上述情况建议采用固结不排水强度指标进行计算，这是值得讨论的。为说明此道理，这里先就常规三轴剪切试验确定强度指标的情况进行分析。为简明起见，这里在 $p\text{-}q$ 坐标系中用土的最大偏差应力强度线予以说明（图 2.2.5-1），其中 p 为平均正应力，$q = \sigma_1 - \sigma_3$ 为最大偏差应力。这里采用摩尔库仑强度准则，p 取大、小两主应力的平均值。

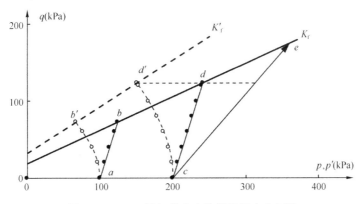

图 2.2.5-1 三轴加载应力路径及相应破坏线

因为已知土的强度线在此坐标系下近似为直线，所以理论上可以通过两个试验来确定该强度线。设试验 1 中，先将土样在某一围压（这里取 100kPa）下固结，之后在不排水条件下增大竖向总应力对试样施加剪切力，当剪应力达到一定值时试样破坏。对该不排水条件下的剪切过程，画出其总应力路径则是向右上倾斜的直线 ab，其斜率为 2；而画出其有效应力路径，则是向左上弯曲的曲线 ab'，因为在剪切过程中土剪缩使其平均有效正应力有所减小，但两应力路径端点对应的剪应力相同。对另一试验，将土样在另一围压（取 200kPa）下固结，之后在不排水条件下增大竖向总应力施加剪切，这样又可画出到破坏

时的总应力路径 cd 和有效应力路径 cd'。过上述两条有效应力路径的端点画直线即给出对应于有效应力的破坏线 K'_f，过两条总应力路径的端点画直线则给出总应力破坏线 K_f。对于三轴压剪试验，两条破坏线的斜率分别为 $2\sin\varphi'$ 和 $2\sin\varphi_{cu}$。若再做更多同样类型的三轴剪切试验，试验所得破坏点当用有效应力表达时应近似落到 K'_f 线上，而用总应力表示时将落到 K_f 线上。

如在不排水剪切过程中，同时增大水平向和竖向总压应力，而后者增大幅度较大，从而使土受到剪切作用，则总应力路径较常规三轴试验的应力路径平缓（类似图 2.2.5-1 中路径 ce）。但是，其破坏剪应力是由固结应力决定。如不排水剪切前的固结应力仍为 200kPa，该非常规三轴剪切试验得到的有效应力路径应与前述的常规试验相同，同样落到刚才确定的 K'_f 线上，而试验给出的总应力路径端点将不能到达 K_f 线。但是，对这种加载情况，如采用固结不排水强度指标进行计算，则计算的破坏剪应力将对应于该应力路径与 K_f 线的交点 e，也就是说将严重高估土的强度。而这种较平缓的总应力路径正是建筑地基或高填筑体下软土地基受载的应力路径。

对于减压剪切三轴试验，即在一定围压下使土样固结，之后在不排水条件下逐渐减小水平向总压应力，同时维持竖向总压应力不变。这同样是施加一个大主应力、两个相等小主应力的三轴压剪试验，理论上说其有效应力路径的端点，也就是破坏点，将同样落到上述 K'_f 线上，且由 Skempton 超静水压公式分析可知有效应力路径近似与上述相同。但此时因平均总压应力在减小，总应力路径将向左上倾斜，其端点与有效应力路径达到同样的剪应力，也就是将显著高出此前确定的 K_f 线。如果对此种应力路径的问题，仍采用前述的常规固结不排水三轴剪切试验确定的强度参数，按总应力法进行计算，则将低估土的抗剪强度。比如，基坑开挖过程中，坑壁土体所受水平总应力减小，而竖向总应力基本不变，其应力路径与这里的减压剪切类似。对于饱和黏性土，如因开挖过程相对较快，采用常规固结不排水三轴剪切试验确定的强度指标进行计算，则有上述的问题。

此外，由土的极限莫尔圆与库仑破坏包线相切的条件还可以看出，采用固结不排水强度指标按总应力法计算，给出的破坏滑移面倾角将与有效应力法不同，这种差异显然可导致计算的安全系数不同。

所以，正确的做法是采用有效应力法和适合的本构模型进行计算。对于基坑开挖问题，应采用有效强度和刚度参数，按有效应力法进行不排水条件下的计算。此时，因开挖卸载，尽管土体剪缩，孔隙超静水压为负值，起有利作用，而此有利作用随超静水压消散将丧失，故应考虑基坑支护的施作期限再进行排水固结计算。当然，亦可按此原则构造简化的计算方法。

§2.3　非线性方程解法

对线弹性问题，有限元方程可以写为

$$[K]\{u\} = \{F\} \tag{2.3-1}$$

其中

$$[K] = \int_V [B]^T [D] [B] dV \tag{2.3-2}$$

而右端的 $\{F\}$ 向量在引入位移边界条件之后，可含有与已知位移有关的量。

求解式（2.3-1）所表示的线性代数方程组，即可得到有限元网格的节点位移。但当材料发生塑性变形时，其刚度与变形大小有关，不能在求解之前确定，则需要按下面所述方法进行迭代求解。

2.3.1 增量迭代及收敛准则

对于非线性问题，体系的刚度与变形大小有关，如写成式（2.3-1）的形式，则 $[K]$ 应为与变形有关的割线刚度矩阵，一般难以给出。因此，需采用迭代的方法求得问题的解答。由第 1 章可知，对于材料非线性问题，一般仅能给出增量形式的应力应变关系，所以在求解这类问题时，应将荷载分成若干个增量，逐步施加，进行相应的计算。下面讨论如何用增量迭代方法求解非线性问题。

考虑最一般的情形，对于任意一荷载增量，体系应符合如下的有限元平衡方程

$$\{\Delta F_{\text{in}}\} = \{\Delta F_{\text{ex}}\} \tag{2.3.1-1}$$

上式左端为体系的节点内力增量，右端为节点荷载增量。由于对每一荷载增量均应符合与此相同的平衡关系，所以可将上式写为

$$\{F_{\text{in}}\} = \{F_{\text{ex}}\} \tag{2.3.1-2}$$

这里左右两端分别对应于某一荷载增量施加后的节点总内力和节点总荷载。利用该式的优点是可以避免不平衡误差随计算增量步数的累积。

由式（2.3.1-2）可构造如下的迭代方程

$$[\hat{K}]\{\Delta u\}^i = \{F_{\text{ex}}\} - \{F_{\text{in}}\}^{i-1} + [\hat{K}]\{\Delta u\}^{i-1} \tag{2.3.1-3}$$

这一迭代公式的构成是将式（2.3.1-2）左侧的内力向量 $\{F_{\text{in}}\}$ 移到右侧，再在其两侧都加上 $[\hat{K}]\{\Delta u\}$，然后在迭代计算过程中将右端的未知量用上一迭代步的解来代替。由于本节及随后的几节实际都是关于有限元方程的求解方法，为简明起见，将节点位移及其增量的向量分别写为 $\{u\}$ 和 $\{\Delta u\}$，而省去 2.1.1 节所加的"^"。

这里的 $[\hat{K}]$ 为迭代矩阵，其具体取法随后讨论。理论上说迭代矩阵的取值有一定任意性，且在迭代过程中也不必固定采用同一矩阵。但也有一定的规则，以保证迭代计算的稳定性，并取得较好的计算效率和精度。

在迭代开始，右端的位移增量可取零，相应地内力向量采用上一荷载步迭代结束时的内力。也可以由上一荷载步的位移增量，结合本步荷载增量的相对大小估计位移增量的大小，并计算相应的内力向量，从而可加速收敛。

为提高计算效率，将式（2.3.1-3）右端最后一项移到左端，从而写为

$$[\hat{K}]\{\delta u\}^i = \{\delta R\}^{i-1} \tag{2.3.1-4}$$

其中

$$\{\delta u\}^i = \{\Delta u\}^i - \{\Delta u\}^{i-1} \tag{2.3.1-5a}$$

$$\{\delta R\}^{i-1} = \{F_{\text{ex}}\} - \{F_{\text{in}}\}^{i-1} \tag{2.3.1-5b}$$

式（2.3.1-5a）和式（2.3.1-5b）分别为第 i 次迭代时求出的位移子增量及不平衡力。这里用 δ 表示子增量，用 Δ 表示一荷载步的总增量。

计算不平衡力时，需计算当前内力向量，其计算采用下式：

$$\{F_{\text{in}}\}^{i-1} = \int_V [B]^{\mathrm{T}} \{\sigma\}^{i-1} \mathrm{d}V \tag{2.3.1-6}$$

这里 $\{\sigma\}^{i-1}$ 是第 $i-1$ 次迭代计算给出的应力。每次迭代由式（2.3.1-4）计算给出节点位移子增量，进而计算各单元积分点上的应变子增量，并利用本构模型计算相应的应力。

为加速收敛，还可以采用超松弛因子 ω，此时式（2.3.1-4）写为

$$[\hat{K}]\{\delta u\}^i = \omega\{\delta R\}^{i-1} \tag{2.3.1-7}$$

其中 ω 为超松弛因子，其取值与计算的具体问题及所采用的计算方法有关，一般可取 1.2。

显然，在迭代收敛后，体系的内外力平衡，即式右端为零，求出的位移子增量为零。所以控制迭代收敛的准则可采用如下两式之一：

$$\|\{F_{\text{ex}}\} - \{F_{\text{in}}\}^i\|_2 / \|\{F_{\text{ex}}\}\|_2 < e, \qquad \|\{\delta u\}^i\|_2 / \|\{u\}\|_2 < e \tag{2.3.1-8}$$

其中 $\|\cdot\|_2$ 表示向量的 2-范数，e 为允许相对误差，一般取 $2\% \sim 5\%$。

但是，当结构接近破坏时，塑性变形会集中到较小的区域，如仍采用整体荷载向量或位移向量来判别迭代计算的精度，不能准确感知实际计算误差的大小。此时应同时考察不精确应力点的数量。应力点的精度应采用该点符合本构模型的应力值与平衡所要求应力值的相对差异大小来衡量，二者的相对差异同样应小于允许误差 e，一般不满足误差限的应力点应小于塑性应力点总数的 10%。

此外，在考察迭代计算的精度时，对式（2.3.1-8）中前一式分母的计算，不应将各种外部荷载等同对待。较科学的做法是，对当前施加的荷载给予较大的权重。

但也不宜采用过于严格的收敛准则。比如，对式（2.3.1-8）中的分母如采用一个增量步的值，则过于严格，耗费的机时可能成百倍增长，而从计算精度来看并无必要。

2.3.2 采用初刚度的迭代计算

前已述及，迭代矩阵的选取关系到迭代计算的稳定性以及计算的效率和精度。一般可以取体系的初始刚度或切线刚度矩阵作为迭代矩阵，相应的迭代解法称为初刚度法或切线刚度法（也叫牛顿-拉菲逊方法）。这里先讨论初刚度法。

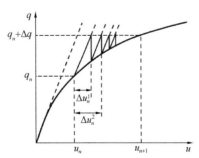

图 2.3.2-1 初刚度法迭代计算图示

初刚度法取体系的初始弹性矩阵为迭代矩阵，即

$$[\hat{K}] = \int_V [B]^{\mathrm{T}}[D_{\text{e}}][B]\mathrm{d}V \tag{2.3.2-1}$$

采用初刚度的迭代计算过程如图 2.3.2-1 所示。

这种方法有较好的数值稳定性，Zienkiewicz 曾证明，当应力应变模型中采用相关联的流动法则时，初刚度法是无条件稳定的。但由图 2.3.2-1 可见，这种方法的迭代次数较多。不过由于这里的迭

代矩阵仅需计算一次，总的机时并不增加很多。为进一步提高计算效率，可采用前已述及的超松弛迭代方法，超松弛因子可取 1.2。

采用初刚度按式（2.3.1-4）进行迭代计算时，每次迭代得到位移子增量，由此位移子增量计算各应力点的应变子增量，再按弹性计算应力子增量，将它与上一迭代步计算的符合本构模型的应力相加，得到试探应力。该试探应力也是前面提到的平衡应力，因为它是保持整个体系平衡所需要的应力值。如该试探应力符合本构模型，则无需修正，它也就是本构应力。否则，要对此试探应力按第一章 1.3 节所述的返回映射法进行修正。当有应力点上的应力需要如上进行修正时，本构应力不再满足平衡要求，也就是有不平衡力。此时，由式（2.3.1-5b）和式（2.3.1-6）计算不平衡力，再次迭代计算。实际计算程序中，一般是逐个单元计算不平衡力向量，再对号入座集成整体不平衡力向量。

2.3.3 采用切线刚度迭代计算

切线刚度法取体系当前的切线刚度矩阵作为迭代矩阵，即

$$[\hat{K}] = \int_V [B]^{\mathrm{T}} [D_{\mathrm{ep}}][B] \mathrm{d}V \tag{2.3.3-1}$$

其中的 $[D_{\mathrm{ep}}]$ 是与当前迭代步的应力状态对应的弹塑性矩阵。显然每一积分点上的应力状态未必相同。

切线刚度法的计算图示见图 2.3.3-1，显然这种方法的迭代次数要比初刚度法少得多。但是，按这种方法，每次迭代均需生成新的迭代矩阵，再进行矩阵分解、回代，所以每一次迭代所用机时较多。

当采用理想弹塑性模型且体系的塑性应力点较多时，体系的切线刚度矩阵会接近奇异，使求解困难。但如前所述，迭代矩阵本来具有一定的任意性，所以并无必要一定采用准确的切线刚度。此时可适当修改体系的弹塑性矩阵，取

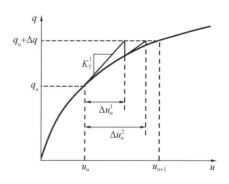

图 2.3.3-1 切线刚度法迭代计算图示

$$[\overline{D}_{\mathrm{ep}}] = [D] - 0.9[D_{\mathrm{p}}] \tag{2.3.3-2}$$

§2.4 极限荷载计算的间接位移控制法

实际问题的计算有荷载控制的计算，也有位移控制的计算，或者两者兼用。

位移控制计算时，在边界上分步施加位移进行结构内力及变形的计算。比如，受中心荷载的刚性基础下地基的承载力问题，因基础各点沉降相同，因而可以在基础底面处地基节点上分步施加竖向位移来进行计算。每步计算之后由基础下的单元可以计算给出基底处节点上的节点力，这些节点力求和即得到基础施加给地基的荷载。当地基达到极限状态时，可以继续施加节点位移，但计算给出的荷载几乎不变，这就得到了地基的极限荷载。

但荷载控制计算时，如在某一级荷载施加后，总荷载水平超过了结构的承载能力，则迭代过程将永远不会收敛（图 2.4-1a）。对于较简单的问题，在迭代一定次数后，不平衡力近似保持不变。而对于较复杂的问题，不平衡误差还可能振荡变化甚至不断增大，亦即计算发散。如不收敛时就认为结构破坏，则不能得到准确的破坏荷载和破坏模式。同时需说明，不收敛的原因可有多种，不收敛未必一定是结构处于极限状态。

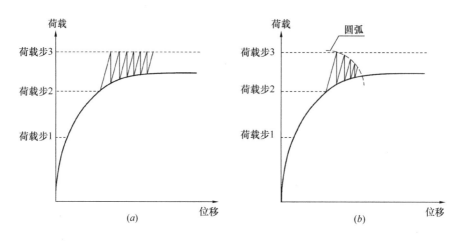

图 2.4-1　体系破坏时的迭代情况图示

为较准确地计算结构的破坏荷载，需要在迭代过程中调整所施加荷载的大小，即当发现体系的不平衡力较大时，将荷载按一定规则适当降低，从而可求得收敛的解。当计算给出的荷载-位移关系曲线很接近水平时，便得到体系在严格力学意义上的破坏荷载。

按上述思想，Riks（1972）提出弧长控制法（Arc Length Control）。这种方法要求荷载增量与相应位移增量在其所处多维空间构成圆弧或球面的半径在迭代过程中保持为定值，即

$$\{\Delta u\}^{\mathrm{T}}\{\Delta u\} + C\Delta m^2\,\{F\}^{\mathrm{T}}\{F\} = l^2 \tag{2.4-1}$$

其中 l 为圆弧或球面半径；C 为量纲调整参数，因左边两项的量纲不同；$\{F\}$ 为标准荷载向量；Δm 为荷载乘子，即实际荷载增量为 $\Delta m\{F\}$。

这样在原方程组之外，又增加了式（2.4-1）这一方程以求解荷载增量乘子 Δm 的大小。可以理解，当某一级荷载施加后，如体系接近破坏，则位移增量势必较大，为使式（2.4-1）成立，则必须要将荷载减小，从而可以较准确地求出破坏荷载（见图 2.4-1b）。

上述方法在实际应用时，由于式（2.4-1）是一非线性方程，应用不够方便。因此，Ramm（1981）建议采用下式代替式（2.4-1）：

$$\{\Delta u^{i-1}\}^{\mathrm{T}}\{\Delta u^i\} = l^2 \tag{2.4-2}$$

而

$$\{\Delta u\}^i = \{\Delta u\}^{i-1} + \{\delta u\}^i$$

又当荷载大小随迭代过程调整时，迭代计算式（2.3.1-4）应写为：

$$[\hat{K}]\,\{\delta u\}^i = (m^{i-1} + \delta m^i)\{F\} - \{F_{\mathrm{in}}\}^{i-1} = \delta m^i\{F\} + \{\delta R\}^{i-1} \tag{2.4-3}$$

这样式（2.4-2）可以写为

$$\{\Delta u^{i-1}\}^{\mathrm{T}}\left(\{\Delta u^{i-1}\}+\left[\hat{K}\right]^{-1}\delta m^i\{F\}+\left[\hat{K}\right]^{-1}\{\delta R^{i-1}\}\right)=l^2 \qquad (2.4\text{-}4)$$

由于

$$\{\Delta u^{i-1}\}^{\mathrm{T}}\{\Delta u^{i-1}\}\approx l^2$$

所以有

$$\delta m^i=-\frac{\{\Delta u^{i-1}\}^{\mathrm{T}}\left[\hat{K}\right]^{-1}\{\delta R^{i-1}\}}{\{\Delta u^{i-1}\}^{\mathrm{T}}\left[\hat{K}\right]^{-1}\{F\}} \qquad (2.4\text{-}5)$$

显然，如此计算的 δm^i 一般是小于零的。

这样，在每次迭代求 $\{\delta u^i\}$ 之前依据当时的不平衡力 $\{\delta R^{i-1}\}$ 计算 δm^i，代入到式（2.4-3）计算调低荷载后的 $\{\delta u^i\}$。$\{\delta R^{i-1}\}$ 越大，则荷载减小得越多。对于一维问题，式（2.4-5）为 $\delta m^i=-\delta R^{i-1}/F$，这样迭代一次便达到平衡。对于多维问题，一般要迭代数次。

由于每一级荷载施加之后，按上述方法计算实际上转化为按位移增量的大小控制，所以可称为间接位移控制法。

按上述方法进行计算时，由于在迭代过程中对荷载的大小进行了调整，迭代收敛时实际施加的荷载要较开始设定的值小一些。同时，由于荷载调小，每一荷载步的迭代次数也相应减少。因此，在体系未接近破坏时，采用这种方法具有自动调整荷载步长的作用。

但是，直接按上述方法进行结构极限荷载的计算，并不总是成功的，在某些情况下计算会失败。计算失败时的现象可能是计算的位移增量很小，也可能是得到卸载的计算结果。原因在于，对材料非线性问题，当体系接近破坏时，结构变形局部化，塑性应变集中在很小的破坏区域内。而在式（2.4-5）中采用整体位移增量向量难以准确探知体系的破坏。所以建议在式（2.4-5）中仅采用少数几个位移分量（Song，1990）。

§2.5　弹塑性分析时的网格闭锁及单元选择

在进行土工结构的弹塑性计算时，如单元类型选用不当，将发生计算位移偏小、荷载远大于体系的破坏荷载而计算仍显示体系并未破坏的现象，这称为有限元网格的闭锁。本节将对此进行较深入的讨论。

2.5.1　不可压缩材料有限元分析时的网格闭锁

饱和土在不排水条件下的变形，可以认为接近不可压缩。之所以可以看成不可压缩，是因为其体积变形相对于剪切变形很小以至于完全可以忽略。

为较好理解闭锁的发生，这里以图 2.5.1-1 所示简单问题为例来进行分析。如图所示，考虑一饱和土体的变形，设为平面应变变形，土体的位移边界条件为左侧及底部边界固定，其他部位的边界上可有荷载作用。为用有限元法分析此土体的变形，现将其划分为 2 个 3 节点三角形单元。

由于材料不可压缩，单元变形后其体积不变。在这里由于是平面应变问题，这就要求

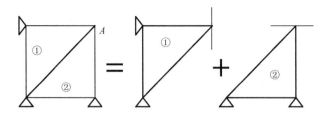

图 2.5.1-1　不可压缩材料的网格闭锁举例

各单元的面积不变。3 节点三角形单元的位移由节点位移线性插值，故变形后单元的各边仍保持为直线。所以，对于图中的点 A，为保持单元①的面积不变，它仅可以在竖直方向移动；而为保持单元②的面积不变，点 A 又必须仅在水平方向移动。所以，最终结果是 A 点不能移动，即闭锁。闭锁的原因是由于采用了这种 3 节点三角形单元。

由上述原理还不难推断，采用上述网格按有效应力法计算时，同样会发生闭锁，因为此时的变形仍应符合体积应变近似为零的条件。

2.5.2　塑性体应变受约束时的有限元网格闭锁

若考虑排水条件下土体的弹性变形，由于此时体积应变不为零，故不会发生上述的闭锁。但在塑性变形阶段，其塑性体积应变可能为零。例如，当对土的应力-应变关系采用摩尔-库仑模式，且取剪胀角为零，则塑性体积应变为零。此外，金属的变形一般服从Tresca 或 von Mises 本构模型，其塑性体积应变也为零。这样，由上一子节所述道理可以理解，在进入塑性阶段后，如采用的单元不适当，则会发生闭锁，不能计算体系的破坏荷载。

若塑性体积应变不为零，但服从某种确定的规律，则也有发生闭锁的可能。以服从摩尔-库仑模型，但剪胀角不等于零的土体为例来进行分析。此时塑性势函数可以写为：

$$g = (\sigma_1 - \sigma_3) - (\sigma_1 + \sigma_3)\sin\psi - 2c\cos\psi = 0 \qquad (2.5.2\text{-}1)$$

这里应力以压为正。设为平面应变问题，且中主应力在所考虑平面的垂直方向，则各塑性应变分量为：

$$\Delta\varepsilon_1^{\mathrm{p}} = \Delta\lambda\,\frac{\partial g}{\partial\sigma_1} = \Delta\lambda(1 - \sin\psi) \qquad (2.5.2\text{-}2)$$

$$\Delta\varepsilon_3^{\mathrm{p}} = \Delta\lambda\,\frac{\partial g}{\partial\sigma_3} = -\Delta\lambda(1 + \sin\psi) \qquad (2.5.2\text{-}3)$$

塑性体积应变与塑性剪应变之比为

$$\frac{\Delta\varepsilon_\mathrm{v}^{\mathrm{p}}}{\Delta\gamma^{\mathrm{p}}} = \frac{\Delta\varepsilon_1^{\mathrm{p}} + \Delta\varepsilon_3^{\mathrm{p}}}{\Delta\varepsilon_1^{\mathrm{p}} - \Delta\varepsilon_3^{\mathrm{p}}} = -\sin\psi \qquad (2.5.2\text{-}4)$$

由此得到

$$\Delta\varepsilon_\mathrm{v}^{\mathrm{p}} = -\sin\psi\,\Delta\gamma^{\mathrm{p}} \qquad (2.5.2\text{-}5)$$

注意这里以压为正，所以当上式 $\psi > 0$ 时，体积膨胀。

这时，如分析与图 2.5.1-1 所示类似的问题，则在塑性变形阶段节点 A 按单元①的要求只能在与竖直方向夹角为 ψ 的方向移动，而按单元②的要求它又只能在与水平方向夹角

为 ψ 的方向移动，所以同样会发生闭锁。

2.5.3 分析网格闭锁的方法

2.5.3.1 解析法

为分析某一种单元是否会发生闭锁，可取这种单元构成的一简单网格（为分析简便可仅含一个单元）并加足够的约束，再根据材料性质取体积应变 $\varepsilon_v = 0$，或塑性体积应变 $\varepsilon_v^p = 0$，或塑性体积应变与塑性剪应变间服从诸如式（2.5.2-5）的关系。将此类限制条件用自由节点的位移表示，则可得到如下形式的方程：

$$f(\xi, \eta, \zeta, \xi^2, \xi\eta, \eta^2, \cdots u_i, v_i, w_i) = 0 \tag{2.5.3-1}$$

其中 ξ，η，ζ 为局部坐标；u_i，v_i，w_i 为节点位移。

由于局部坐标 ξ, η, ζ 在区间 $[-1，1]$ 内任意变化，为使式（2.5.3-1）等于零的条件成立，则表达式中含局部坐标不同幂次的各项应分别等于零。这样即得到一组关于 u_i，v_i 及 w_i 的齐次方程，若这方程组只有零解，则可判定这种单元会发生闭锁。这种分析方法显然只能用于可以解析表达单元矩阵的情形。

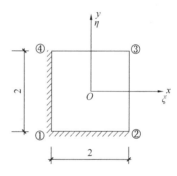

以 4 节点四边形单元为例，分析其在进行塑性变形计算时的闭锁性态。如图 2.5.3-1，设一正方形土体，左边与底边完全固定，其余两边可有荷载作用使其经受平面应变变形。现采用一个 4 节点四边形单元来模拟，则自由节点仅节点③，2 个自由度为 u_3 和 v_3。为简便起见，不妨假定局部坐标系与整体坐标系一致，且坐标轴方向与主应变方向相同。由有限元插值，任一点的水平位移 u 和竖向位移 v 为：

图 2.5.3-1　4 节点四边形单元
闭锁性态分析简图

$$u = N_3 u_3 = \frac{1}{4}(1+\xi)(1+\eta)u_3 \tag{2.5.3-2a}$$

$$v = N_3 v_3 = \frac{1}{4}(1+\xi)(1+\eta)v_3 \tag{2.5.3-2b}$$

塑性主应变增量可写为

$$\Delta\varepsilon_1^p = \frac{\partial N_3}{\partial \xi}\Delta u_3 = \frac{1}{4}(1+\eta)\Delta u_3 \tag{2.5.3-3a}$$

$$\Delta\varepsilon_3^p = \frac{\partial N_3}{\partial \eta}\Delta v_3 = \frac{1}{4}(1+\xi)\Delta v_3 \tag{2.5.3-3b}$$

设材料服从摩尔库仑准则，剪胀角为 ψ，将上列塑性应变增量代入式（2.5.2-5）后可得到与式（2.5.3-1）对应的方程，令其中的常数项以及 ξ、η 的系数等于 0，有：

常数项：$(1-\sin\psi)\Delta u_3 + (1+\sin\psi)\Delta v_3 = 0$

ξ 的系数：$(1+\sin\psi)\Delta v_3 = 0$

η 的系数：$(1-\sin\psi)\Delta u_3 = 0$

上列各方程成立的条件显然是节点位移增量 $\Delta u_3 = 0$、$\Delta v_3 = 0$，所以这种单元在计算塑性变形时会发生闭锁。

2.5.3.2　约束数方法

取拟分析的有限单元构成典型网格，并施加适当的位移边界条件，然后求出该网格中平均每一单元的自由度数，记为 N_f。另一方面，在每一单元的几个积分点上均有 $\varepsilon_v=0$ 或 $\varepsilon_v^p=0$ 或 $\varepsilon_v^p=-\sin\psi\gamma^p$ 的约束条件。这几个积分点上的约束条件未必全部相互独立，特别是当积分点数多于精确积分单元刚度矩阵所需的积分点数目时，多出的约束条件肯定不独立。将每一单元的独立约束数记为 N_c，则 $N_\mathrm{f}/N_\mathrm{c}$ 是该种单元变形能力的一个量度。一般该比值大于 1 时，所考虑的单元才不闭锁，理想的情况为 $N_\mathrm{f}/N_\mathrm{c}\approx1.5$。

以图 2.5.3-2 所示网格为例来分析 3 节点三角形的闭锁情况。此时 $N_\mathrm{f}=2mn/2mn=1$，这里 m、n 分别为网格横向和竖向的四边形个数。而每个单元仅一个积分点，所以 $N_\mathrm{c}=1$，这样 $N_\mathrm{f}/N_\mathrm{c}=1$，因此这种单元在用于塑性变形或不可压缩材料的计算时会发生闭锁。

现已知道，对于二维问题，完全积分的 3 节点三角形单元以及 4、8、9 节点四边形单元会发生闭锁；对于三维问题，8 节点六面体单元（$2\times2\times2$ 积分）亦会发生闭锁。因此，这些单元如不经特殊处理，不能用于不排水条件下饱和土体的变形分析，也不能用于土工结构破坏荷载的计算。

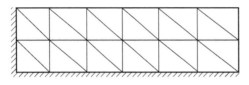 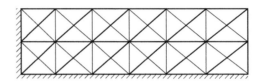

图 2.5.3-2　三角形单元的闭锁分析　　　　图 2.5.4-1　特殊网格举例

2.5.4　避免网格闭锁的方法

（1）降阶积分（Reduced Integration）。由上述分析，网格闭锁的原因是由于体积应变条件给单元附加了过多的约束，所以 Zienkiewicz 建议对一些形式的单元采用较少的积分点计算其单元刚度矩阵，这样即可解决闭锁的问题，这一方法称为降阶积分。比如，对用于平面问题的 8 节点四边形单元，为精确计算单元刚度矩阵应采用 3×3 积分，但如采用降阶积分，取 2×2 个积分点，则能较精确地计算结构的破坏荷载。但是，降阶积分时单元刚度矩阵不能精确计算，可能使单元刚度矩阵在引入适量的位移约束条件后仍为奇异。比如前述的 8 节点四边形单元，采用降阶积分求得的单元刚度矩阵，将有 4 个零特征值，其中 3 个对应于刚体位移，第 4 个则由降阶积分引起，相应的变形模式称为零能模式（Spurious Zero Energy Modes）。但据研究，这一零能模式，仅在单元边中节点受有集中力，而角部节点未受荷载时才会被激发，所以一般不会出现。

（2）选择降阶积分（Selective Integration）。这种方法在 Mindlin 板单元中较常用。这种板单元的闭锁，一般是属于剪切变形的闭锁。为解决这种闭锁问题，而又不使单元刚度矩阵的计算精度过差，可将剪切变形与体积变形分开计算，对前者采用降阶积分，而对后者仍采用完全积分。

（3）采用特殊网格。这里所谓特殊网格是指在网格中单元的排列较为巧妙，从而使网格的性态得到改善。例如，当采用 3 节点三角形单元时，如将网格先划分成四边形单元，进而将每一四边形划分为对顶排列的 4 个三角形单元（图 2.5.4-1），则网格的柔性有所增大。数值计算表明此种网格不再发生闭锁。

（4）采用高阶单元。高阶单元一般变形性能较好，其 N_f/N_c 值一般大于 1，不会发生网格闭锁。比如对于平面问题的分析，采用完整四次多项式插值的 15 节点三角形单元具有很好的性态，是进行破坏荷载分析的较好单元形式之一。

§2.6 土工结构建造过程的有限元模拟

土工结构的受力变形与其施工过程密切相关，因为土工结构所受荷载中的主要部分往往是由土体自重引起，而土体自重在施工过程中便开始起作用。所以在对土工结构进行受力变形分析时，很有必要模拟其施工过程。

首先看如何模拟开挖。如图 2.6-1，设拟在一场地开挖基坑。用有限元模拟时，首先要进行原场地的计算，建立基坑开挖前场地的应力状态。对水平分层场地可采用土力学中的 K_0 法计算有限元网格上的自重应力。之后，把与基坑对应部分的单元关闭，同时施加开挖荷载，计算开挖引起剩余土体的变形和应力变化。所以，这里的关键是计算与此开挖对应的开挖荷载。

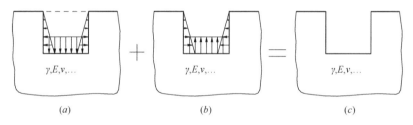

图 2.6-1 开挖荷载示意图

现结合图 2.6-1 进行分析。在开挖之前，拟开挖土体对剩余土体在开挖面上有图 2.6-1(a) 所示的作用力。如果将拟开挖土体移除，但在开挖面上保留图 2.6-1(a) 所示的作用力，则剩余土体不会发生任何新的变形和应力调整，也就是在本质上等于未开挖。因为剩余土体中的应力是与其上所有荷载相平衡的，包括拟开挖土体在开挖面上的作用力。开挖的力学本质是将开挖面上拟开挖土体对剩余土体的作用力置零，也就是要在开挖面上施加与图 2.6-1(a) 所示大小相等、方向相反的分布力，即图 2.6-1(b) 所示的力。所以，开挖土体对剩余土体作用力的反向即为开挖荷载。

下面计算开挖荷载。由有限元理论可以理解（见式 2.1.1-6），将剩余土体内尚未受开挖影响的应力左乘 $[B]^T$ 后，在剩余土体上积分应等于剩余土体上的全部外荷载，即

$$\int_{剩余网格} [B]^T \{\sigma\}_{开挖前} \mathrm{d}V = 剩余网格上全部荷载 \qquad (2.6\text{-}1)$$

而剩余网格上的荷载除开挖荷载的负值之外，其他荷载都是已知的，比如体积力、面力。位移边界上的支撑力在开挖之前的计算结果尽管也是已知的，但这部分节点荷载在求解结构的内力和变形时并不需要，所以在计算开挖荷载时不必考虑。这样，开挖荷载可如下得到：

$$开挖荷载 = 剩余网格上全部已知荷载 - \int_{剩余网格} [B]^T \{\sigma\}_{开挖前} \mathrm{d}V \qquad (2.6\text{-}2)$$

上式右端两项相减的结果只剩余拟开挖土体对剩余土体作用力的负值，这正是开挖荷载。

换一角度来看式（2.6-2），开挖荷载就是剩余网格在应力未受开挖影响而改变时的不平衡力。在剩余网格上施加此不平衡力进行计算，即可给出开挖引起的变形和应力变化量，从而实现开挖的模拟计算。若记施加开挖荷载引起的应力变化为 $\{\Delta\sigma\}$，则有

$$\int_{剩余网格}[B]^{\mathrm{T}}\{\Delta\sigma\}\mathrm{d}V = 开挖荷载 \tag{2.6-3}$$

代入式（2.6-2）则有：

$$\int_{剩余网格}[B]^{\mathrm{T}}(\{\sigma\}_{开挖前}+\{\Delta\sigma\})\mathrm{d}V = 剩余网格上全部已知荷载 \tag{2.6-4}$$

即施加开挖荷载使应力调整变化后与剩余网格上的已知荷载平衡，该已知荷载实际就是开挖后剩余网格上的最终实际荷载。

再看填筑问题的模拟计算。设在给定场地上填筑一路堤，用有限元模拟时先要计算场地的初始应力状态，然后启动与路堤对应的单元，再施加建造荷载进行计算。该建造荷载就是新启动单元的自重，其计算方法同此前的有限元计算。注意到新启动单元的初始应力为零，实际编程时可采用与式（2.6-2）类似的公式进行填筑荷载的计算，只是要把开挖和填筑后的网格统称为"新网格"，即把式（2.6-2）改写为：

$$施工荷载 = 新网格上全部已知荷载 - \int_{新网格}[B]^{\mathrm{T}}\{\sigma\}_{建造前}\mathrm{d}V \tag{2.6-5}$$

利用式（2.6-5）可以方便地统一编程计算开挖和填筑荷载，即施工荷载。

实际工程中还有结构构件的建造和拆除，比如基坑支护的护壁桩、内支撑或锚杆的建造及拆除。结构构件的建造与填筑问题的模拟类似，将相应单元启动即可。如需考虑这新启动构件的重量，则按式（2.6-5）进行施工荷载的计算时自然会将其重量对应的等效节点荷载计入。结构构件的拆除只需将与其相应的单元关闭，之后按式（2.6-5）进行施工荷载的计算时，由于不再计入拟拆除的构件，此构件的原有内力自然会作为不平衡力包含在施工荷载中。

由上述过程可以理解，当所模拟的问题既有开挖也有填筑时，较简便的做法是针对整个施工过程中的最大区域来划分有限元网格。对初始阶段尚不存在部分的相应单元予以关闭，再按如上方法模拟施工过程。显然，网格中任意单元不可跨越不同开挖或填筑的区域，以便能够通过关闭或启动相应的单元准确实现某一部位的开挖或填筑。当单元的关、启状态有变化时，程序重新生成体系的刚度矩阵，并计算相应的施工荷载，求解体系内力和变形的改变量，从而实现模拟施工过程的计算。

在考虑体系的弹塑性时，每一阶段的施工荷载要分步施加，且在每一荷载步内还要进行迭代。计算迭代过程中的不平衡力时，应把未施加的施工荷载从平衡方程右端的荷载项中扣除，即不平衡力由下式计算：

$$\{\delta R\} = \{F\} - (1-S)\{F_c\} - \int_V[B]^{\mathrm{T}}\{\sigma\}\mathrm{d}V \tag{2.6-6}$$

其中 $\{F_c\}$ 为施工荷载；$\{F\}$ 为此阶段施工完成后新网格上的最终荷载，亦即式（2.6-5）中的已知荷载；S 为施工完成率，施工完成时 $S=1$。此式表示，$S=1$ 时计算的应力与新

网格上的实际外载相平衡；而在施工完成前的分步计算过程中，计算的应力应与新网格上扣除施工荷载之未施加部分的最终荷载相平衡。换句话说，施工模拟完成后，应力与新网格上的实际荷载相平衡；而在施工完成前，未施加的施工荷载与当前应力一起平衡新网格上的实际荷载。

需指出，开挖建造过程是一非线性过程，即便材料全部为线弹性，模拟施工过程与否所计算的体系内力和变形一般来说是不同的。不能误以为，当材料为线弹性时，体系的内力与变形仅决定于最终的结构形态。

此外，还有新启动单元的初始位移问题，对此可有如下两种处理方式：

（1）不予处理，即新启动单元的位移设为零。这在按大变形理论进行计算时显然是不合理的，甚至会引起计算的错误。不过，在一般工程填筑过程中，每一步填筑的标高按设计确定，已填筑部分由其自重引起的沉降在填筑过程中不断被弥补置零。所以，这种不予处理的做法给出的结果又近似"符合实际"。对分层填筑的土石坝、路堤等工程，如此计算的结果是其中间高度的沉降最大。

（2）令新启动单元继承此前已发生的位移。其做法是将新填筑部分单独进行有限元计算，取新填筑部分与此前已建部分的交界面上已发生的位移作为其边界位移，由此计算给出新填筑部分各点的位移。由于新填单元不应由此而产生应力，故在此计算中应采用很小的刚度参数。对分层填筑的土石坝、路堤等工程，按此计算的结果显然将是坝、堤顶部沉降最大，因为顶部沉降是各层压缩量的累积。

§2.7 土工结构安全系数的有限元计算

2.7.1 土工结构安全系数的另一定义

一般结构承载力的安全系数定义为结构的极限承载力与结构在使用阶段可能受到的最大荷载之比。对于一般地面建筑结构以及建筑地基承载力的安全系数都是采用这一定义。但是，对于边坡、路基、堤坝等土工结构，这一定义不再适用。因为，这类土工结构所受荷载主要是土的自重，当荷载增大，亦即增大土体重度时，土中正压应力也相应增大。由于土是一种摩擦材料，在正压应力增大时其抗剪强度

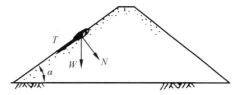

图 2.7.1-1 无黏性土坡稳定性分析

也增大。所以，增大土的重度未必会使结构达到极限状态。例如，用砂土筑成的土堤，其坡角将由砂土的内摩擦角唯一决定，而与砂土的重度无关，增大砂土的重度并不会使土堤的稳定性发生变化。土力学教材中对无黏性土坡的稳定性分析（图 2.7.1-1）给出的安全系数计算式为：

$$F_s = \frac{\tan\varphi}{\tan\alpha} \qquad (2.7.1\text{-}1)$$

其中 φ 是无黏性土的内摩擦角；α 是土坡的坡角。

由式（2.7.1-1）及土力学常识知道，当砂土的内摩擦角 φ 恰好等于坡角 α 时，土坡

刚好保持稳定，即 α 是保持土坡稳定所需要的内摩擦角的最小值。所以式（2.7.1-1）实际是给出安全系数的另一定义，即结构材料所具有的强度参数与刚好保持结构稳定所需要的材料强度参数之比，亦即

$$F_s = \frac{\tan\varphi_a}{\tan\varphi_r} \tag{2.7.1-2}$$

式中，下标 a 表示"所具有的"，下标 r 表示"所需要的"。

由上可以理解，对于黏性土坡其稳定性安全系数同样应如上定义。尽管对于黏性土坡，加大土的重度其安全系数会有所减小，但是如采用使土坡失稳的土体重度与其实际重度之比作为安全系数将给出明显不合理的结果（宋二祥，1997；宋二祥，孔郁斐，杨军，2016）。实际上，土力学教材中按条分法（图 2.7.1-2）给出的黏性土坡稳定安全系数计算式为：

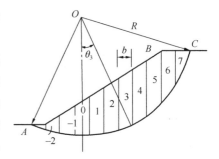

图 2.7.1-2　黏性土坡的稳定性分析

$$F_s = \frac{\sum_{i=1}^{n} \Delta G_i \cos\theta_i \tan\varphi_i + \sum_{i=1}^{n} c_i l_i}{\sum_{i=1}^{n} \Delta G_i \sin\theta_i} \tag{2.7.1-3}$$

可以写成

$$\sum_{i=1}^{n} \Delta G_i \cos\theta_i \frac{\tan\varphi_i}{F_s} + \sum_{i=1}^{n} \frac{c_i}{F_s} l_i = \sum_{i=1}^{n} \Delta G_i \sin\theta_i \tag{2.7.1-4}$$

其中 n 为土条数量；ΔG_i 为第 i 土条的重量；$l_i = b/\cos\theta_i$ 为第 i 土条下端的弧线长度。

式（2.7.1-4）的意思是，将 $\tan\varphi_i$ 和 c_i 均折减一个倍数 F_s，土坡刚好处于极限平衡，或者说恰好保持稳定，亦即：

$$\tan\varphi_a/F_s = \tan\varphi_r, \quad c_a/F_s = c_r \tag{2.7.1-5}$$

这就是说，黏性土坡稳定的安全系数定义为

$$F_s = \frac{c_a}{c_r} = \frac{\tan\varphi_a}{\tan\varphi_r} \tag{2.7.1-6}$$

这一定义式还表明，经典土力学中的土坡稳定安全系数是将内摩擦角的正切值和内聚力同时折减的一个倍数。

由上述分析可知，对土坡稳定分析必须采用式（2.7.1-6）所定义的安全系数。其他土工结构，可以采用传统定义的安全系数，也可以采用式（2.7.1-6）定义的安全系数，视荷载和强度指标两者中哪一个的不确定性更大。但采用不同定义计算安全系数时，得出的值会有明显差异，为保证等同的安全储备，要求安全系数应达到的最小值也应不同。

2.7.2　降低强度参数的安全系数计算

对土坡稳定安全系数的计算，在土力学中一般采用基于极限平衡理论的方法。这种方法假定各种可能的破坏滑移面计算土坡稳定安全系数，而最可能的安全系数及破坏滑移面

为计算给出的最小值及与之对应的破坏滑移面。这种方法的局限是，破坏滑移面是事先假定的、形状较为简单的曲面，如圆弧面、对数螺线面等，对于较复杂的土层及土工结构，难以符合实际。本节讨论如何利用有限元法计算符合新定义的土工结构安全系数。

该方法的基本思路是，在计算过程中将土的强度参数（内摩擦角正切值和内聚力）逐步降低而使土工结构恰好达到极限状态，土所具有的强度参数值与相应于该极限状态的强度参数值之比即为所求的安全系数。

在计算时，首先按所给土的力学性质参数，施加结构的全部荷载得到其受力状态。然后逐步减小土的强度参数直至结构破坏，从而求得 c_r 与 $\tan\varphi_r$。每次减小土强度参数后的迭代计算方法与一般弹塑性有限元类似，迭代过程中典型的应力变化大致如图 2.7.2-1 中的折线 ABC 所示。图中 L_1、L_2 分别对应于强度参数降低前后的屈服面。在每次折减强度参数后，对于超出新屈服面的应力（如图 2.7.2-1 中 A

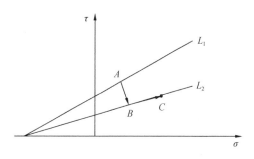

图 2.7.2-1　基本迭代过程中的应力变化

点应力，A 点也可在 L_1 与 L_2 之间），按第 1 章所述方法修正到屈服面（比如图中 B 点）。如此修正应力后，结构将不再处于平衡状态，所以需进行迭代计算以使结构达到新的平衡。在迭代过程中应力在新的屈服面上调整，比如移动到 C 点，以使整个结构的内力和变形符合平衡、几何和物理三方面的条件。

迭代计算式仍与前类似，即：

$$[K]\{\delta u\}^i = \{F\} - \int_V [B]^T \{\sigma\}^{i-1} dV \tag{2.7.2-1}$$

在迭代开始时，上式右端的应力取修正后与 B 点对应的应力。此时的右端两项之差，即不平衡力，相当于此步降低强度参数的荷载。

2.7.3　间接位移控制法在安全系数计算中的应用

当结构接近破坏时，在强度参数不变的情况下变形持续发展。如分别以强度参数折减倍数和滑移体位移为纵、横坐标画曲线，则曲线趋于水平。如采用上述基本算法，当土的强度参数在某一步中折减倍数偏大，则可能使迭代失败，不能求出准确的安全系数值。为解决此问题，这里采用 2.4 节所述的间接位移控制法。

但是，在这里的计算中如直接采用间接位移控制法，则应在迭代过程中不断修正强度参数的折减倍数，这样屈服面随迭代过程不断变化，收敛性将很差。为使计算更为有效，这里进行一些简化处理。

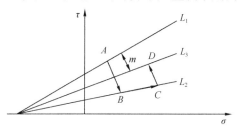

图 2.7.3-1　采用间接位移控制法时
的应力变化

如图 2.7.3-1 所示，设 L_1、L_2 和 L_3 分别代表初始屈服面、试探屈服面和迭代结束后依据间接位移控制法调整确定的屈服面，计算中将应力点从 A 点到 D 点的移动分解为沿折线 $ABCD$ 的移动。在迭代过程中始终采

用屈服面 L_2，但用间接位移控制法折减最初因屈服面降低所计算不平衡力的施加量，亦即减小乘子 m。而减小乘子值，实际是将强度参数的折减倍数减小，也就是使屈服面从 L_2 向着 L_1 回升，比如对应某 m 值的屈服面应是介于 L_1 和 L_2 之间的 L_3。这样，与结构上真实荷载 $\{F\}$ 平衡的应是屈服面 L_3 上某点的应力。为简化计算，迭代过程中仍使用屈服面 L_2，但采用下式近似估计位于屈服面 L_3 上的应力：

$$\{\sigma\}^{i-1} = \{\sigma_{\mathrm{D}}\}^{i-1} \approx \{\sigma_{\mathrm{C}}\}^{i-1} + (1-m^{i-1}-\delta m^i)(\{\sigma_{\mathrm{A}}\}-\{\sigma_{\mathrm{B}}\}) \qquad (2.7.3\text{-}1)$$

这里下标 A、B、C 给出应力所对应的点，m^{i-1} 为上次迭代完成后施加于当前计算步"荷载"的乘子，亦近似为材料强度参数降低量中已实现的比例，δm^i 为本次迭代求解前拟计算的乘子 m 的调整量。由于本步计算中进入塑性的应力点在折减强度参数前未必全部为塑性，也就是有些应力点 $\{\sigma_{\mathrm{A}}\}$ 在屈服面 L_1 以下，式 (2.7.3-1) 是近似的。但在结构接近破坏时，土的强度参数折减倍数几乎不再变化，故此处理方法的最终误差将很小。

将式 (2.7.3-1) 代入式 (2.7.2-1)，整理后有：

$$[K]\{\delta u\}^i = \delta m^i \{\breve{R}\} + \{\delta R\}^{i-1} \qquad (2.7.3\text{-}2)$$

其中

$$\{\delta R\}^{i-1} = \{F\} - (1-m^{i-1})\{\breve{R}\} - \int_V [B]^{\mathrm{T}}\{\sigma_{\mathrm{C}}\}^{i-1}\mathrm{d}V \qquad (2.7.3\text{-}3)$$

$$\{\breve{R}\} = \{F\} - \int_V [B]^{\mathrm{T}}\{\sigma_{\mathrm{B}}\}\mathrm{d}V \qquad (2.7.3\text{-}4)$$

在上式中利用了本计算步之前的应力 $\{\sigma_{\mathrm{A}}\}$ 近似与实际荷载平衡，亦即

$$\int_V [B]\{\sigma_{\mathrm{A}}\}\mathrm{d}V \approx \{F\} \qquad (2.7.3\text{-}5)$$

这里直接用总荷载 $\{F\}$ 来计算不平衡力，可以避免误差随计算步数的积累。

式 (2.7.3-2) 可以从另一角度理解，即此式等同于要求实际荷载扣除因强度参数降低而引起不平衡力的未施加部分后与屈服面上 C 点应力相平衡。这与施工模拟计算中的迭代式类似。

考察式 (2.7.3-2) 还可看出，在一增量步开始，由于降低强度参数而修正应力后引起的不平衡力 $\{\breve{R}\}$ 相当于标准荷载（式 2.7.3-4），实际外荷载扣除 $\{\breve{R}\}$ 的未施加部分后，再减去与上次迭代计算的应力 $\{\sigma_{\mathrm{C}}\}^{i-1}$ 对应的节点力，给出迭代过程中的不平衡力（式 2.7.3-3）。而间接位移控制法在迭代过程中要折减所施加的"荷载"，所以当前迭代计算位移子增量的式 (2.7.3-2) 右端为 $\delta m^i\{\breve{R}\}+\{\delta R\}^{i-1}$ 两项。当迭代收敛时，$\delta m^i \approx 0$，不平衡力 $\{\delta R\}^{i-1}$ 也接近零，计算的位移子增量也就接近零。对照 2.4 节间接位移控制法的计算式 (2.4-5)，可知强度参数降低比例的调整量应按如下计算：

$$\delta m^i = -\frac{\{\Delta u^{i-1}\}^{\mathrm{T}}[K]^{-1}\{\delta R\}^{i-1}}{\{\Delta u^{i-1}\}^{\mathrm{T}}[K]^{-1}\{\breve{R}\}} \qquad (2.7.3\text{-}6)$$

采用上述间接位移控制法，在计算过程中当强度参数折减过多时，将把折减倍数减小，从而可得到收敛的结果。到结构破坏阶段，每次降低强度参数只是启动增量位移的计

算，而最终强度参数的降低倍数又几乎回到此步开始时的值，这样便计算得到强度参数降低倍数与位移关系曲线的水平段，从而较准确地确定结构的安全系数。

2.7.4　土坡稳定安全系数计算算例

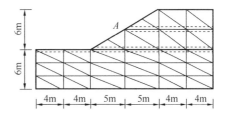

这里给出一土工加筋路堤的安全系数计算算例。考虑对称性取路堤断面的一半进行计算，相应几何尺寸及有限元网格见图 2.7.4-1，其中在路堤底部和中部各铺设一层土工格栅。土的力学性质参数为：剪切模量 $G = 1000\text{kPa}$，内摩擦角

图 2.7.4-1　加筋路堤计算的有限元网格

$\varphi = 25°$，内聚力 $c = 3\text{kPa}$，重度 $\gamma = 18\text{kN/m}^3$，侧压力系数 $K_0 = 0.5$。每延米土工织物的拉伸刚度 $EA = 1900\text{kN}$。

分别考虑加筋与不加筋的情况。计算时先由 K_0 法计算水平地基的初始应力，接着分两步模拟路堤的填筑过程，之后用降低强度参数法计算此路堤的稳定安全系数。计算给出路堤坡面上任一点（这里取坡面中点 A）的位移随强度参数降低倍数的关系曲线（图 2.7.4-2a）及失稳滑移阶段最后荷载步的位移增量等值线图（图 2.7.4-2b）。由图可见，到极限状态时，强度参数降低倍数不再增加，但滑移体的位移持续增大。此时的位移增量等值线图显示，等值线集中于土坡失稳破坏的滑移面附近，而稳定土体不再发生位移。有无加筋的安全系数分别为 1.47 和 1.22。

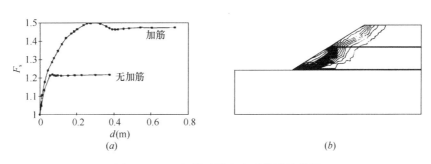

图 2.7.4-2　加筋路堤安全系数计算结果

（a）强度参数折减倍数-位移曲线；（b）失稳时的位移增量等值线

§2.8　实际工程计算有关问题讨论

进行实际工程问题的计算分析时，需要计算人员对工程问题的特性以及有关计算理论和方法均有较深入全面的了解，这样才能抓住问题的主要方面，构建合理的计算分析模型。相关理论包括但不限于材料本构模型及参数的选择、是否考虑土的固结过程、是否考虑大变形、是否模拟建造过程等。这些选择往往是相互关联的，比如材料参数严格说都是模型参数，其取值不仅要看材料性质，还与所选用的模型有关。下面作为分析举例，集中论述两方面的问题，一是计算网格大小的确定，二是计算实际问题时取三维模型还是二维模型。

2.8.1　计算网格大小的确定

任何土工结构均坐落在地基上或位于地层中。在进行土工结构的有限元分析时，需要对分析对象划分有限元网格。而地基、地层对任何工程结构都相当于无限体，有限元网格却只能是有限大小，为保证计算精度，应取足够大的网格。对有限元网格大小的要求，动力分析与静力分析是不同的。一般来说，动力分析所需要的有限元网格要比静力分析所需网格大得多，否则需对人为截断边界进行特殊处理，这在第 5 章将有较详细的讨论。对于静力问题，一般只要取适当大小的网格，在人为截断边界上施加简单边界条件即可保证计算精度。这里"简单边界"通常是底边完全固定，侧边仅固定水平位移。即便取较大的网格，静力问题的计算量一般也不是很大，所以尽管也发展了无穷单元等模拟地基无限性的技术，其应用的必要性不大。

那么，对实际问题的静力分析应如何估计所应采用有限元网格的大小呢？这需要看计算的是什么土工结构以及要分析哪方面的问题。对任一土工结构，一般来说计算变形比计算破坏荷载需要更大的有限元网格。实际计算时应根据有关力学常识予以估计，待计算之后再根据结果进行判断。现以基坑开挖和地基承载力问题为例予以讨论。

2.8.1.1　浅基础下地基的计算分析

对于浅基础下地基的计算分析，当以地基承载力为分析重点时，有限元网格的大小以能够容纳地基的破坏机制为原则。图 2.8.1-1 是浅基础下地基破坏的滑移线网，由此滑移线网的特征可知，地基破坏时滑移土体的范围大小在深度方向和水平方向均由基础宽度和内摩擦角的大小决定。在深度方向要从基底往下延伸大约 2 倍基础宽度，在水平方向需据地基土的软硬从基础边沿往外延伸约 2～6 倍基础宽度。计算完成后只要边界附近在破坏阶段的位移增量很接近零，就表示网格已经足够大。

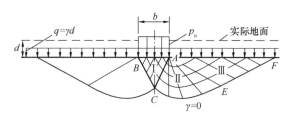

图 2.8.1-1　浅基础下地基的破坏滑移线

当重点在计算地基的沉降时，网格的竖向尺寸仍主要由基础宽度决定，因为基础宽度的大小决定基底压力的影响深度。但具体取到什么深度，与所选用的本构模型有关。这里需要特别注意的是小应变刚度这一土的重要变形特性。因为附加应力及相应应变均随深度衰减，而小应变情况下土的刚度很大。如采用一般本构模型进行计算，不考虑小应变刚度，所取计算深度又较大，则会严重夸大地基的沉降。此时应按有关技术规范的建议，计算深度取到附加应力为土层原自重应力的 10%～20% 为止。如采用考虑小应变刚度的本构模型，则可以保守地取较大网格，本构模型可以考虑压缩层的实际厚度。网格水平方向的尺寸对于此类问题一般不大于进行地基承载力分析时的网格。计算完成后，边界处的位移小于基础所处部位位移的 2%～5% 时，可认为网格范围已经足够。

2.8.1.2　基坑开挖问题的计算分析

对于基坑开挖支护问题的有限元分析，网格大小的确定有坑内、坑外和竖向三个尺寸。如重点是稳定分析，则网格的大小同样以能够容纳可能发生的破坏机制为标准。坑外侧应自坑边缘往外 2～3 倍基坑深。采用锚索支护时应从锚索端头再往外延伸一定距离，包住自锚索端头可能发生的往侧上方延伸的主动破裂面（图 2.8.1-2）。坑内侧在具有对称性的情况下取一半基坑宽度即可。如基坑平面尺度较大，则应以能容纳挡土构件发生踢脚破坏的破裂面为原则。对软土地区的基坑还应考虑坑底隆起破坏的破裂面大小，一般可取挡土构件嵌深的 2～3 倍。深度方面则应自护壁桩（墙）下端往下一定深度，以容纳可能的坑底隆起滑移破裂面。

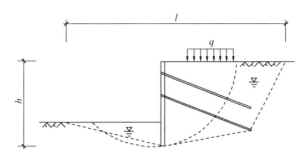

图 2.8.1-2　基坑开挖问题的计算网格大小

当分析的重点为基坑开挖所引起的变形时，有限元网格在水平方向的尺度要较上述尺度适当加大。在深度方向，如需仔细分析坑底回弹变形时，有限元网格自坑底往下的尺度应与基坑平面尺度成比例，或由附加应力（此时为负）与原自重应力比值小于 0.2 来确定网格的竖向范围。但一般坑底弹性回弹变形不是分析重点，故深度方向的网格尺度适当大于上段所述稳定分析的网格尺度即可。

2.8.2　三维或二维模型的选取

很多实际工程问题严格来说均需采用三维模型来进行分析，但在很多情况下，从工程问题的精度要求看，往往可以简化采用二维模型进行分析。比如浅基础的地基承载力问题，即使是矩形基础，只要其长宽比大于 2，按条形基础计算地基承载力，其误差也不大于 20%。这里以基坑支护为例进行一些讨论。

设一基坑其平面形状为矩形，不管是基坑的长边或短边，只要边长与坑深之比较大，边长中段较大范围的变形情况近似相同（图 2.8.2-1），亦即近似为平面应变变形，可按二维平面应变问题进行分析。坑角的影响范围一般约为 1～2 倍坑深。

当坑深增大，角区的影响范围相对加大，此时的计算分析就需要考虑空间效应，也就是采用三维模型进行分析。图 2.8.2-2 为润扬长江大桥北锚 50m 特深基坑的坑口变形情况。该基坑平面为 69m×51m 的矩形，其边长并不小，但因坑深达 50m，三维效应明显。

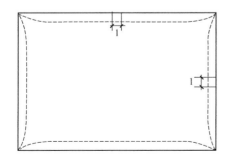

图 2.8.2-1　一般矩形基坑坑口
变形情况

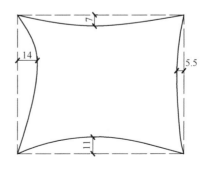

图 2.8.2-2　润扬长江大桥北锚 50m 特深基坑
坑口实测位移情况（单位：mm）

　　以上是就基坑变形情况来看何时可按二维、何时需按三维模型进行分析。但是，对于稳定分析还需要看具体采用的支护形式。比如对于土钉支护的基坑，当坑深与基坑边长之比不大时，基坑边长中段的变形大体均匀。但仔细观察坑壁位移情况，在土钉部位和任意相邻两土钉之间的部位，其位移会有差异（图 2.8.2-3）。这里称此种变形差异为局部三维效应。对此局部三维效应，在进行正常工作状态下的变形分析时可不予考虑，而是将土钉的刚度均匀分布于土钉对应的水平间距范围内，从而按平面问题进行分析。但是，如进行土钉支护的稳定分析，这样的二维模型无法正确计算土钉的拔出破坏，也就不可能正确计算土钉支护的稳定安全系数。因为按二维模型计算时，土钉被分布于其所在水平面内，类似于水平铺设的土工格栅，这就严重歪曲了钉-土之间的接触情况，从而不能算出正确的失稳破坏模式。

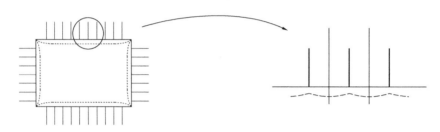

图 2.8.2-3　土钉支护基坑的变形情况

　　综合上述，对任一实际工程问题的计算，均需依据有关知识深入分析，建立正确的计算模型，输入合理的模型参数，才可能给出正确合理的计算结果。

主 要 参 考 文 献

［1］　O. C. Zienkiewicz and R. L. Taylor. The Finite Element Method（5th edition）［M］. London：Butterworth- Heinemann，2000.

［2］　E. X. Song. Finite Element Analysis of Consolidation under Steady and Cyclic Loads［D］. Delft：Delft University of Technology，1990.

［3］　宋二祥. 结构极限荷载与软化性态的有限元计算［R］. 第四届全国结构工程会议特邀报告，福建泉州，1995.

［4］　宋二祥. 土工结构安全系数的有限元计算［J］. 岩土工程学报，1997，2.

［5］　宋二祥，孔郁斐，杨军. 土工结构安全系数定义及相应计算方法讨论［J］. 工程力学，2016，（11）：1-6.

［6］　宋二祥. 饱和土体分析的总应力法与有效应力法［J］. 地基处理，2000，（3）.

［7］　宋二祥. 盾构施工隧道衬砌内力及地表沉降计算［J］. 建筑结构，1999，（2）.

［8］　H. van Langen. Numerical Analysis of Soil Structure Interaction［D］. Delft：Delft University of Technology，1991.

［9］　李广信，张丙印，于玉贞. 土力学［M］. 北京：清华大学出版社，2013.

［10］　E. X. Song, P. A. Vermeer. Implementation of Curved Mindlin Beam Element in PLAXIS［R］. Faculty of Civil Engineering，Delft University of Technology，1993.

［11］　A. E. Groen and R. de Borst. Three-dimensional finite element analysis of tunnels and foundations[J]. Heron, 1997, 42(3): 183-214.

[12] H. B. Liu, E. X. Song and H. I. Ling. Constitutive modeling of soil-structure interface through the concept of critical state soil mechanics[J]. Mechanics Research Communications, 2006, 33(4): 515-531.

[13] R. de Borst. Computational Methods in Nonlinear Soild Mechanics, Part 2: Physical nonlinearity[R]. Delft University of Technology, 1991.

[14] R. B. J. Brinkgreve, et al. PLAXIS-Scientific Manual [R]. The Netherlands, PLAXIS bv, 2015.

[15] E. Riks. The application of Newton's method to the problem of elastic stability[J]. Applied Mechanics, 1972, 39:1060-1066.

[16] E. Ramm. Strategies for tracing the nonlinear response near limit points[C]//W. Wundlich, et al (eds.)Nonlinear Finite Element Analysis in Structure Mechanics. Berlin: Springer Verlag, 1981, 63-83.

第3章 渗流理论与数值计算

§3.1 概 述

土是由风化岩石颗粒组成的一种碎散多孔介质，其大部分孔隙相互连通。土层中常含有水，在一定条件下，会发生水的渗流。比如，基坑开挖后周边土层中的水向坑内渗流（图 3.1-1），土堤靠河床一侧的水向另一侧的渗流（图 3.1-2）等。

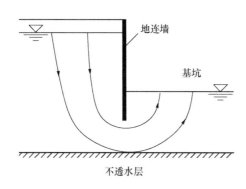

| 图 3.1-1 地下连续墙围护基坑的渗流 | 图 3.1-2 土堤及其地基中的渗流 |

土中水的渗流，一般会引起水位与孔隙水压的变化，而水位及水压分布与土工结构的变形及稳定性有着密切的关系。渗流水对土颗粒还会施加渗透力，甚至会引起流土、管涌等形式的渗透破坏。要确定渗流引起的水位、水压变化，分析是否会造成土的渗透破坏，就需要进行渗流分析。此外，有些工程中还需要估计渗流量，比如估计基坑开挖后每天渗入坑内的水量。因此，在地下工程、岩土工程中渗流计算有着广泛的应用。

视土体含水饱和程度的不同，土中水的渗流可有三种情况：一是含水饱和度相当低，以致自由水含量很少时，孔隙水相互不连通，无渗流发生；二是含水饱和度较高，但远非接近饱和（一般认为低于85%）时，孔隙中的水和气均有流动，二者间还会有一定的相互影响，宜按非饱和土的渗流理论进行分析；三是含水饱和度较高（大于85%）及至饱和时，气体将以封闭气泡的形式存在于水中，二者一起流动，此时可按含水饱和情况进行渗流分析。气泡的存在可反映在孔隙流体的压缩性，同时对渗透系数也会有一定影响。

本书只讨论饱和土中水的渗流分析。首先阐述有关的基本理论，接着给出渗流计算的有限元方法及算例，随后对三维渗流问题的二维近似以及单井抽水问题的理论分析进行了讨论，最后还介绍了最新发展的无穷域渗流问题有限元分析需要的人工边界。

§3.2 渗流基本理论

3.2.1 渗流发生的条件及渗流速度确定

在进行渗流分析时，一般不考虑土体骨架的变形，即不考虑土体骨架变形与渗流的相互影响。

土中两点之间有渗流发生的基本条件是该两点处水的能量有差异。在温度变化及化学因素等的影响可以忽略的条件下，仅需考虑水的机械能。又由于渗流的速度一般很小，故可忽略渗流水的动能，仅考虑其位置势能和压力势能。单位重量水的机械能具有与高度相同的量纲，故称为水头，其定义式为：

$$h = y + \frac{p}{\gamma_w} \tag{3.2.1-1}$$

其中 y 为所考虑的点相对某一给定基准面的高度；p 为该点的孔隙水压；γ_w 为水的重度。自然，水是由水头高的点流向水头低的点。

渗流发生的条件可通俗表述为：水应从高处流向低处，从压力大的部位流向压力小的部位，将两者综合并统一其量纲即给出式（3.2.1-1）定义的水头，即水由水头高的部位向水头低的部位渗流。

法国学者达西（Darcy）根据试验给出确定渗流速度的达西定律：

$$v = -ki \tag{3.2.1-2}$$

其中 k 为常数，称为渗透系数；i 为水头梯度，即

$$i = \frac{\partial h}{\partial l} \tag{3.2.1-3}$$

l 为渗流路径长度。式（3.2.1-2）右侧的负号是因为水头梯度的方向与渗流速度的方向总是相反。

这里需注意，式（3.2.1-2）中的渗流速度是定义为单位时间里流过单位土体横截面积的水体积，所以它与孔隙中流体的实际速度是不同的。

此外，达西定律仅适用流速很小的层流情况，这也是工程中常见的情况。当渗流速度较大时则形成紊流，此时达西定律不再适用，而应采用下式

$$v = -ki^m \qquad (0.5 \leqslant m < 1) \tag{3.2.1-4}$$

层流与紊流的区分一般用雷诺数 $\mathrm{Re} = vd_{10}/\bar{\mu}$ 来判断，其中 d_{10} 为土的有效粒径，$\bar{\mu}$ 为流体的运动黏滞系数，即动力黏滞系数与质量密度之比。但对于渗流问题，区分层流与紊流的雷诺数分界值离散性较大，故也有人采用渗流速度的大小来区分，并建议取 $v_{cr} = 0.3 \sim 0.5 \mathrm{cm/s}$ 作为流速大小的分界值。最准确的方法自然是通过试验，考察水头梯度与渗流速度间关系何时偏离线性。

3.2.2 渗透系数取值

渗透系数 k 的取值决定于多孔介质和孔隙流体的性质，具体影响参数如下式：

$$k = \frac{\kappa}{\mu}\gamma_w \tag{3.2.2-1}$$

其中 γ_w 为水的重度；μ 为流体的动力黏滞系数，即流体发生单位剪切应变速率时所受的剪应力，标准单位为 Ns/m^2；κ 为土的固有渗透系数，标准单位为 m^2，完全决定于土本身的性质，特别是颗粒大小、级配及孔隙比，也与土的矿物成分、结构等有关。对 κ 的取值在文献中有多种经验公式，比如科泽尼-卡尔曼（Kozeny-Carman）公式：

$$\kappa = cd^2 \frac{n^3}{(1-n)^2} \tag{3.2.2-2}$$

其中 d 为土体粒径大小的一种衡量；n 是孔隙率；c 是与颗粒形状等有关的系数。

由于温度对水的黏性有较大影响，不同温度下的渗透系数也有较大差别。比如温度为 $24℃$ 时的渗透系数比温度为 $5℃$ 时增大 65% 左右。

对黏性土，有研究者认为存在一个初始水头梯度，当实际水头梯度小于此值时，无渗流发生。但也有人认为不存在这样一个初始水头梯度，所谓初始水头梯度实际上是试验观测的误差。在工程中一般还是采用达西定律。

此外应认识到，在渗流过程中，土中一点的渗透系数不是常数，渗流本身及其他一些因素都可能引起土的变形，改变土的组成及结构，从而改变其渗透性。

实际土层由于其沉积过程中颗粒的定向排列，往往呈现出各向异性的性质，一般近似为横观各向同性体，其水平渗透系数常远大于竖向渗透系数。所以，在渗流计算中需采用渗透系数矩阵。当所取坐标轴方向与土的渗透主轴方向一致时，渗透系数矩阵的非对角元为零，渗流速度与水头梯度的关系可写为下列形式：

$$\begin{Bmatrix} v_x \\ v_y \\ v_z \end{Bmatrix} = - \begin{bmatrix} k_h & 0 & 0 \\ 0 & k_h & 0 \\ 0 & 0 & k_z \end{bmatrix} \begin{Bmatrix} \dfrac{\partial h}{\partial x} \\[2mm] \dfrac{\partial h}{\partial y} \\[2mm] \dfrac{\partial h}{\partial z} \end{Bmatrix} \tag{3.2.2-3}$$

当坐标轴方向与渗透主轴不一致时，渗流速度各分量与水头梯度各分量间关系可由上列关系式经坐标转换得出，这样渗透系数矩阵的非对角元则不再为零。对于水头梯度的坐标转换只要注意到它为矢量，则知其转换式与渗流速度的转换式相同，并不难求出。当然，也可采用方向导数公式给出。

3.2.3　渗流问题的基本方程

渗流问题基本方程的推导是依据渗流水的质量守恒。以二维问题为例，在渗流区域内任取一矩形微元 $\Delta x \Delta y$（见图 3.2.3-1，在垂直于图面方向取单位厚度），在 Δt 时间内流入该微元中水的体积为

$$(v_x \Delta y + v_y \Delta x) \Delta t$$

流出该微元的水体积为

$$\left[\left(v_x + \frac{\partial v_x}{\partial x} \Delta x \right) \Delta y + \left(v_y + \frac{\partial v_y}{\partial y} \Delta y \right) \Delta x \right] \Delta t$$

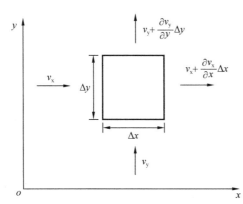

图 3.2.3-1　渗流场中一微元体的渗流分析

再设 Δt 时段里水位升高 Δh，从而水压升高 $\gamma_w \Delta h$，该水压使流体压缩的体积为

$$\frac{\Delta h \gamma_w}{K_w} n \Delta x \Delta y$$

这里 n 为上的孔隙率，K_w 为水的体积压缩模量。

如所分析的区域无分布的水量供给及排泄，则流入所考虑微元体的水体积应等于流出水的体积与该处水被压缩的体积（这里体积按压力变化前计算）之和，故可得出：

$$\frac{\partial v_x}{\partial x} + \frac{\partial v_y}{\partial y} + \frac{\gamma_w}{K_w/n} \frac{\partial h}{\partial t} = 0 \qquad (3.2.3\text{-}1)$$

将达西定律代入上式，则得到二维渗流问题的基本方程为：

$$k_x \frac{\partial^2 h}{\partial x^2} + k_y \frac{\partial^2 h}{\partial y^2} - S_s \frac{\partial h}{\partial t} = 0 \qquad (3.2.3\text{-}2)$$

其中

$$S_s = \frac{\gamma_w}{K_w/n} \qquad (3.2.3\text{-}3)$$

S_s 称为土的贮水系数或单位储水量（Storage），即单位体积的饱和土体，在水头上升一个单位高度时，由于流体压缩所能多容纳的流体体积。单位储水量中还可以包括土颗粒压缩及土骨架变形的影响。水压升高使土颗粒压缩可增大孔隙体积，有效应力变化使土体骨架体积发生的变化也主要改变孔隙的体积，在这里均未考虑。实际上，对于接近完全饱和的情况，流体的压缩较土体骨架体积变化的影响还要小得多，完全可以忽略。但当孔隙水中含有气泡时其压缩性将显著增大。

上述推导是针对一般瞬态（非稳态）渗流问题。对于稳态渗流，各量不随时间变化，式（3.2.3-2）左边第三项为零。对于非稳态渗流，当不考虑流体的压缩时，该项同样为零。所以，稳态渗流和不可压缩流体的非稳态渗流服从同样形式的方程。

3.2.4　一般定解条件

稳态渗流的定解条件即边界条件，非稳态渗流的定解条件除边界条件外还包括初始条件。初始条件给出起始时刻的水头分布，即

$$h(x, y, t)\big|_{t=0} = \tilde{h}(x, y) \qquad (3.2.4\text{-}1)$$

其中 $\tilde{h}(x, y)$ 为已知函数。

在讨论问题的边界条件之前，首先要知道承压渗流与自由面渗流的区别。前一种渗流所发生的区域事先是明确的，在所分析的问题中不存在自由表面，比如在两个不透水层间的承压水的渗流。后一种渗流问题中有一自由水面（Phreatic Surface），该自由面也属于边界的一部分，但其位置需经计算确定。所以，自由面渗流问题的边界条件，除一般边界条件外，还有自由面边界条件。

现以图 3.2.4-1 所示土坝的自由面渗流问题为例说明渗流问题的边界条件。

（1）第一类边界条件。在图 3.2.4-1 所示土坝的上游边界 ab、下游边界 cd，可以给定水头的值，称为第一类边界条件，又称为 Dirichlet 边界条件。此外，边界 ed 上水压为零，同时有水的渗出，称为出渗面，其边界条件为 $h=z$，也是第一类边界条件。该段的

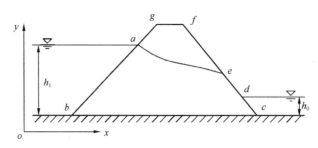

图 3.2.4-1 一自由面渗流问题

上端点 e，称为出渗点（Exit Point），在计算之前未知。第一类边界条件可表示为：

$$h = \hat{h} \quad 在 \Gamma_h \tag{3.2.4-2}$$

这里 $\hat{h}$ 为已知水头值。

（2）第二类边界条件。在坝体下部往往存在不透水层，这时可假定底边界上的法向渗流速度为零，称为第二类边界条件。在第二类边界条件中也有渗流速度为给定非零值的情况。对于采用有限元分析时人为截断的远区边界，当足够远时也可视为不排水边界。第二类边界条件又称自然边界条件或 Neumann 边界条件，可表示为：

$$-k \frac{\partial h}{\partial n} = \hat{q} \quad 或 \quad -k_x \frac{\partial h}{\partial x} n_x - k_y \frac{\partial h}{\partial y} n_y = \hat{q} \quad 在 \Gamma_q \tag{3.2.4-3}$$

这里前一式针对各向同性体，后一式针对以 x、y 为渗透主向的正交各向异性体。其中 n 为边界的单位外法线向量，n_x、n_y 分别为 n 在 x、y 方向的分量，或称为外法线的方向余弦，$\hat{q}$ 为边界上外法线方向已知单位面积流量。

此外，对于含有自由面的渗流问题，其定解条件还包括自由面边界条件，将在下一子节专门讨论。

3.2.5 自由面边界条件

首先看稳态渗流的自由面。稳态渗流中，自由面位置、形状不发生变化，在自由面处水压为零，同时无透过自由面的渗流，亦即同时有以下两个条件：

$$h = y, \quad -k \frac{\partial h}{\partial n} = 0 \tag{3.2.5-1}$$

上列两个条件似乎分别属于第一类和第二类边界条件，这在理论上是不可以的，正如在固体力学问题中对边界的任一自由度，在给出位移边界条件后，便不能再给力的边界条件。但是，这里自由面的第一个条件 $h = y$ 中的位置 y 未知，所以这与上述理论并不矛盾。

再看非稳态渗流的自由面。此时，自由面上的水压仍保持为零，也即式（3.2.5-1）中的第一个条件仍应满足。但是，由于是非稳态渗流，自由面位置随时间变化，也就是透过自由面的渗流非零，而应符合一定的条件。下面对此进行分析。

在非稳态渗流中，若自由面在某一时刻随时间上升，原在自由面上方的部分非饱和区变为饱和区，故将存储一定量的水；若自由面在某一时刻随时间下降，则原在自由面以下的部分土体由饱和变为非饱和，故又会将所存储的水排出。在任一微小时段内从自由面流出或流入的水量，等于相应时段自由面变化区存储或释放的水量，这便是非稳态自由面第二个需满足的条件。现以图 3.2.5-1 中所示二维问题为例导出这一条件的数学表达。

设在某一时刻 t，自由面逐渐上升。如图 3.2.5-1 所示，在自由面取微段 $\mathrm{d}l$ 进行分析。设该部位的渗流速度为 $\vec{q}$，外法线 $\vec{n}$，则单位时间内透过 $\mathrm{d}l$ 流出的水量为

$$\vec{q} \cdot \frac{\vec{n}}{|\vec{n}|} \mathrm{d}l$$

再设 $\mathrm{d}l$ 向上移动的速度为 $\vec{V}$，则单位时间内由自由面以上土体储存的水量为

$$\vec{V} \cdot \frac{\vec{n}}{|\vec{n}|} \mathrm{d}l \, \mu_\mathrm{d}$$

这里 μ_d 称为无压给水度，理论上等于连通孔隙的孔隙率 n_e，即有效孔隙率。但实际上，原来处于自由水面以上的土体并非完全不含水，水位降落时变为自由水面以上的土体也不可能完全把连通孔隙中的水释放，所以实际给水度的值往往小于有效孔隙率。

而流出的水量与自由面上升时注入土体中的水量应相等，所以有：

$$\vec{q} \cdot \vec{n} = \vec{V} \cdot \vec{n} \mu_\mathrm{d} \qquad (3.2.5\text{-}2)$$

为确定 $\vec{n}$，设自由面方程为：

$$F(x,y,t) = h(x,y,t) - y = 0 \qquad (3.2.5\text{-}3)$$

即在自由面上水头等于位置水头。由该方程有：

$$\vec{n} = -\frac{\partial h}{\partial x} \vec{i} - \left(\frac{\partial h}{\partial y} - 1 \right) \vec{j} \qquad (3.2.5\text{-}4)$$

上式中的负号与自由面方程的写法有关。

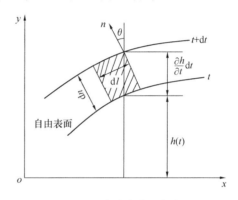

图 3.2.5-1　非稳态渗流自由面
变化情况示意图

又因为

$$\vec{q} = -k_\mathrm{x} \frac{\partial h}{\partial x} \vec{i} - k_\mathrm{y} \frac{\partial h}{\partial y} \vec{j} \qquad (3.2.5\text{-}5)$$

所以有：

$$\vec{q} \cdot \vec{n} = k_\mathrm{x} \left(\frac{\partial h}{\partial x} \right)^2 + k_\mathrm{y} \left(\frac{\partial h}{\partial y} - 1 \right) \frac{\partial h}{\partial y} \qquad (3.2.5\text{-}6)$$

又自由面移动的速率可写为：

$$\vec{V} = \frac{\mathrm{d}x}{\mathrm{d}t} \vec{i} + \frac{\mathrm{d}y}{\mathrm{d}t} \vec{j} \qquad (3.2.5\text{-}7)$$

从而有

$$\vec{V} \cdot \vec{n} = -\frac{\partial h}{\partial x} \frac{\mathrm{d}x}{\mathrm{d}t} - \left(\frac{\partial h}{\partial y} - 1 \right) \frac{\mathrm{d}y}{\mathrm{d}t} \qquad (3.2.5\text{-}8)$$

又 $F(x,y,t)$ 对 t 的全导为：

$$\frac{\mathrm{d}F}{\mathrm{d}t} = \frac{\partial h}{\partial t} + \frac{\partial h}{\partial x} \frac{\mathrm{d}x}{\mathrm{d}t} + \left(\frac{\partial h}{\partial y} - 1 \right) \frac{\mathrm{d}y}{\mathrm{d}t} = 0 \qquad (3.2.5\text{-}9)$$

由上列二式得出：

$$\vec{V} \cdot \vec{n} = \frac{\partial h}{\partial t} \qquad (3.2.5\text{-}10)$$

将式（3.2.5-6）、式（3.2.5-10）代入式（3.2.5-2）得出非稳态渗流自由面另一边界条件

的数学表达式为：

$$k_{\mathrm{x}} \left(\frac{\partial h}{\partial x} \right)^2 + k_{\mathrm{y}} \left(\frac{\partial h}{\partial y} \right)^2 - k_{\mathrm{y}} \frac{\partial h}{\partial y} = \mu_{\mathrm{d}} \frac{\partial h}{\partial t} \tag{3.2.5-11}$$

略去高阶项有：

$$- k_{\mathrm{y}} \frac{\partial h}{\partial y} = \mu_{\mathrm{d}} \frac{\partial h}{\partial t} \tag{3.2.5-12}$$

也有文献中将上式近似改写为：

$$- k \frac{\partial h}{\partial n} = \mu_{\mathrm{d}} \frac{\partial h}{\partial t} \cos\theta \tag{3.2.5-13}$$

这相当于认为 $\partial h / \partial n \approx \partial h / \partial y \cos\theta$，这在 θ 角较小时是可以的。θ 是自由面法向与竖直向的夹角。

§3.3　渗流问题的有限元分析

渗流问题的早期解法主要是解析法、模拟试验法及流网图解法等，但均限于较简单的问题。当分析区域形状复杂，所包含的土层性质不均匀时，则很难采用这些方法。在计算机出现以后，有限差分及有限元等数值方法，特别是有限元法成为求解渗流问题的有效方法。有限元法在 20 世纪 60 年代即用于稳态渗流分析，20 世纪 70 年代用于非稳态渗流分析，目前已相当成熟。本节讲解渗流问题的有限元解法。

3.3.1　有限元离散

在用有限元法进行渗流分析时，首先需要从问题的微分方程导出其有限元方程。推导有限元方程的基本思路是，首先将微分形式的方程转变为积分形式的方程，再进行有限元离散，以节点量为基本未知量，并用节点未知量通过插值表示未知场，代入积分形式的方程得到求解问题的代数方程。

构造积分形式方程的常用方法之一是给出相应问题的泛函，使其极值条件（欧拉方程）对应于所欲求解的微分方程及自然边界条件。但对一给定微分方程构造其泛函往往需要较复杂的技巧。另一种较常用的方法是加权余量法。加权余量法较为简便，原则上又可用于各种问题，以下便采用这种方法给出渗流问题的有限元方程。

这里的推导针对一般形式的非稳态渗流，对稳态渗流只需删去其中与时间有关的项，并省去有关的求解步骤即可。

根据加权余量法，方程（3.2.3-2）可用以下积分形式的方程代替：

$$\int_V \left(k_{\mathrm{x}} \frac{\partial^2 h}{\partial x^2} + k_{\mathrm{y}} \frac{\partial^2 h}{\partial y^2} - S_{\mathrm{s}} \frac{\partial h}{\partial t} \right) W(x, y) \mathrm{d}V = 0 \tag{3.3.1-1}$$

其中 W 仅是空间坐标 x、y 的函数，称为权函数。它可以是任意函数（连续或不连续），只要能使上式的积分有意义，但要求在给定第一类边界条件的边界 Γ_{h} 上为零，即：

$$W(x, y) = 0 \quad \text{在 } \Gamma_{\mathrm{h}} \tag{3.3.1-2}$$

正如固体力学问题中的虚位移在给定位移的边界上必须为零一样。

为降低对近似解连续可导阶数的要求，从而能使用低阶单元，对式（3.3.1-1）中含二阶导的项进行分部积分。分部积分依据如下的格林引理：

$$\int_V \frac{\partial A}{\partial x}B\,\mathrm{d}V = \oint_\Gamma (AB)n_x\,\mathrm{d}\Gamma - \int_V A\,\frac{\partial B}{\partial x}\mathrm{d}V \tag{3.3.1-3a}$$

$$\int_V \frac{\partial A}{\partial y}B\,\mathrm{d}V = \oint_\Gamma (AB)n_y\,\mathrm{d}\Gamma - \int_V A\,\frac{\partial B}{\partial y}\mathrm{d}V \tag{3.3.1-3b}$$

其中 A、B 均为 x、y 的函数；Γ 为积分区域 V 的整个边界；n_x、n_y 为边界 Γ 外法线的方向余弦。该引理的证明可将左右两边的体积积分项合并后按一般多元函数的重积分进行推导来完成。

按格林引理有

$$\int_V k_x \frac{\partial^2 h}{\partial x^2}W\,\mathrm{d}V = \oint_\Gamma k_x \frac{\partial h}{\partial x}Wn_x\,\mathrm{d}\Gamma - \int_V k_x \frac{\partial h}{\partial x}\frac{\partial W}{\partial x}\mathrm{d}V$$

$$\int_V k_y \frac{\partial^2 h}{\partial y^2}W\,\mathrm{d}V = \oint_\Gamma k_y \frac{\partial h}{\partial y}Wn_y\,\mathrm{d}\Gamma - \int_V k_y \frac{\partial h}{\partial y}\frac{\partial W}{\partial y}\mathrm{d}V$$

将上列二式代入式（3.3.1-1），并注意到 $W(x,y)$ 在给定第一类边界条件的边界上为零，以及式（3.2.4-3）给出的自然边界条件，有：

$$\int_V \left(k_x \frac{\partial W}{\partial x}\frac{\partial h}{\partial x} + k_y \frac{\partial W}{\partial y}\frac{\partial h}{\partial y} + S_s W \frac{\partial h}{\partial t}\right)\mathrm{d}V = -\int_{\Gamma_q} W\widehat{q}\,\mathrm{d}\Gamma \tag{3.3.1-4}$$

至此，得到了与微分方程（3.2.3-2）对应的积分形式的方程，它是构造有限元格式的基础。

对拟分析的空间区域进行有限元离散，并用节点水头插值表达任意点的水头：

$$h(x,y,t) = \sum_{i=1}^m N_i(x,y)h_i(t), \qquad \frac{\partial h(x,y,t)}{\partial t} = \sum_{i=1}^m N_i(x,y)\frac{\mathrm{d}h_i(t)}{\mathrm{d}t} \tag{3.3.1-5}$$

其中 m 为节点总数；N_i 为插值函数，是满足在自身节点等于1，在其他节点等于零的多项式，且仅在包含节点 i 的单元上有非零值。

这里用 h_i 表示第 i 节点的水头，用 $\{h\}$ 表示节点水头向量，从而与仅用 h 表示的水头场相区别。节点水头对时间导数的表示方法与此类似。

分别令式（3.3.1-4）中 $W=N_i$（$i=1,2,\cdots,m$）则得到 m 个方程，再将式（3.3.1-5）代入，则得到关于节点水头的常系数微分方程组，其矩阵形式可写为：

$$[K]\{h\} + [S]\left\{\frac{\mathrm{d}h}{\mathrm{d}t}\right\} = \{Q\} \tag{3.3.1-6}$$

其中

$$[K] = \int_V [B]^\mathrm{T}[k][B]\,\mathrm{d}V \tag{3.3.1-7}$$

$$[S] = \int_V S_s [N]^\mathrm{T}[N]\,\mathrm{d}V \tag{3.3.1-8}$$

$$\{Q\} = -\int_{\Gamma_q} [N]^\mathrm{T}\widehat{q}\,\mathrm{d}\Gamma \tag{3.3.1-9}$$

$$[B] = \begin{bmatrix} \dfrac{\partial N_1}{\partial x} & \dfrac{\partial N_2}{\partial x} & \cdots & \dfrac{\partial N_m}{\partial x} \\ \dfrac{\partial N_1}{\partial y} & \dfrac{\partial N_2}{\partial y} & \cdots & \dfrac{\partial N_m}{\partial y} \end{bmatrix} \tag{3.3.1-10}$$

$$[k] = \begin{bmatrix} k_{\text{x}} & 0 \\ 0 & k_{\text{y}} \end{bmatrix} \tag{3.3.1-11}$$

$$[N] = [N_1, N_2, \cdots, N_m] \tag{3.3.1-12}$$

这里 $[K]$ 称为导水矩阵，$[S]$ 为储水矩阵，$\{Q\}$ 为单位时间内节点净流入水量。显然，$[K]$ 和 $[S]$ 均为对称矩阵，这正是取加权余量法中权函数等于插值函数的优点。

上述推导直接得出问题的整体有限元方程。实际编程计算时，一般先按式 (3.3.1-7) ～式 (3.3.1-9) 计算各单元的导水矩阵等，再按各单元节点在整个网格中的编号将单元矩阵或向量的元素"对号入座"送入（累加到）整体矩阵或向量。由于一节点上的插值函数，仅在包含该节点的单元上有非零值，所以总体矩阵为稀疏矩阵，即其中有大量元素为零。采用适当的节点编号顺序，还可以使总体矩阵中非零元素集中在一个较小的条带内，又因为对称，故可采用半带存储，以节省计算机内存。

由式 (3.3.1-6) 及 $\{Q\}$ 的表达式，可以看出式 (3.3.1-6) 左右两端的量在物理本质上均为单位时间内节点上的净流入水量。由此可以理解对于无水量供给及排泄的区域，其相应节点的净流入水量应等于零。对于某些边界节点，当有水量的渗入或渗出时，节点净流入水量则分别大于零和小于零。在明确了式 (3.3.1-6) 的物理意义之后，可以方便地计算一土坝的渗流量。如坝体内无水量供给及排泄，仅是水从上游穿过土坝渗流到下游，则单位时间内的渗流量为节点流量绝对值总和的一半。此外还可在式 (3.3.1-6) 的右端项中方便地计入水量的集中供给及排泄等，其处理方法与固体力学问题中集中力的处理类似。

3.3.2　时间变量的处理

对于稳态渗流，各量与时间无关，式 (3.3.1-6) 中包含时间导数的一项为零，从而该微分方程组成为线性代数方程组。对于承压稳态渗流，再引入第一类边界条件后即可求解。对于自由面稳态渗流，除引入第一类边界条件外，还要考虑自由面条件。自由面的处理在 3.4 节专门讨论。

对于非稳态渗流，还需处理时间变量 t。一般分多个时间步长求解。设已知 t_0 时刻的解，现拟求 $t_0 + \Delta t$ 时刻的解。为此在所考虑的 Δt 时段内积分式 (3.3.1-6) 有：

$$\Delta t [K]\{\overline{h}\} + [S]\{\Delta h\} = \Delta t \{\overline{Q}\} \tag{3.3.2-1}$$

上述积分利用了积分中值定理，$\{\overline{h}\}$、$\{\overline{Q}\}$ 为所考虑时段内的平均值，即

$$\overline{h}_i = \frac{1}{\Delta t} \int_{t_0}^{t_0 + \Delta t} h_i(t)\,\mathrm{d}t, \qquad \overline{Q}_i = \frac{1}{\Delta t} \int_{t_0}^{t_0 + \Delta t} Q_i(t)\,\mathrm{d}t$$

一般对一具体问题，式 (3.3.2-1) 的右端可以精确计算。

将时段 Δt 内的平均值写为

$$\{\overline{h}\} = (1-\theta)\{h\}_0 + \theta\{h\}_+ = \{h\}_0 + \theta\{\Delta h\} \qquad \theta \in [0,1] \tag{3.3.2-2}$$

其中 $\{h\}_0$、$\{h\}_+$ 分别为 t_0 和 $t_0 + \Delta t$ 时刻的解，θ 为时间积分参数，在 0 到 1 间取值。$\theta = 0$ 对应于显式积分，$\theta = 1$ 对应于完全隐式积分。对这里所考虑的渗流问题，可以证明 $\theta = [0.5, 1]$ 时所给出的求解方法无条件稳定。

将式 (3.3.2-2) 中 $\{\overline{h}\}$ 的两种不同表达式分别代入式 (3.3.2-1)，可分别得出关于 $\{h\}_+$ 和 $\{\Delta h\}$ 的线性代数方程组。例如以 $\{\Delta h\}$ 为未知量的方程为：

$$\left(\theta\Delta t[K]+[S]\right)\{\Delta h\}=\Delta t\{\overline{Q}\}-\Delta t[K]\{h\}。\qquad(3.3.2\text{-}3)$$

或写为

$$\left(\theta[K]+\frac{1}{\Delta t}[S]\right)\{\Delta h\}=\{\overline{Q}\}-[K]\{h\}。\qquad(3.3.2\text{-}4)$$

此外，对所给其他边界条件亦不难表示为增量形式。对非稳态承压渗流，对式 (3.3.2-4) 引入第一类边界条件即可求解。选取一系列时间步长逐一进行计算即可得到不同时刻的解。当存在自由面时，其处理需要特殊的方法，这将在 3.4 节讨论。

对于非稳态渗流问题，尽管合理选用积分参数 θ 可使算法保持稳定，但时间步长 Δt 不能过大，否则计算精度不能保证。同时应注意，当存在自由渗流边界且贮水系数不为零时，时间步长还存在一个下限。当所取时间步长显著小于此下限时，计算的水头会有不符合实际的空间振荡。其原因简要解释为：当时间步长很小时，在一个时间步长内水头仅在自由渗流边界附近很小范围内发生明显变化，而有限元是用节点量插值来表达连续分布的场，故难以较好刻画该部位水头的空间分布。理论分析表明，时间步长的下限值为：

$$\Delta t_{min}\propto S_s\Delta l^2/k\qquad(3.3.2\text{-}5)$$

其中 Δl 为单元尺寸。对有关原理可参考本书第 4 章针对固结问题的详细讨论。

3.3.3 时间逐步积分的稳定性分析

上述求解对时间变量是采用一系列时间步长逐步积分的方法，现分析这种计算方法的数值稳定性，也就是在某一步计算有误差时，这误差在下一步计算中是否会放大。为此，取式 (3.3.2-3) 进行分析。将方程中的未知节点量写为总量形式：

$$(\theta\Delta t[K]+[S])\{h\}=\Delta t\{\overline{Q}\}+(\theta\Delta t[K]+[S]-\Delta t[K])\{h\}。\quad(3.3.3\text{-}1)$$

设第一步计算结果 $\{h\}_0$ 有误差 $\{E\}_0$，由此引起第二步计算结果 $\{h\}$ 的误差为 $\{E\}_+$，则有

$$(\theta\Delta t[K]+[S])\{E\}_+=(\theta\Delta t[K]+[S]-\Delta t[K])\{E\}_0\qquad(3.3.3\text{-}2)$$

即

$$\{E\}_+=\left([I]-\left(\theta\Delta t[K]+[S]\right)^{-1}\Delta t[K]\right)\{E\}_0$$

$$=\left([I]-\left(\theta[I]+\frac{1}{\Delta t}[K]^{-1}[S]\right)^{-1}\right)\{E\}_0\qquad(3.3.3\text{-}3)$$

上面后一等式利用了两矩阵积的逆矩阵计算规则。

这样，计算 n 步时的误差将是第一步时的误差 $\{E\}_0$ 左乘 $(n-1)$ 个与上式右端相同的矩阵。对上式中的矩阵及向量取范数，并利用 Schwarz 不等式有：

$$\|E_+\|\leqslant\left\|[I]-\left(\theta[I]+\frac{1}{\Delta t}[K]^{-1}[S]\right)^{-1}\right\|\cdot\|E_0\|\qquad(3.3.3\text{-}4)$$

数值稳定性要求上式中矩阵的范数不大于 1，这里取用谱范数（2 范数），即要求：

$$\left\| [I] - \left(\theta [I] + \frac{1}{\Delta t} [K]^{-1}[S] \right)^{-1} \right\|_2 \leqslant 1 \qquad (3.3.3\text{-}5)$$

由于一矩阵的谱范数等于其特征值的最大绝对值，上式要求：

$$-1 \leqslant 1 - \frac{1}{\theta + \lambda/\Delta t} \leqslant 1 \qquad (3.3.3\text{-}6)$$

其中 λ 为 $[K]^{-1}[S]$ 的特征值。

考察矩阵 $[K]$ 与 $[S]$ 的性质可知，它们在引入边界条件后均为正定，故 $\lambda > 0$，因此式（3.3.3-6）的右端自然满足，而左端要求：

$$\theta \geqslant 0.5 - \lambda/\Delta t \qquad (3.3.3\text{-}7)$$

因此，可取 $\theta \geqslant 0.5$。如取 $\theta < 0.5$，则需要根据 λ 的大小限定时间步长 Δt 的上限，亦即此时算法有条件稳定。因特征值的计算较复杂，为稳妥起见，一般均取 $\theta \geqslant 0.5$。

§3.4　自由面边界处理

渗流问题的微分方程仅针对渗流发生区域，但在自由面渗流问题中自由面的位置事先未知，所以需要特殊的处理方法。如前所述，自由面相应的边界条件有两种，一是针对其水头，不论是稳态渗流还是非稳态渗流，在自由面上的水头等于其位置水头，即水压为零。二是针对其边界渗流量。由于这里不考虑非饱和区的渗流，稳态渗流中自由面与流线重合，透过该面的渗流量为零。对于非稳态渗流，自由面上的第二个边界条件由式（3.2.5-12）给出。

以下首先针对稳态渗流问题说明自由面的两种处理方法，然后再补充说明非稳态情况下所需的额外处理。

3.4.1　修正网格法

修正网格法先预估自由面位置，并将自由面以下区域划分有限元网格，然后进行渗流计算得出各节点的水头。随后检查网格上部边界的水头与位置水头（高程）的关系。当上边界某一部分的水头大于其高程时，也即水压为正值时，应将该部分边界上移；反之则将边界下移。边界的移动可通过移动节点来实现，但当仅移动节点会使该部位的网格过疏或使该部位的单元出现畸形时，则应采用添加或删除单元的方法。如此反复数次，可使自由面的水头条件近似得到满足。同时可以看出，稳态渗流自由面的第二个边界条件也自动得到满足。

当第 i 次试算后，如上边界某节点的水头计算值 h_i 与其高程 y^i 不等，可按下式估计该节点移动后的高程

$$y^{i+1} = y^i + \alpha(h_i - y^i) \qquad \alpha \in (0,1) \qquad (3.4.1\text{-}1)$$

其中 y^i 为该节点的当前高程；h_i 为按当前网格计算的该节点水头。这里采用一小于 1 的系数 α，目的是为避免过量的调整。

这种方法在每次试算后均需调整有限元网格，计算程序显然较为复杂，但它既适用于稳态渗流，也适用于非稳态渗流。

3.4.2　修正渗透系数法

这种方法是用一固定的较大网格进行计算，所以在网格内也包含自由面以上的部分非饱和区。由于应忽略非饱和区的渗流，故对非饱和区的渗透系数在理论上应设为零。但为不使整体导水矩阵奇异，一般取非饱和区的渗透系数为饱和区的 $0.5\% \sim 1\%$，亦即将渗透系数乘 $k_r = 0.005 \sim 0.01$。实际应用时，为避免渗透系数在空间的急剧变化，还采用一较小的过渡区间 2δ（见图 3.4.2-1），在该过渡区间内 k_r 线性变化。δ 为一较小的水头值，可取自由面附近单元节点平均距离的 $1/6$。自由面的位置，也即饱和区与非饱和区的分界，需通过迭代计算确定。

开始，将整个网格视为饱和区，初次计算之后整个区域将分为上部的负压区（非饱和区）和下部的正压区（饱和区）。但因上述计算中非饱和区的渗透系数按饱和情况取值，故所计算的负压区与正压区的分界，即自由面位置可能很不准确。故需修改负压区的渗透系数重新计算，由此又得出新的自由面位置。如此迭代，直到计算结果基本不变。显然，如此计算得出的自由面，同样近似符合自由面上无法向渗流的条件，因为其上方的非饱和区渗透系数很小。下面以稳态渗流问题为例，写出问题的迭代公式。

为此，首先注意到包含非饱和区的整个区域应符合下列方程：

$$[K]_t \{h\} = \{Q\} \qquad (3.4.2\text{-}1)$$

这里

$$[K]_t = \int_V [B]^T k_r [k] [B] \mathrm{d}V \qquad (3.4.2\text{-}2)$$

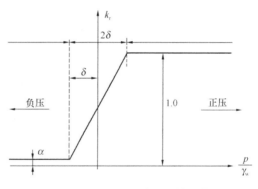

图 3.4.2-1　相对渗透系数取值

其中 k_r 为渗透系数的修正系数，也称为相对渗透系数。各积分点上的 k_r 据相应水头值按图 3.4.2-1 在 α 与 1 之间取值，α 一般取 $0.5\% \sim 1\%$。

将实际导水矩阵分解为

$$[K]_t = [K]_e - [K]_p \qquad (3.4.2\text{-}3)$$

$$[K]_e = \int_V [B]^T [k] [B] \mathrm{d}V, \qquad [K]_p = \int_V [B]^T (1 - k_r) [k] [B] \mathrm{d}V \qquad (3.4.2\text{-}4)$$

由于 k_r 需经迭代确定，将式（3.4.2-1）中含有 k_r 的部分移到右端，得到迭代公式如下：

$$[K]_e \{h\}^i = \{Q\} + \int_V [B]^T (1 - k_r^{i-1}) [k] [B] \mathrm{d}V \{h\}^{i-1} \qquad (3.4.2\text{-}5)$$

将上式右端与初始导水矩阵对应的部分移到左端，并引入超松弛系数 ω，可得另一形式的迭代计算式：

$$[K]_e \{\delta h\}^i = \omega (\{Q\} - [K]_t^{i-1} \{h\}^{i-1}), \qquad \{h\}^i = \{h\}^{i-1} + \{\delta h\}^i \qquad (3.4.2\text{-}6)$$

一般取超松弛系数 $\omega = 1.2$。收敛条件可按下式：

$$\frac{\| \{Q\} - [K]_{\mathrm{t}}^{i-1} \{h\}^{i-1} \|_2}{\| [K]_{\mathrm{t}}^{i-1} \{h\}^{i-1} \|_2} \leqslant 1\% \sim 5\% \tag{3.4.2-7}$$

迭代计算式（3.4.2-6）与第 2 章所述的初刚度迭代类似，对整体导水矩阵只需计算一次。

按上述方法计算自由面渗流时，还要注意出渗点位置的计算精度。出渗点是自由面与出渗面的交接部位，其位置随着自由面的变化而变化。由于在计算完成前，出渗点位置未知，故一般对出渗面可能发生的部位一律设定 $h = y$ 的边界条件。在迭代计算过程中，自由面以上为负压，从而在出渗点以上会发生向内的渗流。这种实际不应存在的渗流会影响出渗点位置的精确确定。为提高计算精度可在出渗面可能出现的位置加设渗流界面单元，当有向内的渗流时，则令界面单元的法向渗透系数为零。由于界面单元的外侧节点上有给定水头的边界条件，法向渗透系数为零不会使总体导水矩阵奇异。

3.4.3　非稳态渗流自由面的处理

现在讨论非稳态渗流中自由面的处理方法。非稳态渗流自由面边界条件与稳态渗流自由面边界条件的区别是，自由面法向的渗流速度不等于零。计算含有自由面的非稳态渗流较容易实现的方法是修正网格法。此时，处理自由面边界条件的基本思路是，首先按给定自由面法向渗流速度的边界进行处理，即计算由它引起渗流有限元方程的右端项（见式 3.3.1-9），再注意到该右端项中含有未知的水头，将其移到左端即得出问题的有限元方程。对自由面上的第一边界条件，则通过移动与自由面对应的网格边界来予以满足。

按上述思路，首先根据非稳态渗流自由面上第二边界条件，即式（3.2.5-13），计算自由面边界法向渗流，得到有限元方程的右端项：

$$\{Q\}_{\mathrm{f}} = \int_{\Gamma_{\mathrm{f}}} [N]^{\mathrm{T}} \mu_{\mathrm{d}} \frac{\partial h}{\partial t} \cos\theta \mathrm{d}\Gamma \tag{3.4.3-1}$$

对 h 进行插值并注意到 $\cos\theta \mathrm{d}\Gamma = \mathrm{d}x$ 有：

$$\{Q\}_{\mathrm{f}} = \int_{\Gamma_{\mathrm{f}}} [N]^{\mathrm{T}} \mu_{\mathrm{d}} [N] \mathrm{d}x \left\{ \frac{\mathrm{d}h}{\mathrm{d}t} \right\} = [S]_{\mathrm{f}} \left\{ \frac{\mathrm{d}h}{\mathrm{d}t} \right\} \tag{3.4.3-2}$$

由于上式给出的右端项包含未知水头，故将其移到方程左侧，从而有限元方程（3.3.1-6）左端的 $[S]$ 成为 $[S] - [S]_{\mathrm{f}}$。但由于自由面位置事先未知，$[S]_{\mathrm{f}}$ 应随时间和迭代过程而变化。再对时间变量进行处理之后，可类似于稳态渗流问题按修正网格法进行随后的计算。这里对时间变量的处理宜采用完全隐式积分。

3.4.4　渗流有限元分析示例

本节给出用有限元法计算渗流问题的一个算例，以使读者对渗流问题的有限元分析得到一些感性认识，特别是要了解如何确定渗流有限元分析中的边界条件。考虑图 3.4.4-1 所示透过一土堤的稳态渗流，土堤及周围土层的渗透系数为 $k_x = k_y = 10^{-5}\,\mathrm{m/s}$，而在土堤下方有一黏土层，其渗透系数远低于此值，可视为不透水层。

显然这是一自由面渗流问题，又由于仅考虑稳态渗流，可采用固定网格法计算。由于土堤下方较浅处即有不透水层，渗流仅发生在土堤附近，故可取如图 3.4.4-2 所示较小的有限元网格。这里采用 15 节点三角形单元，故单元数可较少。划分有限元网格时应注意左、右两侧水位线处应有单元节点，以便准确输入边界条件。这里左侧水位在 5.5m 处，

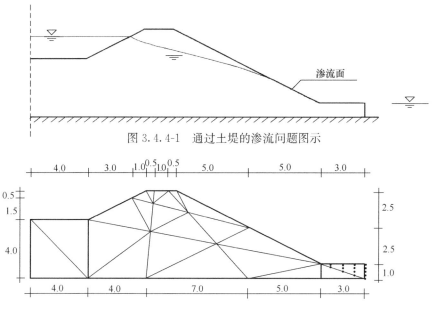

图 3.4.4-1 通过土堤的渗流问题图示

图 3.4.4-2 有限元网格及有关尺寸（单位：m）

故左侧坡面 5.5m 处应有节点。

图 3.4.4-3 是边界条件输入情况。底边按所给条件为不透水边界，两侧边不会有明显的渗流，故可近似设为不透水边界，但也可指定为第一类边界，分别取左侧和右侧的水头。只要边界取得较远，两种方法应得到相近的结果。左侧坡面在水位以下的节点均应指定水头为 5.5m，右侧水位在地面处，高程为 1m，故对该部位节点指定水头为 1m。左侧坡面高出水位线的部分及坡顶应无渗流，可以指定为不透水，但也可以令其水头等于其高程。右侧的倾斜坡面是出渗面发生的部位，但由于出渗面的准确长度在计算之前未知，故对此坡面均指定其水头等于其高程。

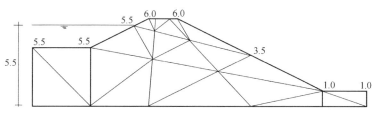

图 3.4.4-3 边界水头输入值

计算给出的渗流场及自由面位置如图 3.4.4-4 所示。显然，右侧坡脚处渗流速度最大，也即水头梯度及渗透力最大，故坡脚处易发生渗透破坏。图 3.4.4-5 给出按计算结果

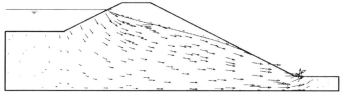

图 3.4.4-4 计算给出的渗流场

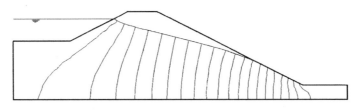

图 3.4.4-5　计算给出的水头等值线（等势线）图

画出的水头等值线（等势线）图，由于稳态渗流情况下自由面与其所处部位的流线一致，故等势线与自由面垂直。但出渗面并非流线，故它与等势线不一定垂直。

§3.5　三维问题的二维近似

对于较大区域内的渗流问题，区域各个部位的竖向渗流速度往往较水平渗流速度小得多。在这种情况下可忽略竖向渗流速度，仅考虑水平方向的渗流，从而将三维问题简化为二维问题。这是渗流分析中常用的一个假定，最初由法国学者裴布衣（Dupuit）提出，故又称裴布衣假定。

忽略竖向渗流速度，也等于认为任一竖直线上各点的水头相等，亦即等水头线近似竖直。这样，任意两竖直线之间仅有水平方向的渗流，且不同深度处的水平渗流速度相等。

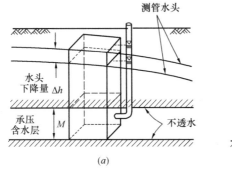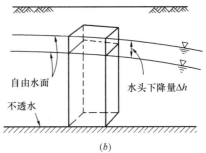

图 3.5-1　渗流问题图示

（a）承压渗流；（b）自由面渗流

现在推导一含水层内非稳态自由面渗流问题的微分方程（见图 3.5-1b）。设该含水层底面和自由面高程分别为 $\eta(x, y)$ 和 $h(x, y)$，按上述假定，任一点的水平渗流速度为：

$$v_x = -k\,\frac{\partial h}{\partial x}, \quad v_y = -k\,\frac{\partial h}{\partial y} \tag{3.5-1}$$

所以在 x、y 方向宽度为 1 单位、高度为 $h - \eta$ 的过水断面上的流量分别为：

$$Q_x = -k(h - \eta)\,\frac{\partial h}{\partial x}, \quad Q_y = -k(h - \eta)\,\frac{\partial h}{\partial y} \tag{3.5-2}$$

考察一矩形微元 $\Delta x \Delta y$ 上的非稳态渗流情况（见图 3.5-1b），在 Δt 时段内流入该微元的水体积为：

$$(Q_x \Delta y + Q_y \Delta x)\Delta t$$

流出该微元的水体积为：

$$\left[\left(Q_{\mathrm{x}}+\frac{\partial Q_{\mathrm{x}}}{\partial x}\Delta x\right)\Delta y+\left(Q_{\mathrm{y}}+\frac{\partial Q_{\mathrm{y}}}{\partial y}\Delta y\right)\Delta x\right]\Delta t$$

由于是非稳态自由面渗流，在自由面上升和下降时将分别有水量的存储与供给。这里既已将三维问题近似为二维，则自由面不再为边界，故其升降变化引起的水量存储及供给需在微分方程中反映。设 Δt 时段内自由面升高 Δh，则在自由面附近所存储水的体积为土的给水度 μ_{d} 乘以水位变化范围的体积，即

$$\mu_{\mathrm{d}}\Delta h\Delta x\Delta y$$

关于给水度在 3.2.5 节讨论瞬态渗流的自由面边界条件时曾有涉及，但这里的不同点是仅考虑水平方向的渗流服从达西定律，水位变化部位的储水和释水速率完全由水位变化的速率确定。实际给水度的发挥值与水位变化速率及幅度大小有关，但在方程中对此没有反映，需在参数取值时根据实际情况予以考虑。

如再考虑孔隙水的压缩性，在 Δt 时段里因水头升高 Δh 而使孔隙水压缩的体积为：

$$\frac{\Delta h\gamma_{\mathrm{w}}}{K_{\mathrm{w}}}n(h-\eta)\Delta x\Delta y$$

这里用土的总孔隙率 n。

在无其他水量供给及排泄的条件下，流入水的体积应等于流出水的体积与所存储水的体积及被压缩的水体积之和，因此有以下方程：

$$\frac{\partial Q_{\mathrm{x}}}{\partial x}+\frac{\partial Q_{\mathrm{y}}}{\partial y}+\left(\mu_{\mathrm{d}}+\frac{\gamma_{\mathrm{w}}(h-\eta)}{K_{\mathrm{w}}/n}\right)\frac{\partial h}{\partial t}=0 \tag{3.5-3}$$

即

$$\frac{\partial}{\partial x}\left[k(h-\eta)\frac{\partial h}{\partial x}\right]+\frac{\partial}{\partial y}\left[k(h-\eta)\frac{\partial h}{\partial y}\right]-\left(\mu_{\mathrm{d}}+\frac{\gamma_{\mathrm{w}}(h-\eta)}{K_{\mathrm{w}}/n}\right)\frac{\partial h}{\partial t}=0 \tag{3.5-4}$$

对于稳态自由面渗流，上式中第三项为零，从而简化为：

$$\frac{\partial}{\partial x}\left[k(h-\eta)\frac{\partial h}{\partial x}\right]+\frac{\partial}{\partial y}\left[k(h-\eta)\frac{\partial h}{\partial y}\right]=0 \tag{3.5-5}$$

对于承压渗流（见图 3.5-1a），式（3.5-4）中第三项应只含有与水压缩性有关的部分，又因含水层顶面位置已知，不再等于相应位置的水头，故承压渗流问题的微分方程应为：

$$\frac{\partial}{\partial x}\left[k(\widehat{h}-\eta)\frac{\partial h}{\partial x}\right]+\frac{\partial}{\partial y}\left[k(\widehat{h}-\eta)\frac{\partial h}{\partial y}\right]-\left(\frac{\gamma_{\mathrm{w}}(\widehat{h}-\eta)}{K_{\mathrm{w}}/n}\right)\frac{\partial h}{\partial t}=0 \tag{3.5-6}$$

其中 $\widehat{h}$ 为含水层顶面高程，为平面位置坐标的已知函数。若含水层顶面水平，则 $\widehat{h}$ 为常数。

相应于式（3.5-4）、式（3.5-5）和式（3.5-6）的有限元方程推导，与前述的二维问题类似，同样可采用加权余量法，只需将这里的 $k(h-\eta)$ 或 $k(\widehat{h}-\eta)$ 视为原来的渗透系数 k 即可。但在进行有限元离散时，不得将 $k(h-\eta)$ 中的水头 h 进行插值，那样将使导出的有限元方程成为二次方程组，不便求解。合理的做法应是将此处的 h 含于系数矩阵中，参照弹塑性问题的求解方法进行求解。即首先对各积分点上的 h 给一预估值，求解后再代入

方程重新求解，直到所求出的解基本不变。

§3.6　单井抽水问题讨论

单井抽水问题是渗流分析中的一个重要课题，与土层渗透系数的现场测试、基坑工程中的人工降低地下水位以及地热井工作特性的分析均紧密相关。单井抽水问题一般需区分潜水层的单井抽水与承压水层的单井抽水，其控制方程、求解方法及解的性质都有所区别。这里考虑较规则的情况，即含水层为在水平方向无限延伸的等厚度土层，开始抽水前其水头为常数 H_0，开始抽水后水头分布呈以井为中心的漏斗状。图 3.6-1 和图 3.6-2 分别给出承压水层和潜水层的单井抽水情况示意图。

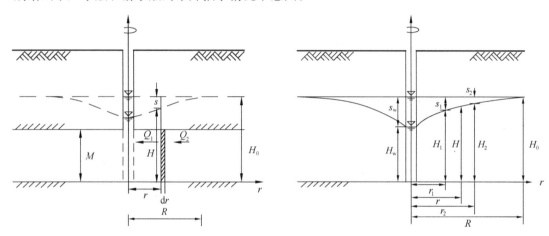

图 3.6-1　承压水层单井抽水剖面图　　　图 3.6-2　潜水层单井抽水剖面图

对上述两个问题，裘布衣早在十九世纪假定渗流为稳态，给出了相应的计算式。但实际上，单井抽水问题，如抽水量恒定则其影响范围不断扩大，并不存在稳态。所以，裘布衣的计算公式是很近似的。后来，到 1935 年，泰斯给出较为符合实际的解答，并一直得到应用。下面先介绍裘布衣给出的计算公式，再介绍泰斯解。

3.6.1　单井抽水问题的裘布衣公式

裘布衣假定在抽水持续一段时间后，含水层的水位分布近似可看成稳态。此外，与上节类似，假定渗流主要在水平方向，忽略竖向渗流，这样问题可简化为一维轴对称问题。先看潜水层的情况，设井径为 r_w，单位时间抽水量为 Q，则透过任意半径为 r 的圆柱面的流量均为 Q，即：

$$2\pi r \, H k \frac{\mathrm{d}H}{\mathrm{d}r} = Q \qquad (3.6.1\text{-}1)$$

设近似到达稳态时，井内水位为 H_w；距井较远的 $r=R$ 处的水头近似为初始水位 H_0。对式（3.6.1-1）分离变量积分：

$$\int_{H_w}^{H_0} H \mathrm{d}H = \frac{Q}{2\pi k} \int_{r_w}^{R} \frac{1}{r} \mathrm{d}r \qquad (3.6.1\text{-}2)$$

得到

$$\frac{1}{2}(H_0^2 - H_w^2) = \frac{Q}{2\pi k}(\ln R - \ln r_w) \tag{3.6.1-3}$$

此式又可写为：

$$Q = \frac{\pi k(2H_0 - s)s}{\ln R - \ln r_w} \tag{3.6.1-4}$$

其中，$s = H_0 - H_w$，为抽水井内的水位降深。

对于承压含水层，相应的微分方程应写为：

$$2\pi r M k \frac{\mathrm{d}H}{\mathrm{d}r} = Q \tag{3.6.1-5}$$

其中 M 为承压水层厚度。

同样，设近似达到稳态时，抽水井所在部位的水头为 H_w；距井较远的 $r=R$ 处的水头近似为初始水头 H_0，对式（3.6.1-5）分离变量积分可得出：

$$H_0 - H_w = \frac{Q}{2\pi kM}(\ln R - \ln r_w) \tag{3.6.1-6}$$

也可写为

$$Q = \frac{2\pi kMs}{\ln R - \ln r_w} \tag{3.6.1-7}$$

上述分析中均用到半径 R 这一变量，在 $r=R$ 处的水头近似等于初始水头，该半径 R 称为影响半径。对 R 的估计有多种不同的计算公式，裘布衣建议的方法是在抽水影响范围内的 $r=r_1$ 和 $r=r_2$ 处各做一观测井，分别测得其降深 s_1 和 s_2，则由式（3.6.1-6）或式（3.6.1-7）可求出：

$$\ln R = \frac{s_1 \ln r_2 - s_2 \ln r_1}{s_1 - s_2} \tag{3.6.1-8}$$

同理，对于潜水层有：

$$\ln R = \frac{s_1(2H_0 - s_1)\ln r_2 - s_2(2H_0 - s_2)\ln r_1}{(s_1 - s_2)(2H_0 - s_1 - s_2)} \tag{3.6.1-9}$$

由上列两式可见，这里确定的影响半径与抽水量及含水层渗透系数均无关。确定影响半径后，由抽水井部位的降深又可确定含水层的渗透系数，这正是现场试验测试时的做法。此外，利用裘布衣公式还可以求解其中的任一变量，只要所有其他几个变量已知。

但是，裘布衣公式得出的 R 是基于稳态渗流的假定。而实际上，对单井抽水问题，当抽水量恒定时，影响半径是不断增大的，只不过其增大速率随时间延续而减小，但永远不会达到真正的稳态。从依据稳态假定所得出的裘布衣公式也可以看出，若含水层参数、抽水量及降深给定，则当 R 趋于无穷，H_0 也趋于无穷，并非 R 大于一定值时，水头均保持初始给定的有限值。这就反证了稳态假定并不成立。

由于实际上并无稳态，单井抽水的影响半径是随时间不断增大的，采用一个确定的影响半径进行计算，显然有它适用的条件。如果不注意这一点，盲目进行计算，计算结果就可能有较大误差。

此外，由于影响半径不断增大，影响半径范围内的水头也就不断降低。因此，井的抽水量大于任一过水圆柱面的流量。因为井的抽水量中包含了影响半径以内所有部位因水头降低而释放的水量。在现场测试中，将井的抽水量直接作为任一给定半径圆柱面的过水量来推算那里的渗透系数，会给出偏大的结果，这在现场测试数据处理时应予以注意。

3.6.2　单井抽水问题的泰斯解

由上可见，单井抽水问题并无稳态，采用基于稳态假定的裘布衣公式进行计算会得到误差偏大的结果。因此，在裘布衣公式提出 70 多年后，泰斯于 1935 年给出单井抽水问题的瞬态解，使该领域的理论计算发生质的飞跃。

3.6.2.1　承压水层完整单井抽水问题

如图 3.6-1，考虑在水平方向无限延伸的等厚度承压含水层，设其上下土层完全不透水，即无竖向水的补给与排泄。抽水前各处水头为同一已知常数 H_0。考虑无限小井径的完整井，假定沿井壁均匀进水，且总流量恒等于 Q。

在上述条件下，再注意到此问题为轴对称，并采用裘布衣假定忽略竖向水头梯度，则可给出承压水层完整单井抽水问题的微分方程及定解条件如下：

$$\begin{cases} \dfrac{\partial^2 H}{\partial r^2} + \dfrac{1}{r}\dfrac{\partial H}{\partial r} = \dfrac{\mu}{T}\dfrac{\partial H}{\partial t} \\ H(r,0) = H_0 \\ H(\infty,t) = H_0 \\ \lim\limits_{r \to 0}\left(r\,\dfrac{\partial H}{\partial r}\right) = \dfrac{Q}{2\pi T} \end{cases} \tag{3.6.2-1}$$

其中 μ 和 T 分别为承压水层的储水系数和导水系数，按下式计算：

$$\mu = S_s M, \quad T = kM \tag{3.6.2-2}$$

式中 M 为承压水层厚度；S_s 为储水率，是水头升高一个单位而使孔隙水压增大时，单位体积土体因孔隙水被压缩而能多储存的水量：

$$S_s = \frac{n\gamma_w}{K_w} \tag{3.6.2-3}$$

其中 n 为土的孔隙率；γ_w 为孔隙水的重度；K_w 为孔隙水的体积压缩模量。

对于式（3.6.2-1）所定义问题的求解，泰斯最初采用的方法是，基于渗流与热传导问题的数学方程在形式上完全一致，参照当时已有热传导问题的解给出相应解答。类似偏微分方程的求解，在数学物理方程教材中介绍的方法还有 Laplace 变换法和分离变量法。进行 Laplace 变换后，此偏微分方程即成为常微分方程，求解后再进行逆变化即可。分离变量法是将解写为空间变量函数与时间变量函数的积，代入方程后得到各含一类自变量的常微分方程，从而便于求解。此外，还有一类变量代换法（Perina，2010），通过变量代换将偏微分方程转化为便于求解的常微分方程，其中的相似转换法（Similarity Transformation Method）对代换所需变量的确定还给出了粗略的思路。下面简要介绍采用变量代换法求解承压水层完整单井抽水问题的方法。

引入代换变量：

$$u = \frac{\mu r^2}{4Tt} \tag{3.6.2-4}$$

通过复合变量求导可将式（3.6.2-1）中对 r 和 t 的导函数均转换为对 u 的导函数，从而拟求定解问题转换为：

$$\begin{cases} u\dfrac{\mathrm{d}^2 H}{\mathrm{d}u^2} + (1+u)\dfrac{\mathrm{d}H}{\mathrm{d}u} = 0 & (u>0) \\[2mm] H(u) = H_0 & (u\to\infty) \\[2mm] 2u\dfrac{\mathrm{d}H}{\mathrm{d}u} = \dfrac{Q}{2\pi T} & (u\to 0) \end{cases} \qquad (3.6.2\text{-}5)$$

再令：

$$G = \frac{\mathrm{d}H}{\mathrm{d}u} \qquad (3.6.2\text{-}6)$$

代入上列方程后再分离变量进行积分可得：

$$G = \frac{C e^{-u}}{u} \qquad (3.6.2\text{-}7)$$

由

$$\lim_{u\to 0} 2u\frac{\mathrm{d}H}{\mathrm{d}u} = \frac{Q}{2\pi T} \qquad (3.6.2\text{-}8)$$

有

$$C = \frac{Q}{4\pi T} \qquad (3.6.2\text{-}9)$$

即

$$\frac{\mathrm{d}H}{\mathrm{d}u} = \frac{Q}{4\pi T}\frac{e^{-u}}{u} \qquad (3.6.2\text{-}10)$$

再分离变量积分有

$$H_0 - H = \frac{Q}{4\pi T} W(u) \qquad (3.6.2\text{-}11)$$

其中：

$$W(u) = \int_u^\infty \frac{e^{-y}}{y}\mathrm{d}y \qquad (3.6.2\text{-}12)$$

这就是著名的泰斯解，其中 $W(u)$ 通常称为井函数。

从泰斯解中井函数的计算式可以看出，当给定含水层参数和抽水量 Q 时，降深随时间的延续而增大，随与井的距离增大而减小，这都符合实际规律。但任一给定降深值，对应于确定的 u 值，也就是对应于：

$$r^2/t = \text{const.} \qquad (3.6.2\text{-}13)$$

由此式可知，对应于特定降深 s 的半径 r_s 随时间发展的规律符合下列两式：

$$r_s = \sqrt{c\,t}, \qquad \frac{\mathrm{d}r_s}{\mathrm{d}t} = \frac{c}{2r_s} \qquad (3.6.2\text{-}14)$$

由此可见影响范围随时间的平方根线性增大，增大的时间速率随影响范围的增大而减小。后者应是裘布衣假定抽水时间较长时可近似视为稳态的根据。

从泰斯解中的广义积分可以看出，当积分下限 $u>0$ 时，积分收敛，有确定的解；而当 $u\to 0$，积分不定，或说无解。

由于

$$u = \frac{\mu r^2}{4Tt} = \frac{S_s r^2}{4kt} = \frac{n\gamma_w r^2}{4kK_w t} \qquad (3.6.2\text{-}15)$$

则 $u \to 0$ 对应于 $r \to 0$ 或 $K_w \to \infty$。

$r \to 0$ 时水头不定，即井位处水头不定。因为整个井壁均在抽水，水头不可确定，这与半无限地基变形计算的布氏解在集中力作用点处的解奇异有一定的相似性。

$K_w \to \infty$ 即认为孔隙水不可压缩。泰斯解中所含广义积分表明，当孔隙水不可压缩时承压水层单井抽水问题无解。孔隙水不可压缩时 $\mu = 0$，将其代入式（3.6.2-1）所得方程中仅含有对 r 的偏导，可以方便地进行求解。此时会发现，定解条件相互矛盾，解无法确定。对此可给出如下的物理解释：当水不可压缩，在任一部位抽水时需要周围土层通过渗流补水。由于质量守恒，这就需要无穷远处也即时发生渗流。但渗流服从达西定律，有一时间过程，不可能在开始抽水的瞬间使无穷远处也发生渗流。而当孔隙水可压缩时，则可由井的邻近区域因水头降低而释水，这样才使得问题有解。所以，对于承压水层的抽水问题，必须考虑孔隙水的压缩性，同时还要求因被压缩而存储在孔隙中的水当水头下降时能够瞬时释放，后一点是泰斯解的另一重要假定。

上面所给泰斯解含有广义积分，不便计算，因此有研究者给出了其中所含井函数的级数形式：

$$W(u) = -\gamma - \ln u - \sum_{m=1}^{\infty} (-1)^m \frac{1}{m \cdot m!} u^m \tag{3.6.2-16}$$

其中 γ 为欧拉常数，其定义为：

$$\gamma = \lim_{m \to \infty} \left(\ln m - \sum_{n=1}^{m} \frac{1}{n} \right) \approx 0.5772 \tag{3.6.2-17}$$

此级数解可以如下推导得出：将被积函数中的 e^{-y} 在 $y = 0$ 处展开为泰勒级数，代入式（3.6.2-12）的被积函数进行积分后得：

$$W(u) = Se(y)\big|_{y \to \infty} - Se(y)\big|_{y=u} \tag{3.6.2-18}$$

其中

$$Se(y) = \ln y + \sum_{m=1}^{\infty} (-1)^m \frac{1}{m \cdot m!} y^m \tag{3.6.2-19}$$

为区别被积函数中的变量与积分下限 u，这里将被积函数中的变量用 y 表示。

考察井函数的积分形式，显然可以看出该积分在 u 不等于 0 时存在。又不难看出式（3.6.2-18）中后一级数收敛，故前一级数也必收敛，现只需证明前一级数收敛到欧拉常数。为此，再把该级数写为积分有：

$$Se(y)\big|_{y \to \infty} = \lim_{y \to \infty} \left(\ln y + \int_0^y \frac{e^{-x} - 1}{x} dx \right) \tag{3.6.2-20}$$

注意到：

$$e^{-x} = \lim_{m \to \infty} \left(1 - \frac{x}{m} \right)^m \tag{3.6.2-21}$$

对式（3.6.2-20）中的积分做变量代换

$$z = 1 - \frac{x}{m} \tag{3.6.2-22}$$

之后积分即可得出欧拉常数的计算式（3.6.2-17）。

可以证明定义欧拉常数的级数单调减小且下有界，故必收敛，取前几项计算即可得到其近似值。

由式（3.6.2-16）所示级数的特点可知，当取其前（$m+2$）项计算时，结果的误差不大于其第（$m+3$）项的绝对值。由此可知，当 $u \leqslant 0.1$ 时，仅取前 3 项计算的相对误差不超过 0.14%；即便仅取前两项计算，相对误差也不超过 5.4%。

仅取前两项计算时有：

$$W(u) \approx -\ln(1.781u) \tag{3.6.2-23}$$

代入式（3.6.2-11）有：

$$H_0 - H \approx \frac{Q}{4\pi T}\ln\left(\frac{2.25Tt}{\mu r^2}\right) \tag{3.6.2-24}$$

此式为承压水层完整井的雅各布公式，可近似用于 $u < 0.1$ 的情况。

3.6.2.2 潜水层完整单井抽水问题

同样考虑轴对称，并按裴布衣假定忽略竖向渗流，得到如下的方程及定解条件：

$$\begin{cases} \dfrac{\partial}{\partial r}\left(H\dfrac{\partial H}{\partial r}\right) + \dfrac{1}{r}H\dfrac{\partial H}{\partial r} = \dfrac{\mu_d}{k}\dfrac{\partial H}{\partial t} \\ H(r,0) = H_0 \\ H(\infty,t) = H_0 \\ \lim_{r \to 0}\left(r\dfrac{\partial H}{\partial r}\right) = \dfrac{Q}{2\pi\overline{T}} \end{cases} \tag{3.6.2-25}$$

其中 μ_d 为给水度，$\overline{T} = kH$。

关于给水度如上节所述，它的实际发挥值与水位变化快慢有关。当水位降低时，由水位以下变为水位以上的土体其释水过程是较缓慢的，并非随水位的降低而即时释水。这与被压缩的孔隙水在压力降低时很快释放是不同的，一般将此现象称为滞后疏干。但对于水位单调长时缓慢变化的情况，滞后疏干的影响不大，可采用较稳定的给水度进行计算。

此外，这里忽略了与孔隙水的压缩性对应的储水系数，因为它对这里解的影响一般比给水度要小得多。同时，不考虑孔隙水的压缩性对于潜水层抽水问题不会导致无解，而考虑孔隙水的压缩性将使问题的求解更为复杂。

由式（3.6.2-25）可见，同承压水的情况相比，这里的方程和最后一个边界条件都有变化。为求解此问题，先进行线性化处理，即令

$$\varphi = \frac{1}{2}H^2 \tag{3.6.2-26}$$

进行代换。这样，上列定解问题变为：

$$\begin{cases} \dfrac{\partial^2 \varphi}{\partial r^2} + \dfrac{1}{r}\dfrac{\partial \varphi}{\partial r} = \dfrac{\mu_d}{\overline{T}}\dfrac{\partial \varphi}{\partial t} \\ \varphi(r,0) = 0.5H_0^2 \\ \varphi(\infty,t) = 0.5H_0^2 \\ \lim_{r \to 0}\left(r\dfrac{\partial \varphi}{\partial r}\right) = \dfrac{Q}{2\pi k} \end{cases} \tag{3.6.2-27}$$

变换后的方程与承压水层完整单井抽水问题的方程在形式上完全相同，但第一个方程右端的 $\overline{T} = kH$，其中水头 H 是随时间和位置变化的，故 $\overline{T}$ 不再是常数。为便于采用原来的方

法求解，这里仍将 $\overline{T}$ 视为常数，但为减小解的误差，其中的 H 应取所对应时刻影响范围内水头的平均值 H_{m}，即取：

$$\overline{T} = kH_{\mathrm{m}} \tag{3.6.2-28}$$

此外，式（3.6.2-27）中的后一个边界条件与承压水完整井问题的数值不同。

至此，仿照承压水层完整井问题的求解，可得出潜水层完整井的仿泰斯解为：

$$\varphi_0 - \varphi = \frac{Q}{4\pi k}\int_u^\infty \frac{e^{-y}}{y}\mathrm{d}y, \quad u = \frac{\mu_{\mathrm{d}}r^2}{4\overline{T}t} \tag{3.6.2-29}$$

亦即

$$H_0^2 - H^2 = (2H_0 - s)s = \frac{Q}{2\pi k}W(u) \tag{3.6.2-30}$$

同样采用 $W(u)$ 的级数展开式。如取级数的前两项，可得潜水层完整井的雅各布公式为：

$$(2H_0 - s)s \approx \frac{Q}{2\pi k}\ln\frac{2.25\overline{T}t}{\mu_{\mathrm{d}}r^2} \tag{3.6.2-31}$$

需指出，对潜水层完整井的上述解答，尽管采用平均水位，当降深较大时还是有较大误差，因为简单采用平均水位并非精确的处理方法。此外，当降深较大时，对于潜水层抽水问题，还因为在井附近竖向渗流不可忽略而给计算带来误差。一般认为降深与含水层厚度之比小于 10％的情况下误差不大。

以上只是针对完整井的介绍，至于非完整井的情况更为复杂，目前只有很近似的解答，本书暂不讨论。

§3.7　有限元渗流计算的人工边界

由 3.6 节可见，单井抽水问题的影响范围将随时间持续增大。而一些实际工程中的抽水时间可能很长，比如利用深层地热采暖的地热井，其抽水时间至少持续整个冬季，这样其影响范围可达数百米，甚至更大。当采用有限元进行计算分析时，就需要很大的网格。但多数情况下人们首先关心的是井周围的情况，如能够给出人为截断边界上应施加的边界条件，以较好反映远区的影响，就可以采用较小的有限元网格进行计算，从而提高计算效率。为此，本节介绍笔者课题组针对瞬态渗流有限元计算发展的人工边界。

对于无穷域的有限元模拟还有研究者提出无穷单元（Infinite Element）用于近似模拟远区的影响，并针对瞬态渗流问题发展了一种采用时间相关插值函数的瞬态无穷元，取得较好的模拟效果（Zhao & Valliappan，1993）。但采用人工边界方法，在网格划分及编程计算方面来说更为简便。

目前已有用于无穷域有限元分析的人工边界，针对波动问题的研究很多，而针对渗流问题的研究还很少。特别是在工程界，极少看到有关文献。本节在深入分析波动问题人工边界构建思路的基础上，导出渗流问题的人工边界。

对于波动问题有限元分析的人工边界本书第 5 章将进行较为深入的讨论。由其基本思路可知，一般是依据简单波动问题的分析，给出人为截断边界上的边界条件。但所给边界条件并非直接利用具体问题的解析解，而是依据解析解给出人为截断边界处待求函数的空间导数与时间导数以及待求函数本身的关系。波动问题的黏性边界（Viscous Boundary），实际是给出边界上待求函数的空间导数与时间导数的关系，而黏弹性边界（Visco-elastic Boundary）则是给出待求函数的空间导数与时间导数及待求函数本身的关系。

下面介绍的瞬态渗流问题有限元分析的一类初等人工边界（Chen & Song，2015），可用于边界条件不随时间剧烈变化时的无穷域瞬态渗流的有限元计算。如边界条件随时间剧烈变化，需基于更一般边界条件下的瞬态渗流解构造人工边界条件，也就需要较多的数学工具，这里暂不介绍，读者可参考 Song and Luo（2017，2018）。但基本思路都是通过对瞬态渗流问题的分析，给出水头在边界处的空间导数与时间导数的关系，从而利用边界处水头的时间变化率表达人为截断边界处的流量，也就是给出一种与第二类边界条件类似的边界条件。

由于人工边界是用于渗流实际发生的区域，所以可由简单承压渗流问题的分析给出。以下考虑的渗流问题有直角坐标系下无限土层中的一维承压渗流和极坐标系下无限土层中的轴对称承压渗流。从数学角度说两者均为一维问题，但这里称前者为一维渗流，后者为轴对称渗流。

此外，当在人为截断边界上采用人工边界条件模拟远区对近区的作用时，远区含水层的性质在理论上应该是均匀的，且与截断边界处相同。对实际工程则要求在截断边界以外渗流影响范围内含水层性质近似符合此要求。

3.7.1 按一维渗流构建的人工边界

设在 x 正向无限延伸的单位厚度土层中有一维承压渗流，其控制方程及定解条件如下：

$$\begin{cases} k_x \dfrac{\partial^2 h}{\partial x^2} = S_s \dfrac{\partial h}{\partial t} \\ h(x,0) = 0 \\ h(\infty,t) = 0 \\ h(0,t) = h_1 \end{cases} \tag{3.7.1-1}$$

其中 k_x 为渗透系数；S_s 为与孔隙水压缩性对应的储水系数；h_1 为 $x=0$ 处的已知水头值。需说明的是，这里的初始水头为 0，是与所取基准面有关，并不表明开始时刻含水层无承压性。

一般将式（3.7.1-1）中的 k_x 与 S_s 的比值记为：

$$a^2 = k_x / S_s \tag{3.7.1-2}$$

称为水力扩散系数，是表征渗流过程中水压扩散快慢的一个参数。

对式（3.7.1-1）所示定解问题，可以方便地采用 Laplace 变换进行求解。由 Laplace 变换的性质：

$$L[f'(t)] = pF(p) - f(0) \tag{3.7.1-3}$$

其中 L 为 Laplace 算子；$F(p)$ 为函数 $f(t)$ 的 Laplace 变换；p 为 Laplace 变换中的复参数。

将水头看成时间的函数进行 Laplace 变换，并考虑初始条件，则式（3.7.1-1）中的方程及边界条件变换为：

$$\begin{cases} a^2 \dfrac{\mathrm{d}^2 H(x,p)}{\mathrm{d}x^2} = pH(x,p) \\ H(\infty,p) = 0 \\ H(0,p) = h_1/p \end{cases} \tag{3.7.1-4}$$

这里 $H(x,p)$ 是 $h(x,t)$ 关于时间变量 t 的拉普拉斯变换。

不难求出式（3.7.1-4）所示定解问题的解为

$$H(x,p) = \frac{h_1}{p} \exp\left(-\frac{\sqrt{p}}{a}x\right) \tag{3.7.1-5}$$

由数学手册可查得此 $H(x,p)$ 的逆变换，亦即式（3.7.1-1）的解为：

$$h(x,t) = h_1 \operatorname{erfc}\left(\frac{x}{2a\sqrt{t}}\right) = \frac{2h_1}{\sqrt{\pi}} \int_{\frac{x}{2a\sqrt{t}}}^{+\infty} e^{-\eta^2}\,\mathrm{d}\eta \tag{3.7.1-6}$$

其中 erfc 表示余补误差函数（Complementary Error Function）。

利用式（3.7.1-6）不难得出水头 h 对 x 的导函数与对 t 的导函数的关系。实际上，注意到对积分下限的导数等于被积函数在下限取值的负值，可写出：

$$\frac{\partial h}{\partial x} = -\frac{2h_1}{\sqrt{\pi}} e^{-\eta^2}\Big|_{\eta=\frac{x}{2a\sqrt{t}}} \cdot \frac{\partial}{\partial x}\left(\frac{x}{2a\sqrt{t}}\right) \tag{3.7.1-7a}$$

$$\frac{\partial h}{\partial t} = -\frac{2h_1}{\sqrt{\pi}} e^{-\eta^2}\Big|_{\eta=\frac{x}{2a\sqrt{t}}} \cdot \frac{\partial}{\partial t}\left(\frac{x}{2a\sqrt{t}}\right) \tag{3.7.1-7b}$$

所以有：

$$\frac{\partial h}{\partial x} = -\frac{2t}{x} \frac{\partial h}{\partial t} \tag{3.7.1-8}$$

设截断边界处及其以外区域的渗透系数为 k_x，则有边界上 x 方向单位面积流量为：

$$\widehat{q}_{ax} = -k_x \frac{\partial h}{\partial x} = k_x \frac{2t}{x} \frac{\partial h}{\partial t} \tag{3.7.1-9}$$

这就是按一维承压渗流导出的人工边界条件，可用于一般近区边界条件接近定常条件下的无穷域瞬态渗流问题的有限元计算。应用时，对其中的 x 要理解为人为截断边界的外法线且指向拟分析区域的无限延伸方向。对于 x 的值应取人为截断边界平面相对于拟分析区域中心点的 x 坐标。当然，拟分析问题中心点的确定并无准确方法。但计算表明，与波动问题的分析类似，计算结果对 x 的取值并非很敏感。

3.7.2　按轴对称渗流构建的人工边界

对于大部分实际问题，人们关心的空间范围往往在各个方向上均有限，且在尺度上接近。此类问题的力学现象与轴对称问题的接近程度要优于与上述一维问题的接近程度。故定性来看，依据轴对称渗流分析得出的人工边界应该更适用。

对于轴对称承压渗流问题的解析解，3.6 节已给出承压水层完整单井抽水问题的泰斯解，即式（3.6.2-11）：

$$h = h_0 - \frac{Q}{4\pi T} W(u), \quad u = \frac{\mu r^2}{4Tt} \tag{3.7.2-1}$$

于是不难得到:

$$\frac{\partial h}{\partial r} = -\frac{Q}{4\pi T} \frac{\partial W}{\partial u} \frac{\partial u}{\partial r}, \quad \frac{\partial h}{\partial t} = -\frac{Q}{4\pi T} \frac{\partial W}{\partial u} \frac{\partial u}{\partial t} \tag{3.7.2-2}$$

由此得出截断边界处水头的空间导函数与时间导函数的关系式为:

$$\frac{\partial h}{\partial r} = \left(\frac{\partial u}{\partial r} \Big/ \frac{\partial u}{\partial t} \right) \frac{\partial h}{\partial t} = -\frac{2t}{r} \frac{\partial h}{\partial t} \tag{3.7.2-3}$$

再考虑截断边界及以外区域的渗透系数,则有人工边界条件:

$$\widehat{q}_{\mathrm{ar}} = -k_{\mathrm{r}} \frac{\partial h}{\partial r} = k_{\mathrm{r}} \frac{2t}{r} \frac{\partial h}{\partial t} \tag{3.7.2-4}$$

这一边界条件与由直角坐标系下一维渗流推出的式 (3.7.1-9) 在形式上相同,只是这里采用极坐标,此时的截断边界应取以拟分析区域中心线为对称轴的圆柱面。

3.7.3 人工边界条件的有限元实现

截断边界上的人工边界条件在形式上与第二类边界条件类似,所以可按第二类边界条件代入有限元方程,再考虑其中含有待求水头,将其对应项移到方程左侧即可。现以截断边界外法线在 x 方向的情况具体说明。

此时,式 (3.3.1-9) 计算的边界节点流量需增加人为截断边界项:

$$\langle Q_{\mathrm{a}} \rangle = -\int_{\Gamma_{\mathrm{aq}}} [N]^{\mathrm{T}} \widehat{q}_{\mathrm{ax}} \mathrm{d}\Gamma = -\int_{\Gamma_{\mathrm{aq}}} k_{\mathrm{x}} \frac{2t}{x} [N]^{\mathrm{T}}[N] \mathrm{d}\Gamma \left\{ \frac{\mathrm{d}h}{\mathrm{d}t} \right\} \tag{3.7.3-1}$$

其中已引入水头时间导函数的空间插值。将此项移到有限元方程式 (3.3.1-6) 的左侧,其中的矩阵 $[S]$ 在式 (3.3.1-8) 基础上修改为:

$$[S] = \int_V S_{\mathrm{s}} [N]^{\mathrm{T}}[N] \mathrm{d}V + \int_{\Gamma_{\mathrm{aq}}} k_{\mathrm{x}} \frac{2t}{x} [N]^{\mathrm{T}}[N] \mathrm{d}\Gamma \tag{3.7.3-2}$$

之后在进行时间变量处理时,对上式显含的时间 t 建议直接取 $t_0 + \Delta t$。

3.7.4 采用人工边界的算例

利用以上构建的人工边界条件分别计算其对应的一维渗流和轴对称渗流问题,得到与解析解相同的结果,这是对上述推导及所编计算程序的一种检验。

但是,构建人工边界的意义在于可以用它计算大量无法解析求解的问题。这里通过无限承压水层非完整井抽水问题的计算来展示所构建人工边界条件的有效性。

拟计算问题的有限元模型如图 3.7.4-1 所示,其中图 3.7.4-1 (a) 考虑均质土层,但对土的渗透性分别假定为各向同性和横观各向同性;图 3.7.4-1 (b) 所示模型仍假定土的渗透性为各向同性,但在井周围考虑存在渗透系数较土体低两个数量级的环形墙。承压水层厚度为 $5a$,井深为 a,人工边界均施加在距抽水井 $15a$ 处。这里 a 是一标准长度。此外,为显示人工边界的优越性,还在同一截断边界上施加不透水边界和水头恒定的简单边界条件进行计算对比。作为检验计算结果精度的参考解,这里还取大网格进行计算,大网格的截断边界放于距抽水井 $1000a$ 处。

　　针对各向同性均质土层、井周围有环形不透水墙以及横观各向同性土层的计算结果分别示于图 3.7.4-2、图 3.7.4-3 和图 3.7.4-4，其中纵轴为无量纲的水头下降量，具体为 $4\pi k_r h/q$；横轴为无量纲时间 $k_r t/S_s r^2$，q 为单位时间内平均每延米井深的抽水量。

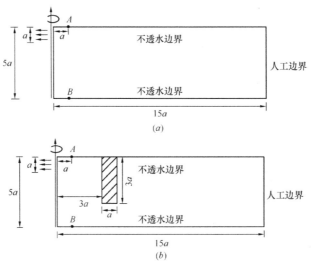

图 3.7.4-1　承压水层非完整井抽水问题

(a) 均质土层；(b) 带环形墙

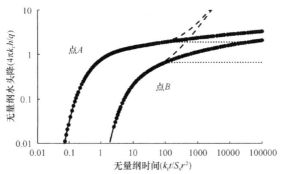

图 3.7.4-2　各向同性土层计算结果（截断边界距井 15a）

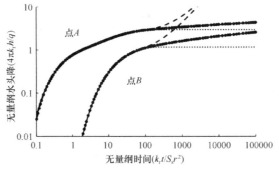

图 3.7.4-3　井周围存在环形墙的计算结果

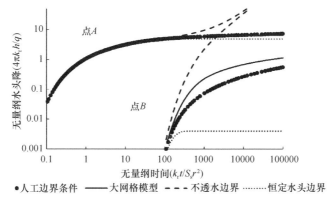

图 3.7.4-4　横观各向同性土层的计算结果（截断边界距井 $15a$）

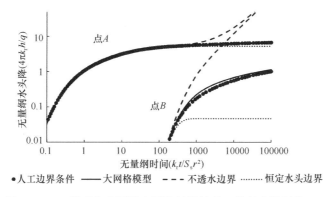

图 3.7.4-5　横观各向同性土层的计算结果（截断边界距井 $25a$）

由图可见，采用人工边界的计算结果远优于简单边界的计算结果，总体精度很高。只是考虑土的各向异性时 B 点的计算结果有较明显的误差。考察边界附近的渗流场发现，此时在截断边界附近的渗流速度明显偏离水平方向，这与推导人工边界条件所依据的情况不同。将边界外推到渗流速度接近水平的 $25a$ 处重新计算，得到的结果示于图 3.7.4-5，可见结果的精度明显改善。

<h1 style="text-align:center">主 要 参 考 文 献</h1>

［1］　陈仲颐，周景星，王洪瑾. 土力学［M］. 北京：清华大学出版社，1994.

［2］　龚晓南. 高等土力学［M］. 杭州：浙江大学出版社，2000.

［3］　孙纳正. 地下水渗流的数学模型和数值方法［M］. 北京：地质出版社，1981.

［4］　J. Bear and A. Verruijt. Modeling Groundwater Flow and Pollution［M］. Dordrecht：D. Reidel Publishing Company，1987.

［5］　E. X. Song，P. A，Vermeer and K. J. Bakker. A new procedure for analyzing free surface groundwater flow by finite elements［R］. Proc. of Inter. Conf. on Computational Methods in Structural and Geotechnical Engineering，Hong Kong，Dec. 1994.

［6］　A. Verruijt. Soil Mechanics［Z］. Delft Universiy of Technology，2012.

［7］　薛禹群. 地下水动力学(第二版)［M］. 北京：地质出版社，1997.

［8］　R. B. J. Brinkgreve，et al. PLAXIS-Scientific Manual［R］. The Netherlands：PLAXIS bv，2015.

［9］　H. A. Loaiciga. Derivation approaches for the Theis（1935）equation［J］. Ground Water，2009，48(1)：2-5.

［10］　T. Perina. Derivation of the Theis（1935）equation by substitution［J］. Ground Water，2010，48(1)：6-7.

［11］　R. Massodi，R. N. Ghanbari. Discussion of paper "Derivation of the Theis（1935）equation by substitution" by Tomas Perina［J］. Ground Water，2012，50(1)：8-9.

［12］　J. Soldner. Théorie et tables d′ une nouvelle fonction transcendante［M］. Munic：Chez J. Lindauer，Libraire，1809.

［13］　P. Bettess. Infinite elements［J］. International Journal for Numerical Methods in Engineering，1977，11(1)：53-64.

［14］　C. Zhao，S. Valliappan. Transient infinite elements for seepage problems in infinite media［J］. International Journal for Numerical and Analytical Methods in Geomechanics，1993，17(5)：323-341.

［15］　B. G. Chen，E. X. Song. An artificial truncated boundary approach for unbounded transient seepage problems［J］. Inter. J. Num. Analy. Method. Geomechanics，2015，39(7)：762-774.

［16］　E. X. Song，S. Luo. A local artificial boundary for transient seepage problems with unsteady boundary conditions in unbounded domains［J］. Inter. J. Num. Analy. Method. Geomechanics，2017，41(8)：1108-1124.

［17］　S. Luo，E. X. Song. A high-order local artificial boundary condition for seepage and heat transfer［J］. Computers and Geotechnics，2018，97：111-123.

第 4 章　固结理论及数值计算

第 2 章在分析土工结构的变形时,对土体只是考虑完全排水和不排水的情况。实际上,含水饱和度达到一定程度的土体在受到荷载作用时,荷载对土体体积的压缩变形并不能在短时内完成,而是先使孔隙水压增长,即产生超静水压,之后超静水压随孔隙水的渗流而消散,体积变形才能发生。而水的渗流需服从一定的规律,一般是达西定律,因而需要一定的时间。这样,土体的变形将表现出随时间逐渐发展的现象。这种由于超静水压消散而使土体变形随时间发展的过程即称为土的固结。渗透性很差的地基在建筑物重量作用下沉降的发展可以延续几十年。在工程中往往有必要了解土体固结的过程,比如建筑地基沉降发展的过程,堆载预压加固地基时地基的固结过程等,这就需要进行土体固结过程的分析。

土的固结包括饱和土的固结和非饱和土的固结,本章集中讨论饱和土的固结问题。以下先介绍有关的理论,然后讨论固结问题的有限元分析方法,包括弹性及弹塑性固结的有限元计算、时间步长的取值等,最后给出几个算例及相关讨论。

§4.1　固结分析的基本理论

固结是超静水压随渗流消散与土体变形的耦合。分析土体的固结变形,同样需要区分第 2 章所说的两类孔隙水压。但在固结分析中土的强度和变形总是采用有效应力来计算,不存在错用“总应力”的问题。需要注意的是,当方程中的孔隙水压只是超静水压时,土的重量应采用有效重度;而在采用总水压,也就是静水压和超静水压之和时,土的重度应采用饱和重度。本章的分析中除特别说明的部分外采用总水压。

另外需要说明的是各变量的正负规定。本章中除特殊说明外对应力、应变以拉为正,而对孔隙水压以压为正。

4.1.1　固结问题的基本方程

现考虑饱和土体受载变形的过程。取一含水饱和微元体(图 4.1.1-1),严格说是代表性体积(Represent Volume),在任一时刻 t,它应符合平衡条件,即:

$$(\sigma'_{ij} - \delta_{ij} p)_{,i} + f_j = 0 \tag{4.1.1-1}$$

这里采用张量符号,重复下标隐含了求和,下标中“, i”表示对第 i 个坐标求偏导。

上式用总应力表示则与一般单相连续介质的平衡方程完全相同。这里的孔隙水压 p 既包括静水压,也包括超静水压。同时需注意,这里应力、应变以拉为正,而孔隙水压以压为正。

在平衡条件之外,还要考虑渗流和土体变形的相互耦合,其基本原理是质量守恒。以下的分析中忽略固体颗粒的压缩,但假定水有一定的可压缩性。考虑图 4.1.1-1 的微元体 $\Delta x \Delta y \Delta z$(图中仅画出 xy 面内的情况),根据质量守恒原理,在给定微小时段 Δt 内,土

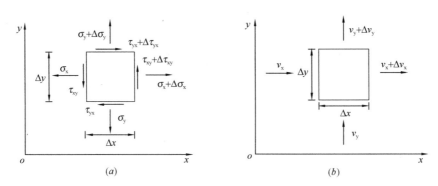

图 4.1.1-1 微元体应力及渗流分析

(a) 应力情况；(b) 渗流情况

骨架体积的压缩应等于其中水的压缩与排出该微元体的水体积之和，即：

$$-\Delta\varepsilon_v \Delta x \Delta y \Delta z = \frac{\Delta p}{K_w} n \Delta x \Delta y \Delta z + (\vec{\nabla}\cdot\vec{V})\Delta x \Delta y \Delta z \Delta t \qquad (4.1.1\text{-}2)$$

其中 $\vec{V}$ 是渗流速度，即水相对于土骨架的速度与孔隙率 n 的乘积；K_w 为孔隙水的体积模量。含有 $\vec{V}$ 的一项是 Δt 时段内流出所考虑微元体的水体积。

将式（4.1.1-2）各项除以 $\Delta x \Delta y \Delta z \Delta t$，并令各微增量趋于零，则有

$$-\frac{\partial\varepsilon_v}{\partial t} = \frac{n}{K_w}\frac{\partial p}{\partial t} + \vec{\nabla}\cdot\vec{V} \qquad (4.1.1\text{-}3)$$

再设孔隙水的渗流服从达西定律，并注意水头 $h = z + p/\gamma_w$，有：

$$V_x = -\frac{k}{\gamma_w}\frac{\partial p}{\partial x}, \quad V_y = -\frac{k}{\gamma_w}\frac{\partial p}{\partial y}, \quad V_z = -\frac{k}{\gamma_w}\left(\frac{\partial p}{\partial z} + \gamma_w\right) \qquad (4.1.1\text{-}4)$$

这里 z 轴竖直向上，在仅有静水压时 $p = -\gamma_w z$，有 $V_z = 0$。由于孔隙水压 p 以压为正，故上列表示渗流速度的各式中有负号。

将式（4.1.1-4）代入式（4.1.1-3），并不计 γ_w 随空间位置的变化，有：

$$-\frac{\partial\varepsilon_v}{\partial t} = \frac{n}{K_w}\frac{\partial p}{\partial t} - \frac{k}{\gamma_w}\nabla^2 p \qquad (4.1.1\text{-}5)$$

或

$$-\frac{\partial\varepsilon_v}{\partial t} - n\beta\frac{\partial p}{\partial t} + \frac{k}{\gamma_w}\nabla^2 p = 0 \qquad (4.1.1\text{-}6)$$

此式一般称为固结问题的连续方程，其中 $\beta = 1/K_w$ 为孔隙水的压缩系数。

平衡方程（4.1.1-1）与连续方程（4.1.1-6），连同表示土体有效应力与应变关系的物理方程、表示位移与应变关系的几何方程一起构成固结问题的基本微分方程。

为求解具体问题，还要给出其初始条件和边界条件。初始条件应给出初始时刻的孔隙水压和位移分布，例如可取如下形式：

$$t = 0, p(x, y, z, t) = 0 \qquad (4.1.1\text{-}7a)$$

$$t = 0, u_j(x, y, z, t) = 0 \qquad (4.1.1\text{-}7b)$$

边界条件则分别给出边界上的力、位移、孔隙水压及渗流速度：

$$\sigma_{ij}n_j = t_i \qquad 在 S_T \qquad (4.1.1\text{-}8a)$$

$$u_i = d_i \qquad 在 S_D \qquad (4.1.1\text{-}8b)$$

$$p = \tilde{p} \qquad 在 S_p \qquad (4.1.1\text{-}8c)$$

$$-\frac{k}{\gamma_w}\frac{\partial p}{\partial n} = \tilde{q} \qquad 在 S_q \qquad (4.1.1\text{-}8d)$$

其中 S_T 与 S_D 为互余边界，即它们互不重合，而它们的和又覆盖整个边界。S_p 与 S_q 同样为互余边界。此外需注意，式（4.1.1-8a）中应力为边界处的总应力。

基本微分方程与初始条件及边界条件一起定义了一个完整的固结问题。

4.1.2 一维固结分析

均质等厚度饱和土层在大面积均布荷载作用下的固结（图4.1.2-1）可按一维问题进行分析。正是针对此种情况，泰沙基最早提出饱和土的一维固结理论。通过一维固结问题的分析有助于加深对固结问题的理解。

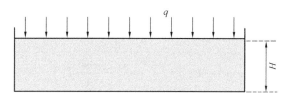

图 4.1.2-1 一维固结问题

一维固结问题的方程可以通过直接对一维问题的受力变形及渗流进行分析得出，也可以从前述的一般方程简化得出。土层在大面积荷载下的变形属于一维侧限压缩变形，由于土体在自重作用下的变形已经发生，这里仅计算地面荷载作用下的变形，因此任意深度处的竖向附加总应力 σ_z 等于地面荷载 q，对孔隙水压仅考虑超静水压。这样：

$$\varepsilon_v(z,t) = \frac{\sigma_z'(z,t)}{E_s} = \frac{q(t)-p(z,t)}{E_s} \qquad (4.1.2\text{-}1)$$

这里 E_s 为土的有效侧限压缩模量；z 轴及荷载 q 以向下为正，这样正荷载引起正的应力。这里，对一维固结问题按土力学中的习惯以压为正。

将式（4.1.2-1）代入到连续方程（4.1.1-6），并注意正负规定的差异，可得：

$$\frac{\partial p}{\partial t} = C_v\frac{\partial^2 p}{\partial z^2} + f(t) \qquad (4.1.2\text{-}2)$$

其中

$$C_v = \frac{E_s}{1+n\beta E_s}\frac{k}{\gamma_w} \qquad (4.1.2\text{-}3)$$

$$f(t) = \eta\frac{\partial q}{\partial t}, \quad \eta = \frac{1}{1+n\beta E_s} \qquad (4.1.2\text{-}4)$$

这里 C_v 为土的竖向固结系数，标准单位为 m^2/s，是一个表征土内超静水压消散速率的参数。

设土层厚度为 H，其底面不透水，上表面自由排水，即有边界条件：

$$p(z,t)\big|_{z=0} = 0 \qquad 0 < t < \infty \qquad (4.1.2\text{-}5a)$$

$$\frac{k}{\gamma_{\mathrm{w}}}\frac{\partial p}{\partial z}\bigg|_{z=H} = 0 \qquad 0 < t < \infty \qquad (4.1.2\text{-}5b)$$

初始条件由地面荷载的初始值决定。由于这里考虑孔隙水的压缩性，在 $t=0_+$ 时刻有效应力非零，超静水压略小于荷载值。具体可由两者与体积应变的关系以及与荷载的平衡确定，也可以将式（4.1.2-2）在 $0\sim\Delta t$ 积分，再令 Δt 趋于 0。这样给出初始条件：

$$p(z,t)\big|_{t=0} = \eta q_0 = \eta q(0) \qquad (4.1.2\text{-}6)$$

式（4.1.2-2）的求解可采用分离变量法或积分变换法，如荷载施加后保持不变，则式中的 $f(t)=0$，此种情况下的解答一般土力学教材中均可找到，为：

$$p(z,t) = \frac{4\eta q_0}{\pi}\sum\frac{1}{n}\exp(-C_{\mathrm{v}}\omega_n^2 t)\sin\omega_n z \quad (n=2j-1,j=1,2,\cdots) \quad (4.1.2\text{-}7)$$

$$\omega_n = \frac{n\pi}{2H}$$

式（4.1.2-7）所给解答中的各项均随时间按负指数函数的规律衰减。该指数函数因式为：

$$\exp(-C_{\mathrm{v}}\omega_n^2 t) = \exp\left(-\frac{n^2\pi^2}{4}T_{\mathrm{v}}\right) \qquad (4.1.2\text{-}8)$$

其中指数式中的 T_{v} 含有固结时间和土层参数，表达式为：

$$T_{\mathrm{v}} = \frac{C_{\mathrm{v}}t}{H^2} \qquad (4.1.2\text{-}9)$$

可以看出 T_{v} 无量纲，其大小是固结进程的一个度量，故称为无量纲时间参数。

当荷载随时间变化时，方程非齐次，可设非齐次方程的解为：

$$p(z,t) = \sum A_n(t)\sin\omega_n z \qquad (4.1.2\text{-}10)$$

该解符合所有边界条件。为确定 $A_n(t)$，这里将方程（4.1.2-2）的非齐次项和初始条件均展开成与式（4.1.2-10）相同形式的无穷级数：

$$f(t) = \sum B_n(t)\sin\omega_n z \qquad (4.1.2\text{-}11a)$$

$$p(z,0) = \eta q_0 = \sum D_n\sin\omega_n z \qquad (4.1.2\text{-}11b)$$

由三角级数展开方法可以确定：

$$B_n(t) = \frac{4f(t)}{n\pi}, \qquad D_n = \frac{4\eta q_0}{n\pi} \qquad (4.1.2\text{-}11c)$$

将式（4.1.2-10）和式（4.1.2-11）代入到微分方程（4.1.2-2）有：

$$A_n' + C_{\mathrm{v}}\omega_n^2 A_n = \frac{4f(t)}{n\pi}, \qquad A_n(0) = \frac{4\eta q_0}{n\pi} \qquad (4.1.2\text{-}12)$$

解此微分方程得

$$A_n(t) = \left[\int_0^t \frac{4f(\tilde{t})}{n\pi}\exp(C_{\mathrm{v}}\omega_n^2\tilde{t})\mathrm{d}\tilde{t} + \frac{4\eta q_0}{n\pi}\right]\exp(-C_{\mathrm{v}}\omega_n^2 t) \qquad (4.1.2\text{-}13)$$

将此式代入到式（4.1.2-10）便得到非齐次方程的解。

两种具体荷载形式下系数的解如下所示：

（1）荷载随时间线性变化时的解

此时

$$q(t) = a + bt \tag{4.1.2-14}$$

由式（4.1.2-4）计算 $f(t)$，再代入到式（4.1.2-13）计算 $A_n(t)$，有：

$$A_n(t) = \frac{4\eta b}{n\pi C_v \omega_n^2}[1 - \exp(-C_v \omega_n^2 t)] + \frac{4\eta q_0}{n\pi}\exp(-C_v \omega_n^2 t) \tag{4.1.2-15}$$

（2）简谐荷载下的解

设荷载为

$$q(t) = a + b\sin(\omega t + \varphi) \tag{4.1.2-16}$$

则由式（4.1.2-4）和式（4.1.2-13）可得

$$A_n(t) = \frac{4\eta b\omega}{n\pi(\omega^2 + C_v^2 \omega_n^4)}[\omega\sin(\omega t + \varphi) + C_v \omega_n^2 \cos(\omega t + \varphi)] -$$

$$\frac{4\eta b\omega}{n\pi(\omega^2 + C_v^2 \omega_n^4)}[\omega\sin(\varphi) + C_v \omega_n^2 \cos(\varphi)]\exp(-C_v \omega_n^2 t) + \tag{4.1.2-17}$$

$$\frac{4\eta q_0}{n\pi}\exp(-C_v \omega_n^2 t)$$

4.1.3　可近似解耦的固结方程

上述一维固结问题可从土层的受力变形分析得到体积应变的表达式，从而可以将问题转化为一个关于孔隙水压的偏微分方程的求解。而对于两维和三维问题，一般需在满足物理方程、几何方程的条件下，联合求解平衡方程组和连续方程。但是，如果能够不求解平衡方程而确定土体积应变随时间的变化率与超静水压的关系，连续方程和平衡方程就可以分别求解。实际上，在泰沙基提出一维固结理论之后，Rendulic 最早尝试提出二维及三维固结理论时，就是假定平均总应力随时间的变化率已知。此时，除对总应力的变化率做出假定外，还要求土为线弹性。这样，固结方程的推导与一维问题类似。

由于平均总应力与平均有效应力及孔隙水压间有以下关系：

$$\sigma_m = \sigma'_m + p \tag{4.1.3-1}$$

当已知

$$\frac{\partial \sigma_m}{\partial t} = \frac{\partial q}{\partial t} \tag{4.1.3-2}$$

这里外荷载 q 的正向规定应使正值的 q 引起土体内的压应力。

这样，体积应变的时间变化率为：

$$\frac{\partial \varepsilon_v}{\partial t} = \frac{1}{K'}\frac{\partial \sigma'_m}{\partial t} = \frac{1}{K'}\left(\frac{\partial q}{\partial t} - \frac{\partial p}{\partial t}\right) \tag{4.1.3-3}$$

代入连续方程式（4.1.1-6），并注意有正负规定的差异有：

$$\frac{\partial p}{\partial t} = C\nabla^2 p + \frac{1}{1 + n\beta K'}\frac{\partial q}{\partial t} \tag{4.1.3-4}$$

其中

$$C = \frac{K'}{1+n\beta K'} \frac{k}{\gamma_\text{w}} \qquad\qquad (4.1.3\text{-}5)$$

称为土的固结系数，表征土内超静水压消散速率的快慢。由式（4.1.3-4）可见，C 值大则孔隙水压的变化率大，也就是土的固结发展快。由 C 的表达式可以看出，渗透性好的土较渗透性差的土固结快，硬土较软土固结快。孔隙水的压缩性对固结速率也有一定影响，其压缩性大则固结速率减小。不过，当孔隙水可压缩时，荷载施加之初引起的超静水压较小。此外需明确，固结系数属于材料性质参数，当估计具体地基的固结速率时，还要看渗流路径的长度。

对于一维竖向固结和二维平面应变固结问题，较方便的做法是将平均总应力随时间变化速率已知这一条件，分别表达为竖向总应力和平面内两总应力均值随时间的变化率已知，此时式（4.1.3-4）和式（4.1.3-5）中的 K' 要分别用 $K+4G/3$ 和 $K'+G/3$ 替换。实际上，至少对于一维固结问题，后一做法更简明，也更合理，因为此时总竖向应力和总平均应力的关系是变化的。

平衡方程与连续方程解耦后，可以先解连续方程，求出超静水压随时间的变化，再代入到平衡方程求解土体变形随时间的变化。此时一般称解耦后的连续方程为固结方程。实际应用中一般是考虑总应力为常值的情况。此时，求出超静水压分布后，再进行积分求出固结度。而平衡方程则用来计算最终沉降，任意时刻的固结度乘以最终沉降即得到相应时刻的沉降。泰沙基一维固结理论就是这样应用的。

4.1.4　极端渗透性条件下的方程

如拟分析对象的固结过程相对很快，可以不考虑超静水压，也就是认为超静水压近似为零，此时自然无需求解连续方程，而平衡方程则退化为第 2 章所分析的单相固体的平衡方程。这样直接求解得到固结完成后的变形。而固结的快慢要看无量纲时间参数 Ct/H^2 的大小。如果即使对于相对较小的时间 t，此参数的值也大于 2（分析见后），而荷载水平相对又较低，可以直接进行排水条件下的计算。

如果是另一极端情况，即渗透系数相对很小，此时由式（4.1.1-6）可知含有渗透系数的末项可以忽略，从而可给出与第 2 章式（2.2.4-1）相同的不排水条件下超静水压与体积应变的关系式，这样就可以按第 2 章所述有效应力法进行不排水情况下的计算。

§4.2　固结问题的有限元解法

对上述固结问题的方程，一般仅在很简单的情况下才可以求出解析解，如一维固结问题，或无限厚土层的二维固结问题。对于稍复杂的情况，固结方程的求解均需借助于数值方法，其中以有限元方法的应用最为广泛。

在固结问题的有限元求解中，对时间变量一般采用逐步求解的方法，对空间变量采用有限元离散，这与第 3 章渗流问题的求解类似。以下先讨论时间变量的处理，然后再进行空间变量的有限元离散。当然，这里处理变量的先后次序也完全可以相反。

4.2.1　时间变量处理

首先看连续方程。将时间分成多个时间步长，对一个时间步长 Δt，将式（4.1.1-6）

积分，有：

$$-\Delta\varepsilon_v - n\beta\Delta p + \Delta t\,\frac{k}{\gamma_w}\,\nabla^2\overline{p} = 0 \tag{4.2.1-1}$$

其中

$$\overline{p} = \frac{1}{\Delta t}\int_{t_0}^{t_+} p\,\mathrm{d}t \tag{4.2.1-2}$$

令

$$\overline{p} = (1-\theta)p_0 + \theta p_+ = p_0 + \theta\Delta p \qquad \theta\in[0,1] \tag{4.2.1-3}$$

代入式（4.2.1-1）有

$$-\Delta\varepsilon_v - n\beta\Delta p + \Delta t\,\frac{k}{\gamma_w}\,\nabla^2 p_0 + \theta\Delta t\,\frac{k}{\gamma_w}\,\nabla^2\Delta p = 0 \tag{4.2.1-4}$$

对平衡方程及边界条件均在 Δt 积分，方程形式将不变，仅将各变量写为增量形式。对于积分参数 θ 的取值，随后将证明当 $\theta\geqslant0.5$ 时这里的求解方法无条件稳定（见4.2.3节）。

4.2.2 空间变量的有限元离散

仍采用加权余量法来推导有限元求解格式。为简便起见，以二维问题为例进行推导。对于平衡方程有：

$$\iint_V \left(\frac{\partial\sigma'_x}{\partial x} + \frac{\partial\tau_{xy}}{\partial y} - \frac{\partial p}{\partial x} + f_x\right)W_u\,\mathrm{d}x\mathrm{d}y = 0 \tag{4.2.2-1a}$$

$$\iint_V \left(\frac{\partial\tau_{xy}}{\partial x} + \frac{\partial\sigma'_y}{\partial y} - \frac{\partial p}{\partial y} + f_y\right)W_v\,\mathrm{d}x\mathrm{d}y = 0 \tag{4.2.2-1b}$$

其中 W_u、W_v 分别为与水平位移和竖向位移对应的权函数，它们在第一类边界上的取值为零。

再由格林引理

$$\iint_V \frac{\partial A}{\partial x}B\,\mathrm{d}x\mathrm{d}y = \oint_S (AB)n_x\mathrm{d}s - \iint_V A\,\frac{\partial B}{\partial x}\mathrm{d}x\mathrm{d}y \tag{4.2.2-2a}$$

$$\iint_V \frac{\partial A}{\partial y}B\,\mathrm{d}x\mathrm{d}y = \oint_S (AB)n_y\mathrm{d}s - \iint_V A\,\frac{\partial B}{\partial y}\mathrm{d}x\mathrm{d}y \tag{4.2.2-2b}$$

式（4.2.2-1a）经分部积分后变为

$$\oint_S (\sigma'_x n_x - pn_x + \tau_{xy}n_y)W_u\mathrm{d}s + \iint_V f_x W_u\mathrm{d}x\mathrm{d}y -$$

$$\iint_V \left(\sigma'_x\,\frac{\partial W_u}{\partial x} + \tau_{xy}\,\frac{\partial W_u}{\partial y} - p\,\frac{\partial W_u}{\partial x}\right)\mathrm{d}x\mathrm{d}y = 0 \tag{4.2.2-3}$$

注意到整个边界为 $S=S_T+S_d$（式4.1.1-8），在 S_d 上因位移给定，权函数为零，而在 S_T 上，有：

$$\sigma'_x n_x - pn_x + \tau_{xy}n_y = t_x$$

引入这一力的边界条件后，式（4.2.2-3）亦即式（4.2.2-1a）可以写为：

$$\iint_V \left(\sigma'_x\,\frac{\partial W_u}{\partial x} + \tau_{xy}\,\frac{\partial W_u}{\partial y} - p\,\frac{\partial W_u}{\partial x}\right)\mathrm{d}x\mathrm{d}y = \iint_V f_x W_u\mathrm{d}x\mathrm{d}y + \int_{S_T} t_x W_u\mathrm{d}s \tag{4.2.2-4a}$$

类似地，第二个方程，即式（4.2.2-1b），如上处理后变为：

$$\iint_V \left(\tau_{xy} \frac{\partial W_v}{\partial x} + \sigma'_y \frac{\partial W_v}{\partial y} - p \frac{\partial W_v}{\partial y} \right) \mathrm{d}x \mathrm{d}y = \iint_V f_y W_v \mathrm{d}x \mathrm{d}y + \int_{S_T} t_y W_v \mathrm{d}s \quad (4.2.2\text{-}4b)$$

将上列两式合写为矩阵形式为：

$$\iint_V \begin{bmatrix} \dfrac{\partial W_u}{\partial x} & 0 & \dfrac{\partial W_u}{\partial y} \\ 0 & \dfrac{\partial W_v}{\partial y} & \dfrac{\partial W_v}{\partial x} \end{bmatrix} \begin{Bmatrix} \sigma'_x \\ \sigma'_y \\ \tau_{xy} \end{Bmatrix} \mathrm{d}x \mathrm{d}y - \iint_V \begin{Bmatrix} \dfrac{\partial W_u}{\partial x} \\ \dfrac{\partial W_v}{\partial y} \end{Bmatrix} p \, \mathrm{d}x \mathrm{d}y = \begin{Bmatrix} F_u \\ F_v \end{Bmatrix} \quad (4.2.2\text{-}5)$$

其中 F_u、F_v 分别为式（4.2.2-4a）和式（4.2.2-4b）的右端顶。

与上类似，对于连续方程引入与孔隙水压对应的权函数 W_p，有

$$\iint_V \left[-\Delta\varepsilon_v - n\beta\Delta p + \Delta t \frac{k}{\gamma_w} \nabla^2 (p_0 + \theta\Delta p) \right] W_p \mathrm{d}x \mathrm{d}y = 0 \quad (4.2.2\text{-}6)$$

由格林引理有

$$\iint_V \left(\frac{\partial^2 p}{\partial x^2} + \frac{\partial^2 p}{\partial y^2} \right) W_p \mathrm{d}x \mathrm{d}y =$$

$$\oint_S \left(\frac{\partial p}{\partial x} n_x + \frac{\partial p}{\partial y} n_y \right) W_p \mathrm{d}s - \iint_V \left(\frac{\partial p}{\partial x} \frac{\partial W_p}{\partial x} + \frac{\partial p}{\partial y} \frac{\partial W_p}{\partial y} \right) \mathrm{d}x \mathrm{d}y \quad (4.2.2\text{-}7)$$

即

$$\iint_V \nabla^2 p W_p \mathrm{d}x \mathrm{d}y = \iint_V \nabla \cdot \nabla p W_p \mathrm{d}x \mathrm{d}y = \oint_S \{n\}^T \{\nabla p\} W_p \mathrm{d}s$$

$$- \iint_V \{\nabla W_p\}^T \{\nabla p\} \mathrm{d}x \mathrm{d}y \quad (4.2.2\text{-}8)$$

因此连续方程，式（4.2.2-6），变为：

$$\iint_V (-\Delta\varepsilon_v - n\beta\Delta p) W_p \mathrm{d}x \mathrm{d}y + \Delta t \frac{k}{\gamma_w} \oint_S \{n\}^T \{\nabla(p_0 + \theta\Delta p)\} W_p \mathrm{d}s$$

$$- \Delta t \frac{k}{\gamma_w} \iint_V \{\nabla W_p\}^T \{\nabla(p_0 + \theta\Delta p)\} \mathrm{d}x \mathrm{d}y = 0 \quad (4.2.2\text{-}9)$$

再由式（4.1.1-8）所给的关于孔隙水的边界条件，并注意到在 S_p 上权函数为零，则有：

$$\iint_V (-\Delta\varepsilon_v - n\beta\Delta p) W_p \mathrm{d}x \mathrm{d}y - \theta\Delta t \frac{k}{\gamma_w} \iint_V \{\nabla W_p\}^T \{\nabla\Delta p\} \mathrm{d}x \mathrm{d}y$$

$$= \Delta t \frac{k}{\gamma_w} \iint_V \{\nabla W_p\}^T \cdot \{\nabla p_0\} \mathrm{d}x \mathrm{d}y + \Delta t \int_{S_q} W_p (\tilde{q}_0 + \theta\Delta\tilde{q}) \mathrm{d}s \quad (4.2.2\text{-}10)$$

之后，再进行有限元离散，由节点位移和节点孔隙水压插值得到位移场和孔压场：

$$\begin{Bmatrix} u \\ v \end{Bmatrix} = \begin{bmatrix} N_1 & 0 & N_2 & 0 & \cdots \\ 0 & N_1 & 0 & N_2 & \cdots \end{bmatrix} \begin{Bmatrix} u_1 \\ v_1 \\ u_2 \\ v_2 \\ \vdots \end{Bmatrix} = [N]\{d\} \quad (4.2.2\text{-}11)$$

$$p(x,y) = [N_1^P, N_2^P, \cdots]\{p\} = [N^P]\{p\} \quad (4.2.2\text{-}12)$$

这里 $\{d\}$ 表示全部节点水平位移 u_i 和竖向位移 v_i 组成的节点位移向量，$\{p\}$ 为全部节点孔隙水压构成的向量。

取权函数等于插值函数，即采用伽辽金有限元：

$$W_u = W_v = N_i, \quad W_p = N_i^p \tag{4.2.2-13}$$

从而平衡方程可写为：

$$\int_V [B]^T [D][B]\mathrm{d}V\{\Delta d\} - \int_V [B]^T \{m\}[N^p]\mathrm{d}V\{\Delta p\} = \{\Delta F_d\} \tag{4.2.2-14}$$

$$\{\Delta F_d\} = [\Delta F_{u1} \quad \Delta F_{v1} \quad \Delta F_{u2} \quad \Delta F_{v2} \cdots]^T \tag{4.2.2-15}$$

其中 $[B]$ 为联系应变与节点位移向量的矩阵，$[D]$ 为弹性矩阵（见 2.1.1 节的有关公式）。

考察式（4.2.2-14）可知其左侧第二项实际是反映渗透力的作用，因为水压的梯度就是渗透力。

连续方程则可写为：

$$-\iint_V [N^p]^T \{m\}^T [B]\mathrm{d}V\{\Delta d\} - \iint_V \Big(n\beta [N^p]^T [N^p] +$$

$$\theta\Delta t \frac{k}{\gamma_w}[\nabla N^p]^T[\nabla N^p]\Big)\mathrm{d}V\{\Delta p\} = \{\Delta F_p\} \tag{4.2.2-16}$$

$$\{\Delta F_p\} = \Delta t \frac{k}{\gamma_w}\iint_V [\nabla N^p]^T[\nabla N^p]\mathrm{d}V\{p_0\} + \Delta t \int_{S_q}[N^p]^T(\widetilde{q_0} + \theta\Delta\widetilde{q})\mathrm{d}s \tag{4.2.2-17}$$

将上式与力平衡方程的右端荷载项对比可见，初始孔隙水压的作用与体积力类似，而边界渗流速度的作用与面力类似。

将式（4.2.2-14）与式（4.2.2-16）合写成矩阵形式有：

$$\begin{bmatrix} [K] & -[L] \\ -[L]^T & -[\Phi] \end{bmatrix} \begin{Bmatrix} \Delta d \\ \Delta p \end{Bmatrix} = \begin{Bmatrix} \Delta F_d \\ \Delta F_P \end{Bmatrix} \tag{4.2.2-18}$$

其中

$$[K] = \int_V [B]^T [D][B]\mathrm{d}V \tag{4.2.2-19a}$$

$$[L] = \int_V [B]^T \{m\}[N^p]\mathrm{d}V \tag{4.2.2-19b}$$

$$[\Phi] = \int_V \Big(\theta\Delta t \frac{k}{\gamma_w}[\nabla N^p]^T[\nabla N^p] + n\beta [N^p]^T[N^p]\Big)\mathrm{d}V \tag{4.2.2-19c}$$

如果土的渗透性并非各向同性，则渗透系数 k 需用渗透矩阵代替，相应地式（4.2.2-19c）应写为

$$[\Phi] = \int_V \Big(\theta\Delta t \frac{1}{\gamma_w}[\nabla N^p]^T[k][\nabla N^p] + n\beta [N^p]^T[N^p]\Big)\mathrm{d}V \tag{4.2.2-20}$$

在有些文献中，应力及孔隙水压均以拉为正，此时自本章 4.1 节所给方程中显含 p 的项均需改变正负号（包括达西定律），而有限元方程变为：

$$\begin{bmatrix} [K] & [L] \\ [L]^T & -[\Phi] \end{bmatrix} \begin{Bmatrix} \Delta d \\ \Delta p \end{Bmatrix} = \begin{Bmatrix} \Delta F_d \\ \Delta \widehat{F}_P \end{Bmatrix} \tag{4.2.2-21}$$

其中

$$\{\Delta \widehat{F}_p\} = \Delta t \frac{k}{\gamma_w} \iint_V [\nabla N^p]^T [\nabla N^p] dV \{p_0\} - \Delta t \int_{S_q} [N^p]^T (\tilde{q}_0 + \theta \Delta \tilde{q}) ds \qquad (4.2.2\text{-}22)$$

其余各量与式（4.2.2-18）相同。由于孔隙水压与原来正负号相反，有限元方程中与孔隙水压相乘的子矩阵以及含有孔隙水压的项均需改变正负号。

4.2.3　数值稳定性分析

这里讨论上述对时间逐步积分算法的数值稳定性。分析的思路与第 3 章类似，但是这里有平衡和连续两组有限元方程，首先将其转换为一组方程。

这里针对式（4.2.2-21）进行讨论，但忽略水的压缩性。首先将它展开，并注意到式（4.2.2-20）和式（4.2.2-22）有：

$$[K]\{\Delta d\} + [L]\{\Delta p\} = \{\Delta F_d\} \qquad (4.2.3\text{-}1a)$$

$$[L]^T \{\Delta d\} - \Delta t \theta [\overline{\Phi}] \{\Delta p\} = \Delta t [\overline{\Phi}] \{p_0\} + \{\Delta F_q\} \qquad (4.2.3\text{-}1b)$$

其中

$$[\overline{\Phi}] = \int_V \left(\frac{k}{\gamma_w} [\nabla N^p]^T [\nabla N^p] \right) dV \qquad (4.2.3\text{-}2)$$

$$\{\Delta F_q\} = -\Delta t \int_{S_q} [N^p]^T (\tilde{q}_0 + \theta \Delta \tilde{q}) ds \qquad (4.2.3\text{-}3)$$

由式（4.2.3-1a）解出节点位移增量 $\{\Delta d\}$，代入到式（4.2.3-1b），并写成孔隙水压的总量形式有：

$$([G] + \Delta t \theta [\overline{\Phi}]) \{p_+\} = ([G] + \Delta t \theta [\overline{\Phi}] - \Delta t [\overline{\Phi}]) \{p_0\} +$$
$$[L]^T [K]^{-1} \{\Delta F_d\} - \{\Delta F_q\} \qquad (4.2.3\text{-}4)$$

其中

$$[G] = [L]^T [K]^{-1} [L] \qquad (4.2.3\text{-}5)$$

设第一步计算结果 $\{p_0\}$ 有误差 $\{E_0\}$，由此引起第二步计算结果 $\{p_+\}$ 的误差为 $\{E_+\}$，则有：

$$([G] + \Delta t \theta [\overline{\Phi}]) \{E_+\} = ([G] + \Delta t \theta [\overline{\Phi}] - \Delta t [\overline{\Phi}]) \{E_0\} \qquad (4.2.3\text{-}6)$$

即

$$\begin{aligned} \{E_+\} &= ([I] - ([G] + \Delta t \theta [\overline{\Phi}])^{-1} \Delta t [\overline{\Phi}]) \{E_0\} \\ &= ([I] - \Delta t ([\overline{\Phi}]^{-1} [G] + \Delta t \theta [I])^{-1}) \{E_0\} \end{aligned} \qquad (4.2.3\text{-}7)$$

上面后一等式利用了两矩阵积的逆矩阵计算规则。

对上式中的矩阵及向量取 2 范数，并利用 Schwarz 不等式有：

$$\| E_+ \|_2 \leqslant \| [I] - \Delta t ([\overline{\Phi}]^{-1} [G] + \Delta t \theta [I])^{-1} \|_2 \cdot \| E_0 \|_2 \qquad (4.2.3\text{-}8)$$

数值稳定性要求上式中放大矩阵的范数不大于 1，即要求

$$\| [I] - \Delta t ([\overline{\Phi}]^{-1} [G] + \Delta t \theta [I])^{-1} \|_2 \leqslant 1 \qquad (4.2.3\text{-}9)$$

由于一矩阵的谱范数（2 范数）等于其特征值的最大绝对值，上式要求：

$$-1 \leqslant 1 - \frac{\Delta t}{\lambda + \theta \Delta t} \leqslant 1 \qquad (4.2.3\text{-}10)$$

其中 λ 为 $[\Phi]^{-1}[G]$ 的特征值。考察矩阵 $[\Phi]$ 和 $[G]$ 的性质可知，前者正定，后者根据是否采用一致单元为正定或半正定，故 $\lambda \geqslant 0$。因此，上式右端自然满足，而左端要求：

$$\theta \geqslant 0.5 - \lambda / \Delta t \qquad (4.2.3\text{-}11)$$

这与渗流计算的稳定性条件完全相同。所以，一般要求 $\theta \geqslant 0.5$。

4.2.4 一致单元和非一致单元

由上可见，采用有限元法进行固结分析时，基本未知量有节点位移和孔隙水压。由于孔隙水压与应力属于同一层次的量，所以从理论上说，孔隙水压的插值函数阶次应较位移插值函数的阶次低一阶。比如，对于 8 节点四边形单元，其全部 8 个节点上的位移均作为基本未知量，这样位移的插值函数次数近似为 2 次；而孔隙水压仅将此单元四个角节点的值作为基本未知量，孔隙水压插值函数为线性。采用这种插值方案的单元称为一致单元（Consistent Element）或复合单元（Composite Element）。但是，也可以对位移和孔隙水压采用同样的插值函数，也就是单元节点上的位移和孔隙水压均作为基本未知量。此种单元称为非一致单元（Nonconsistent Element）。数值计算对比表明，两种单元的计算精度并无明显区别。而在某些情况下，非一致单元的性态还稍优于一致单元（Song，1990）。

§4.3 时间步长及积分参数取值

对土体固结问题进行有限元计算时，时间步长的取值需要特别予以注意，尤其是对于存在自由渗流表面的加载固结问题。偏大的时间步长可能会使计算精度很差，但同时对有限元固结计算又存在时间步长下限。如所取步长过小，计算得出的孔隙水压 p 在空间分布上是振荡的（图 4.3.1-1）。此外，时间积分参数的取值，对计算精度也有一定影响。

本节首先解释时间步长存在下限的原因，给出估计时间步长下限的公式，再给出克服时间步长下限的方法。最后，对时间步长的上限以及积分参数 θ 的取值进行简要讨论。

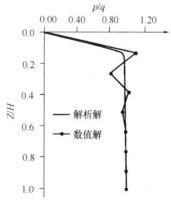

图 4.3.1-1 过小时间步长得到孔压振荡的情况

4.3.1 时间步长下限存在的原因

当时间步长过小，排水边界附近的孔隙水压在空间上变化很快。在边界上孔隙水压为零，而略向内移

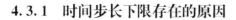

则孔隙水压具有较大的值。用较粗的有限元网格显然难以模拟如此急剧变化的水压空间分布，从而势必产生较大的误差。由有限元格式推导过程可以看出，在区域积分的意义上有限元方程必须成立，即符合微分方程乘以权函数后在区域上的积分为零。所以，当一个节点的计算值偏大时，另一节点值则会偏小，从而表现为振荡。理论分析也表明，对于固结

125

问题的有限元计算确实存在一个时间步长的下限。

　　时间步长下限 $\Delta t_{\min}$ 的估计可按如下方法粗略分析。对一维固结问题，Schofield 和 Wroth（1968）曾近似用抛物线给出孔压分布（见图 4.3.1-2）。对任一较小的时间 t，图中 l 近似符合下式：

$$l^2 = 12C_v t \tag{4.3.1-1}$$

其中 C_v 为固结系数。

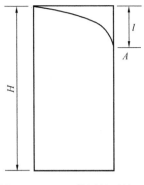

图 4.3.1-2　一维固结开始阶段孔压沿深度的分布

　　如单元节点间距为 Δh，并假设沿深度方向至少需三个节点近似描述孔压的这一空间分布，则有

$$2\Delta h \leqslant l \tag{4.3.1-2}$$

综合上列两式则有

$$\Delta t \geqslant \frac{\Delta h^2}{3C_v} \tag{4.3.1-3}$$

这样便得到时间步长的下限，它与单元节点距离的平方成正比，而与固结系数成反比。

　　需指出，时间步长的下限是采用有限元法计算固结问题时才出现的问题。如采用有限差分法，则不存在时间步长的下限。因为，由有限差分方程的建立过程可知，它并未要求在区域积分的意义上数值解和精确解必须对应。

4.3.2　时间步长下限的估计

　　4.3.1 节简要说明了固结问题有限元分析中存在时间步长下限的原因，以及影响时间步长下限大小的主要参数。本节针对线性插值的一维和两维矩形单元进行更严格的推导（Song，1990；Song，1992）。

　　为便于进行解析推导，这里采用解耦的固结方程，同时忽略水的压缩性，从而固结方程（4.1.3-4）可写为：

$$\frac{\partial p}{\partial t} = C \nabla^2 p + \frac{\partial q}{\partial t} \tag{4.3.2-1}$$

采用有限元对此方程进行空间离散后有：

$$[M]\left\{\frac{\partial P}{\partial t}\right\} + [S]\{P\} = \{F\} \tag{4.3.2-2}$$

其中：

$$[M] = \int_V [N]^{\mathrm{T}}[N]\mathrm{d}V \tag{4.3.2-3a}$$

$$[S] = \int_V C[\nabla N]^{\mathrm{T}}[\nabla N]\mathrm{d}V \tag{4.3.2-3b}$$

$$\{F\} = \int_V [N]^{\mathrm{T}}\frac{\partial q}{\partial t}\mathrm{d}V + \int_{S_q}[N]^{\mathrm{T}}q_n\mathrm{d}s \tag{4.3.2-3c}$$

这里用 $\{P\}$ 表示节点孔隙水压。式中的 $[M]$ 矩阵一般也称为质量矩阵。

　　再对式（4.3.2-2）进行时间步长积分之后有：

$$([M] + \theta\Delta t[S])\{\Delta P\} = \{\Delta F\} - \Delta t[S]\{P^0\} \tag{4.3.2-4}$$

现考察两节点一维单元。设对一土层固结问题采用此种单元，网格均匀。则单元矩阵为：

$$[M]^{\text{e}} = \frac{\Delta h}{6}\begin{bmatrix} 2 & 1 \\ 1 & 2 \end{bmatrix}, \qquad [S]^{\text{e}} = \frac{C}{\Delta h}\begin{bmatrix} 1 & -1 \\ -1 & 1 \end{bmatrix}, \qquad \{\Delta F\}^{\text{e}} = \frac{\Delta q \Delta h}{2}\begin{Bmatrix} 1 \\ 1 \end{Bmatrix} \qquad (4.3.2\text{-}5)$$

这里为简化计算，设第二类边界条件为齐次，亦即在此边界上所给渗流速度为 0。

这样，对内部任一节点 j，有限元方程为：

$$\left(\frac{\Delta h}{6} - \theta \Delta t \frac{C}{\Delta h}\right)\Delta P_{j-1} + \left(\frac{4\Delta h}{6} + \theta \Delta t \frac{2C}{\Delta h}\right)\Delta P_j + \left(\frac{\Delta h}{6} - \theta \Delta t \frac{C}{\Delta h}\right)\Delta P_{j+1} = \Delta q \Delta h \quad (4.3.2\text{-}6)$$

这里考虑第一个时间步的计算，故 $\{P^0\}$ 为 $\{0\}$。

参照 Vermeer 和 Verruijt（1981），为保证计算精度，至少要求节点超静水压不大于荷载值，即：

$$\Delta P_i = \Delta q - d_i \quad (d_i \geqslant 0) \qquad (4.3.2\text{-}7)$$

代入有限元方程，式（4.3.2-6），有：

$$\left(\frac{\Delta h}{6} - \theta \Delta t \frac{C}{\Delta h}\right)d_{j-1} + \left(\frac{4\Delta h}{6} + \theta \Delta t \frac{2C}{\Delta h}\right)d_j + \left(\frac{\Delta h}{6} - \theta \Delta t \frac{C}{\Delta h}\right)d_{j+1} = 0 \quad (4.3.2\text{-}8)$$

由于所有三个差值 $d_i \geqslant 0$（$i = j-1, j, j-1$），而 d_j 前的系数大于零，这样就要求另一系数小于零，即：

$$\frac{\Delta h}{6} - \theta \Delta t \frac{C}{\Delta h} \leqslant 0, \text{即：} \Delta t \geqslant \frac{\Delta h^2}{6\theta C} \qquad (4.3.2\text{-}9)$$

这样，就得到了一维线性单元时间步长的下限。

这里分析所采用的方程，对于一维问题与耦合方程是一致的，所以上述推导给出的时间步长下限对于基于耦合方程的一致单元也同样适用，只要对超静水压采用线性插值，对位移的插值为二次。

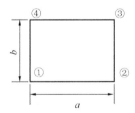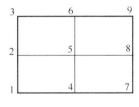

图 4.3.2-1　矩形单元及相应局部网格

接下来再看两维矩形单元（图 4.3.2-1）。单元矩阵及右端向量为

$$[S]^{\text{e}} = \frac{C}{6ab}\begin{bmatrix} 2a^2 + 2b^2 & a^2 - 2b^2 & -a^2 - b^2 & -2a^2 + b^2 \\ a^2 - 2b^2 & 2a^2 + 2b^2 & -2a^2 + b^2 & -a^2 - b^2 \\ -a^2 - b^2 & -2a^2 + b^2 & 2a^2 + 2b^2 & a^2 - 2b^2 \\ -2a^2 + b^2 & -a^2 - b^2 & a^2 - 2b^2 & 2a^2 + 2b^2 \end{bmatrix} \qquad (4.3.2\text{-}10\text{a})$$

$$[M]^e = \frac{ab}{36} \begin{bmatrix} 4 & 2 & 1 & 2 \\ 2 & 4 & 2 & 1 \\ 1 & 2 & 4 & 2 \\ 2 & 1 & 2 & 4 \end{bmatrix} \qquad [\Delta F]^e = \frac{ab\Delta q}{4} \begin{Bmatrix} 1 \\ 1 \\ 1 \\ 1 \end{Bmatrix} \qquad (4.3.2\text{-}10b)$$

对一个内部节点，比如图 4.3.2-1 中节点 5，其有限元方程为：

$$\begin{aligned} &[m - s(a^2 + b^2)]\Delta P_1 + [4m - s(-2a^2 + 4b^2)]\Delta P_2 + \\ &[m - s(a^2 + b^2)]\Delta P_3 + [4m - s(4a^2 - 2b^2)]\Delta P_4 + \\ &[16m + s(8a^2 + 8b^2)]\Delta P_5 + [4m - s(4a^2 - 2b^2)]\Delta P_6 + \\ &[m - s(a^2 + b^2)]\Delta P_7 + [4m - s(-2a^2 + 4b^2)]\Delta P_8 + \\ &[m - s(a^2 + b^2)]\Delta P_9 = 36m\Delta q \end{aligned} \qquad (4.3.2\text{-}11)$$

其中 $m = ab/36$，$s = \theta C \Delta t/(6ab)$。

同样 $\Delta P_i (i = 1,2,\cdots,9)$ 应小于等于 Δq，即

$$\Delta P_i = \Delta q - d_i \quad (d_i \geqslant 0)$$

代入式 (4.3.2-11) 有：

$$\begin{aligned} &[m - s(a^2 + b^2)]d_1 + [4m - s(-2a^2 + 4b^2)]d_2 + \\ &[m - s(a^2 + b^2)]d_3 + [4m - s(4a^2 - 2b^2)]d_4 + [16m + s(8a^2 + 8b^2)]d_5 + \\ &[4m - s(4a^2 - 2b^2)]d_6 + [m - s(a^2 + b^2)]d_7 + \\ &[4m - s(-2a^2 + 4b^2)]d_8 + [m - s(a^2 + b^2)]d_9 = 0 \end{aligned} \qquad (4.3.2\text{-}12)$$

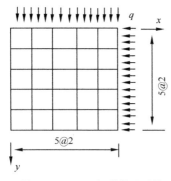

图 4.3.2-2　正方形单元网格

这一方程较一维问题的方程要复杂得多。这里先考虑正方形单元，即图 4.3.2-1 中 $a = b$ 的情况。当要求 $d_i(i = 1,2,\cdots,9; i \neq 5)$ 前的系数小于等于零，可得到两个下限值，其中较大的一个为

$$\Delta t \geqslant \frac{a^2}{3\theta C} \qquad (4.3.2\text{-}13)$$

为验证该下限的正确性，取图 4.3.2-2 所示的正方形单元网格，其顶面和右侧面施加均布荷载且设为自由渗流边界，而其余两边为固定且不透水。进行第一时间步的计算，荷载从 0 到 1 增加，表 4.3.2-1 所列计算结果表明，当 $\Delta t = 0.55\Delta t_{min}$ 时计算的孔隙水压才产生小幅值的振荡。这说明，对于二维问题，当时间步长稍小于下限，计算的节点孔隙水压未必产生振荡，这与一维问题有所不同。

现在用二维网格模拟一维问题。取前面图 4.3.2-1 所示网格，但设节点孔隙水压符合下列一维关系

$$P_1 = P_4 = P_7, \qquad P_2 = P_5 = P_8, \qquad P_3 = P_6 = P_9$$

计算的孔隙水压 ($x=8.0$)　　　　　　　　表 4.3.2-1

深度 y	孔隙水压 ($\Delta t=0.55\Delta t_{\min}$)	孔隙水压 ($\Delta t=0.4\Delta t_{\min}$)
0.0	0.0000	0.000
2.0	0.9616	1.058
4.0	0.9598	1.011
6.0	0.9616	1.015
8.0	0.9615	1.014
10.0	0.9616	1.014

这样，式（4.3.2-12）则退化为

$$(m-sa^2)d_1 + (4m+2sa^2)d_2 + (m-sa^2)d_3 = 0 \qquad (4.3.2\text{-}14)$$

由此很容易得出时间步长的下限为

$$\Delta t \geqslant \frac{b^2}{6\theta C} \qquad (4.3.2\text{-}15)$$

这与一维单元的下限相同。由此可见，时间步长的下限不是看所用单元是几维单元，而是要看实际问题本质上是几维。

计算的孔隙水压 ($x=9.0$)　　　　　　　　表 4.3.2-2

深度 y	孔隙水压 $\left(\Delta t = \dfrac{1.1a^2}{3\theta C}\right)$	孔隙水压 $\left(\Delta t = \dfrac{0.8a^2}{3\theta C}\right)$
0.0	0.0000	0.0000
5.0	0.2608	0.3156
10.0	0.2598	0.3026

再看长宽不等的矩形单元。设 $a = \beta b$，其中 β 远大于 1。由式（4.3.2-12）可见，此时 d_2 和 d_8 的系数成为正值，这使得时间步长下限难以估计。但可以看出，此时时间步长下限增大，且 β 很大时下限值趋于稳定值。采用图 4.3.2-3 所示狭长矩形单元计算的结果如表 4.3.2-2 所示。由表列数值可见，当采用的时间步长稍大于正方形单元时间步长下限的 2 倍时，孔隙水压出现小幅度振荡。由此估计，对于狭长矩形单元，时间步长的下限约为由单元长边按正方形单元估计值的 2 倍。

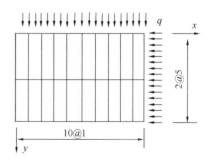

图 4.3.2-3　狭长矩形单元网格

几种单元的时间步长下限　　　　　　　　表 4.3.2-3

单元类型	时间步长下限	单元类型	时间步长下限
3 节点三角形非一致单元	$\Delta t \geqslant \dfrac{\Delta h^2}{2\theta C_{\mathrm{v}}}$	8 节点四边形非一致单元	$\Delta t \geqslant \dfrac{\Delta h^2}{4\theta C_{\mathrm{v}}}$
8 节点四边形一致单元	$\Delta t \geqslant \dfrac{\Delta h^2}{6\theta C_{\mathrm{v}}}$	15 节点三角形非一致单元	$\Delta t \geqslant \dfrac{\Delta h^2}{1.5\theta C_{\mathrm{v}}}$

对于求解耦合固结问题的一般有限单元，难以用解析方法给出其时间步长的下限。此时可以假定其时间步长下限取如下形式：

$$\Delta t_{\min} = \frac{\Delta h^2}{\eta \theta C_{\mathrm{v}}} \qquad (4.3.2\text{-}16)$$

再由数值试验确定 η 的值。数值试验给出四种单元的时间步长下限如表 4.3.2-3 所示。这里的数值试验是取一维固结问题进行计算对比，固结系数采用 C_{v}，因为根据上述讨论，一维问题对时间步长的要求更为苛刻。

对比表 4.3.2-3 中各单元的时间步长下限可见，一致单元的时间步长下限较小，高阶插值单元的时间步长下限并不比低阶单元的小。

为显示偏小时间步长计算结果的振荡情况，这里采用表 4.3.2-3 所列时间步长下限的三分之一计算荷载线性增大的一维固结问题，计算结果如图 4.3.2-4 所示。由图可见，高阶单元计算结果的振荡幅值较小。

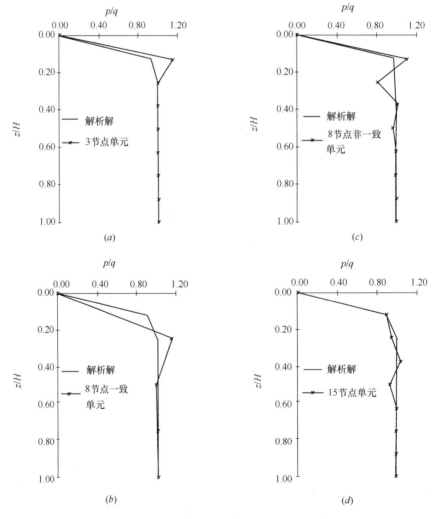

图 4.3.2-4　几种单元用偏小时间步长计算的结果（Song，1990）

4.3.3 克服时间步长下限的方法

在实际问题的计算中，往往需要采用小于下限的时间步长。比如荷载随时间变化时，为较精确反映荷载的变化时程；当考虑土体的弹塑性，计算时也往往需要较小的时间步长。此时需要克服时间步长的下限。尽管可以在靠近自由渗流边界附近采用较细的网格，但有些情况下未必方便。这里介绍作者研究提出的两种方法，一是集中质量法，二是整体光滑化方法（Song，1990；Song，1992）。

4.3.3.1 集中质量法

由时间步长下限的推导可见，如"质量矩阵"的非对角元为零，也就是采用所谓集中质量矩阵，一维线性单元和二维正方形线性单元则不存在时间步长的下限，对于长宽不等的矩形单元时间步长的下限也会大幅度减小。

集中质量矩阵多用于动力问题的有限元分析中，计算精度一般可满足工程问题的需要。为给出集中质量矩阵，可以采用 Newton-Cotes 积分进行单元质量矩阵的计算。Newton-Cotes 积分是取有限元的节点为积分点。由单元质量矩阵的计算式，并注意到插值函数的性质可知，采用此种积分得到的质量矩阵为对角阵，也就是集中质量矩阵。

现在分别采用集中质量和一致质量计算图 4.3.2-2 所示二维问题，所用时间步长为 $0.15\,\Delta t_{\min}$，远小于时间步长的下限。图 4.3.3-1 为 $x=8$m 处第一时间步的计算结果，图中同时给出相应问题的解

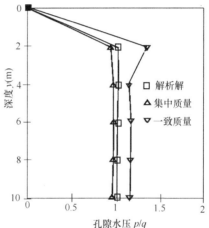

图 4.3.3-1 集中质量矩阵和一致质量矩阵的计算结果（Song，1992）

析解。由图可见，采用集中质量时，即使很小的时间步长也可以得到较理想的结果。不过，当时间步长较大时，还是采用一致质量计算的结果精度更高。

4.3.3.2 整体光滑化方法

首先考察采用极小时间步长进行有限元固结计算时的现象。如时间步长为 0，且不考虑孔隙水的压缩性，则固结问题的有限元方程（4.2.2-21）变为：

$$\begin{bmatrix} [K] & [L] \\ [L]^{\mathrm{T}} & [0] \end{bmatrix} \begin{Bmatrix} \Delta d \\ \Delta p \end{Bmatrix} = \begin{Bmatrix} \Delta F_{\mathrm{d}} \\ \Delta \widehat{F}_{\mathrm{P}} \end{Bmatrix} \tag{4.3.3-1}$$

引入第一类边界条件后，由第一组方程解出位移增量，再代入到第二组方程有：

$$[L]^{\mathrm{T}}[K]^{-1}[L]\{\Delta p\} = [L]^{\mathrm{T}}[K]^{-1}\{\Delta F_{\mathrm{d}}\} - \{\Delta \widehat{F}_{\mathrm{P}}\} \tag{4.3.3-2}$$

方程（4.3.3-2）是否可解，取决于矩阵 $[L]$ 的性质。Sandhu（1982）研究指出，当采用一致单元时，矩阵 $[L]^{\mathrm{T}}[K]^{-1}[L]$ 非奇异，因此方程（4.3.3-2）可解；而对于非一致单元 $[L]^{\mathrm{T}}[K]^{-1}[L]$ 奇异。作者采用 3 节点三角形、8 节点四边形以及 15 节点三角形等非一致单元编程计算表明，上述矩阵确实奇异，方程无法求解。而采用 8 节点复合单元时上列方程可求解。实际上，当采用非一致单元时，式（4.3.3-1）中整体系数矩阵里零主子式的阶数较高，此时即使引入边界条件后仍是奇异的。而当采用一致单元时，式（4.3.3-

1）中整体系数矩阵里零主子式的阶数相对较低，所以不奇异。

这样，对一致单元取时间步长为零，而对非一致单元取很小时间步长（比如，$C_v t = 10^{-7}\ m^2$）进行计算表明，即便此种情况下，一致单元计算得到孔隙水压的空间振荡幅度并无显著增大，积分点上孔隙水压值的误差与节点值相当。而非一致单元计算的节点孔压值完全错误，但3节点和8节点非一致单元的积分点上孔压值几乎是精确的，这是某些非一致单元的一个良好性质。

利用某些非一致单元的上述良好性质，可以进行极小时间步长下的计算。对于节点孔压的计算，这里建议采用一种整体光滑化处理方法。

设节点孔压精确值为 $\{\hat{p}\}$，则插值给出的孔压分布场为：

$$\bar{p}(x,y) = [N]\{\hat{p}\} \tag{4.3.3-3}$$

记精确孔压场为 $\tilde{p}(x,y)$，它在积分点上的值已知，则可写出以下加权余量方程：

$$\int \{W\}(\tilde{p} - [N]\{\hat{p}\})\mathrm{d}x\mathrm{d}y = 0 \tag{4.3.3-4}$$

其中 $\{W\}$ 为权函数。与伽辽金有限元法类似，依次取各节点上的插值函数为权函数，则得到以下的方程组：

$$\int_V [N]^{\mathrm{T}}[N]\mathrm{d}x\mathrm{d}y\{\hat{p}\} = \int_V [N]^{\mathrm{T}}\tilde{p}(x,y)\mathrm{d}x\mathrm{d}y \tag{4.3.3-5}$$

由于积分点上的 $\tilde{p}(x,y)$ 已知，可以计算右端项，从而可解出节点孔隙水压的修正值，该修正值将具有较高的精度。

4.3.4　时间步长上限及积分参数取值

1. 时间步长上限 $\Delta t_{\max}$

计算表明，对于有自由排水边界问题初始阶段的计算，当时间步长 Δt 较大时计算结果也会不精确，表现为计算的孔压在靠近边界处偏小，甚至为负值。仍以一维突加荷载的固结计算为例，图4.3.4-1为第一个时间步采用较大步长计算的结果。显然，正确计算结果的孔隙水压沿深度分布曲线的上段应为右凸，但图中的结果为左凸，甚至为负值。这里所取的时间步长，仅是下限值的4倍和6倍。

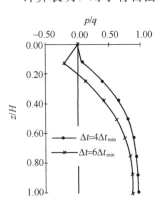

图4.3.4-1　时间步长偏大时的
计算结果

但时间步长的上限 $\Delta t_{\max}$ 并不像时间步长下限那样能够精确定义，故这里没有进行解析推导，而是采用数值试验来得到时间步长的上限。这里的数值试验，仍针对一维突加荷载下的固结计算考察第一步的计算结果。具体是取浅层最靠近地面的2个节点，当上一节点的计算孔压小于其下节点计算值的一半时，也就是孔压分布即将出现左凸时，认为计算精度不可接受。这里采用不同的积分参数值及时间步长进行了大量计算，由此给出时间步长上限的经验估计式如下：

$$\Delta t \leqslant \frac{3\theta}{1.1 - \theta}\Delta t_{\min} \tag{4.3.4-1}$$

由此公式可见，为保证计算精度，时间步长的上限和下限很接近，由此可理解有限元固结计算中时间步长取值的难度。但是，对时间步长取值这样严格的要求只是针对固结计算的初始阶段，随着计算的进行，对时间步长的上限和下限的限制均可放松。

2. 时间积分参数 θ 对计算结果的影响

由前述对时间变量的处理可以理解，按上述方法能以较高精度求解的是各量平均值。如取 $\theta = 1$，则表示将平均值视为 $(t_0 + \Delta t)$ 时刻的值。因此，如果实际孔压是随时间减小的，则计算出的孔压偏大，变形偏小。此外，取 $\theta = 0.5$ 时误差随计算步数减小很快，取 $\theta = 1$ 则较慢（图 4.3.4-2）。但 $\theta = 0.5$ 时 $\Delta t_{\min}$ 和 $\Delta t_{\max}$ 接近，计算时的时间步长选取较困难。实际上，这里有计算精度和稳定性两方面的问题。一般来说，计算方法越接近完

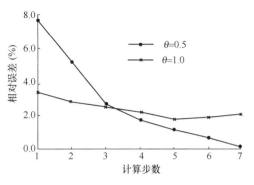

图 4.3.4-2　一维固结有限元计算的相对误差随计算步数变化情况（Song, 1990）

全隐式算法，稳定性越好，但此时的计算精度未必很高。往往是计算方法条件稳定时，适当选取时间步长避免算法失稳，计算结果的精度较高。岩土有限元软件 PLAXIS 优先考虑算法的无条件稳定，故取 $\theta = 1$。

§4.4　弹塑性固结的有限元计算

实际工程中土体的变形往往为弹塑性，所以饱和土的固结往往是弹塑性固结。当土体发生变形时，其渗透性也会发生改变，但这里仅考虑土体变形的弹塑性，忽略土体变形对渗透系数的影响。

土的弹塑性分析一般需要限制荷载增量的大小，特别是在结构加载到接近破坏时，对于固结问题则需要限制时间步长的大小。但如前所述，对于含有自由渗流边界的固结问题，在固结计算的初始阶段，时间步长存在下限值。而当计算的固结问题中荷载随时间增大且接近极限时，要求时间步长远小于上述时间步长的下限。根据上一节的讨论此时应选用非一致单元，以保证积分点上孔隙水压有较好的精度，而对节点孔隙水压采用前述的整体光滑化技术进行处理。

当时间步长 Δt 取值很小时，与节点孔隙水压对应的子矩阵 $[\Phi]$ 中各元素的值将很小，这将影响整体系数矩阵的数值性态。为此，可以将式（4.2.2-18）中的后一组方程的系数矩阵和右端项均乘一个较大的系数 s，这显然不会影响整个方程组的解。为保证总体系数矩阵的对称性，再将与总体系数矩阵中与节点孔隙水压对应的列也乘以 s，同时将节点孔隙水压除以 s。这样修正后的方程如下：

$$\begin{bmatrix} [K] & -s[L] \\ -s[L]^{\mathrm{T}} & -s^2[\Phi] \end{bmatrix} \left\{ \begin{array}{c} \Delta d \\ \dfrac{1}{s}\Delta p \end{array} \right\} = \left\{ \begin{array}{c} \Delta F_{\mathrm{d}} \\ s\Delta F_{\mathrm{P}} \end{array} \right\} \tag{4.4-1}$$

其中 s 的取值上限可如下估计：

$$s = \sqrt{(K + 4G/3)/(\Delta t k / \gamma_{\mathrm{w}})} \tag{4.4-2}$$

可以看出，s 的量纲为长度。

现在讨论考虑土体弹塑性时的计算。此时式(4.4-1)中的刚度矩阵 $[K]$ 并不能显式地写出，而只能将 $[K]\{\Delta d\}$ 视为与节点位移大小有关的有效节点力增量。对于每一时间步，又需要迭代求解。现以初刚度迭代为例说明迭代格式的构建，亦即以初刚度矩阵 $[K_e]$ 与 $[L]$、$[\Phi]$ 构成的总体矩阵作为迭代矩阵进行迭代计算。为简明起见，暂不考虑式(4.4-1)中的修正系数 s。

将式（4.4-1）中第一组方程的左端项移至右端，并在等式两端均加上迭代矩阵与拟求节点向量的积有：

$$[K_e]\{\Delta d\} - [L]\{\Delta p\} = \{\Delta F_d\} - ([K]\{\Delta d\} - [L]\{\Delta p\}) + [K_e]\{\Delta d\} - [L]\{\Delta p\}$$

令上式右端的拟求向量取本次求解之前的值，即构成迭代算式：

$$[K_e]\{\Delta d\}^i - [L]\{\Delta p\}^i = \{\delta R\}^{i-1} + [K_e]\{\Delta d\}^{i-1} - [L]\{\Delta p\}^{i-1} \qquad (4.4\text{-}3)$$

其中

$$\{\delta R\}^{i-1} = \{\Delta F_d\} - ([K]^{i-1}\{\Delta d\}^{i-1} - [L]\{\Delta p\}^{i-1}) \qquad (4.4\text{-}4)$$

为本次迭代前的不平衡力。

将式（4.4-3）右端的后两项移到左端即构成计算子增量的迭代算式：

$$[K_e]\{\delta d\}^i - [L]\{\delta p\}^i = \{\delta R\}^{i-1} \qquad (4.4\text{-}5)$$

为避免不同时间步的不平衡误差积累，将式（4.4-4）写为

$$\{\delta R\}^{i-1} = \{F_d\} - \int_V [B]^{\mathrm{T}}\{\sigma\}^{i-1}\mathrm{d}V \qquad (4.4\text{-}6)$$

这里 $\{\sigma\}^{i-1}$ 是上次迭代计算给出的包含孔隙水压的总应力。

式（4.4-1）中第二组方程对应的迭代计算式与式（4.4-5）形式相同，但在每一时间步第一次迭代计算后其残余不平衡力为零。

§4.5 数值算例

本节给出固结问题有限元计算的几个算例，包括一维泰沙基固结问题和二维弹塑性固结的有限元计算。

4.5.1 泰沙基一维固结有限元计算

设一饱和均质土层，厚 10m，受大面积突加荷载作用（图 4.5.1-1），地表可自由渗流，底部不透水。设土层变形可近似视为线弹性，不考虑突加荷载的动力作用，则其渗流变形过程为典型的泰沙基一维固结问题。

取有关力学性质参数为：剪切模量 $G=10\mathrm{MPa}$，泊桑比 $\nu=0.25$，渗透系数 $k=10^{-8}\mathrm{m/s}$。

现采用 8 节点非一致单元进行分析，所取网格如图 4.5.1-1 所示，位移边界条件为底边

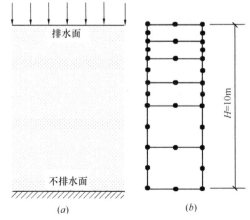

图 4.5.1-1 一维固结问题及所采用的有限元网格

固定，两侧面限制水平位移；渗流边界条件为顶面自由渗流，其他三面封闭。

时间积分参数取 0.65，按上述参数估计的时间步长下限约为 $0.1 \times 10^5 \mathrm{s}$，因此取时间值为 0.15、0.35、0.60、1.0、1.5、2.0、3.0、5.0、10.0、20.0、50.0、100.0、200.0（单位均为 $10^5 \mathrm{s}$）进行计算。

图 4.5.1-2 给出沉降随时间的发展过程，其中横轴为无量纲化时间 T_v（见式 4.1.2-9），纵轴为计算沉降与最终沉降的比值（等同于固结度）。图 4.5.1-3 给出第 2、4、6、8、10、11、12 和 13 时间步超静水压沿深度的分布。两图中的计算结果还分别与解析解（图中实线）进行了比较，可见有限元计算结果的精度较好。

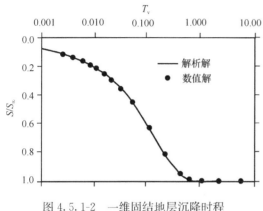

图 4.5.1-2 一维固结地层沉降时程

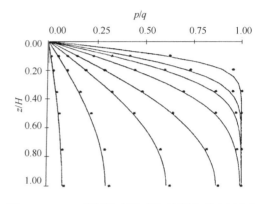

图 4.5.1-3 一维固结地层不同时刻的超静水压分布

4.5.2 二维弹塑性固结有限元计算

现分析一饱和土层在地面条形荷载作用下的弹塑性固结（图 4.5.2-1）。考虑正常固结土，其应力-应变关系近似采用第 1 章所述 Drucker-Prager 模型与修正剑桥模型结合构成的一种 Cone-Cap 模型，模型参数取为：剪切模量 $G = 6\mathrm{MPa}$，泊桑比 $\nu = 0.33$，内摩擦角 $\varphi = 30°$，黏聚力 $c = 5\mathrm{kPa}$，压缩指数 $\lambda = 0.06$，回弹指数 $\kappa = 0.025$，初始孔隙比 $e_0 = 0.8$，有效重度 $\gamma' = 10\mathrm{kN/m^3}$，渗透系数 $k = 10^{-4}\mathrm{m/d}$。这里 λ、κ 及 e_0 仅用于确定帽盖屈服面的硬化。

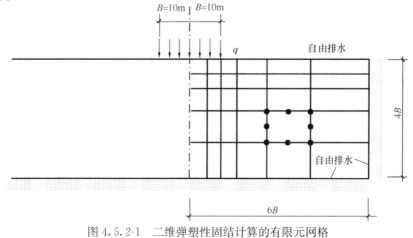

图 4.5.2-1 二维弹塑性固结计算的有限元网格

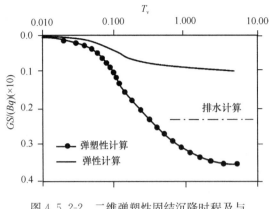

图 4.5.2-2　二维弹塑性固结沉降时程及与
弹性计算的对比

利用对称性，取土层的右侧一半划分有限元网格进行计算，网格的底边固定，侧边界仅限制水平位移。除对称面处，上、下及右侧边界均假定为透水边界，即超静水压为零。

这里考虑随时间线性增大的荷载，设荷载在 50 天内自 0 增加到 100kPa。这里的最大荷载值仅约为地基承载力 Prandtl 解的 66%。

计算得到的沉降 S 随时间发展的曲线如图 4.5.2-2，其中还给出了按弹性计算的固结沉降时程曲线和按排水情况计算的沉降值。这里的无量纲时间参数 T_v 近似按初始压缩模量计算。由图可见，考虑材料塑性时的沉降远大于弹性情况下的沉降，且沉降趋于稳定的时间也更长一些。此外，模拟固结过程计算的沉降也大于按排水情况计算的沉降，因为前一计算中由于超静水压的影响而使土层发生更大的塑性变形。

4.5.3　饱和地基不同加载速率下的极限荷载计算

这一算例着重考察加载速率对地基承载力的影响。为简明起见，不考虑土体的塑性体积变形，土的应力-应变关系采用第 1 章所述的 Drucker-Prager 模式，并按那里的理论确定模型参数使计算结果与摩尔库仑模型的最为接近。

土的力学性质参数取为：剪切模量 $G=5$MPa，泊桑比 $\nu=0.25$，内摩擦角 $\varphi=30°$，剪胀角 $\psi=0°$，黏聚力 $c=10$kPa。渗透系数则取不同的值以实现不同的加载速率。这里加载速率 ω 定义为 $\omega = \mathrm{d}q/\mathrm{d}T_v$，其中 T_v 是 4.1 节所定义的无量纲时间。

此外，在此计算中不考虑土体自重应力的影响，从而地基的承载力可以用土力学教材中的 Prandtl-Reissner 公式进行计算。

有限元弹塑性固结计算的部分计算结果示于图 4.5.3-1。由图可见当加载速率相对很

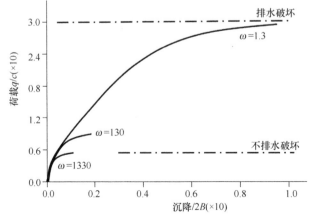

图 4.5.3-1　不同加载速率下饱和地基的极限荷载（Song，1990）

低，如 $\omega=1.3$ 时，计算的极限荷载与排水条件下的值接近；而当加载速率相对很高，如 $\omega=1330$ 时，计算的极限荷载与不排水条件下的极限荷载接近，即约为 $5.14c$。

主 要 参 考 文 献

［1］ J. R. Booker and J. C. Small. An investigation of the stability of numerical solutions of Biot's equations of consolidation ［J］. Int. J. Solids Struct. ，1975，11：907-917.

［2］ R. E. Gibson，R. L. Schiffman and S. L. Pu. Plane strain and axially symmetric consolidation of a clay layer on a smooth impervious base［J］. Quart. J. Mech. And Appl. Math. ，1970，13：505-520.

［3］ R. S. Sandhu. Finite element analysis of coupled deformation and fluid flow in porous media［J］. In Numerical Methods in Geomechanics，Proc. of the NATO Advanced Study Institute，J. B. Martins(ed.)，1982，203-228.

［4］ A. Schofield and P. Worth. Critical State Soil Mechanics［M］. London：McGraw-Hill，1968.

［5］ E. X. Song. Finite Element Analysis of Consolidation under Steady and Cyclic Loads［D］. Delft：Delft University of Technology，1990.

［6］ E. X. Song. Time step size in finite element analysis of consolidation［C］. Proc. Numerical Models in Geomechanics，Pande and Pietruszczak （eds），Balkma，Rotterdam，1992.

［7］ P. A. Vermeer and A. Verruijt. An accuracy condition for consolidation by finite elements［J］. Int. J. Num. Anal. Meth. Geomech. ，1981，5：1-14.

［8］ A. Verruijt，Soil Mechanics［Z］，Delft：Delft University of Technology，2012.

第5章 土动力分析理论与方法

§5.1 概　　述

结构所受荷载的大小、方向和作用部位往往随时间变化，当荷载的变化相对较快时，则有必要考虑惯性力的影响，即进行动力分析。对于一般呈多相体的土，其动力分析同静力分析中一样，可据实际情况按单相体、两相体或三相体（非饱和土）进行分析。对土体孔隙中水的影响，当土的渗透性相对很差时，可按不排水情况采用第2章所述的有效应力法进行分析，此时的分析步骤与按单相体分析差别不大。在土的渗透性相对较好的情况下，则需考虑渗流与振动的相互影响。

对于何时需要进行动力分析以及何时在分析中需要考虑水的渗流与土体振动的相互影响，为科学地回答这些问题，Zienkiewicz引入以下两个无量纲参数：

$$\prod_1 = \pi^2 \left(\frac{T_0}{T}\right)^2, \quad \prod_2 = \frac{2\rho k}{\pi \rho_f g} \frac{T}{T_0^2} \tag{5.1-1}$$

其中 T 为荷载周期；T_0 为土层自振周期；ρ 为土水混合物的质量密度；ρ_f 为孔隙流体质量密度；k 为渗透系数；g 为重力加速度。对于非周期性变化荷载，可将其视为一系列周期荷载的叠加。

Zienkiewicz经研究给出如下建议，当 $\prod_1 < 10^{-3}$，即荷载的周期 T 相对于土层的自振周期 T_0 大很多时，可按静力问题进行分析；当 $\prod_2 < 10^{-2}$，即土的渗透性相对很差，荷载变化相对较快，可按不排水情况进行分析；当 $\prod_2 > 10^2$，即土的渗透性相对很好，可按排水情况进行分析；当 $\prod_2$ 的值居前述两值之间时，应考虑渗流与振动的相互影响。

对于任何具体工程来说，地基为半无限体。土工问题的动力分析往往比静力分析更有必要考虑地基在空间上的无限性。当采用有限元进行动力分析时，则有必要对有限大小网格的人为截断边界进行处理，即采用后面所讲的能量传输边界。

本章首先讨论将土视为单相介质情况下的动力分析理论和方法，包括动力基本方程、有关波动理论、动力问题的频域和时域求解方法，以及此情况下无限地基有限元模拟的传输边界。然后针对饱和两相土进行类似的讨论，最后对传输边界在实际动力问题有限元分析中的应用给予介绍。

§5.2 单相体振动方程及波动理论

5.2.1 基本方程

当不需考虑土中水的影响时，可将土视为单相体进行分析。此时其基本控制方程同静

力问题相比只是增加了惯性体积力，即成为

$$\sigma_{ij,j} + b_i = \rho \ddot{u}_i \tag{5.2.1-1}$$

式中 u_i 为位移；b_i 为体积力；ρ 为质量密度。这里同样采用张量符号，同一变量的重复下标隐含了求和，"$,j$"表示对下标 j 所代表的空间坐标求导。变量符号上两点表示对时间求二阶导数。

该平衡方程与给出材料应力-应变关系的物理方程以及联系位移与应变的几何方程一起，构成刻画拟分析振动问题的基本方程。

此外还要给出问题的初始条件与边界条件。边界条件包括位移边界条件和力边界条件，当然此时的边界条件同样可随时间变化。至于初始条件，由于这里涉及待求函数对时间的二阶导数，所以需给出初始时刻的函数值及其对时间的一阶导数值，也就是整个求解区域的位移和速度。位移边界条件中所给边界位移显然可以全部随时间变化，也就是对振动问题不要求被分析对象有固定支座。

顺便指出，由于静应力和静荷载平衡，所以在动力计算中，以动位移、动应力为未知量时，在方程中则不需计入静荷载。但是，在考虑材料的弹塑性时，应取其实际应力进行分析。

5.2.2 应力波基本知识

连续体的振动与波动总是同时存在的。当物体的某些部位受到动载作用而产生变形及应力时，该变形及应力将以波的形式传播到物体的其他各个部位，从而引起整个物体的振动变形。波动在传播过程中，在不同材料的交界面及物体的边界还会发生反射及透射，物体的振动实际是各种波动共同作用的表现。

5.2.1 节所述动力问题的基本方程，既可以描述物体的振动，也可以描述物体内的波动。通过对此组方程解的分析，可以了解波动的一些性质。下面简要讨论应力波的一些基本性质。

5.2.2.1 一维应力波

先考虑一维问题，具体来说是考虑一线弹性等截面直杆内应力波的传播。将沿杆长的坐标记为 x，任一截面的振动位移 u 沿杆长方向，可由式（5.2.1-1）给出此一维问题的平衡方程，再利用线弹性应力-应变关系以及应变-位移关系，有如下的一维振动方程：

$$E \frac{\partial^2 u}{\partial x^2} = \rho \ddot{u} \tag{5.2.2-1}$$

其中 E、ρ 分别为杆件材料的弹性模量和质量密度。

由数学物理方程中的行波法可知，此方程的通解可写为两函数之和

$$u(x,t) = F(x - c_p t) + G(x + c_p t) \tag{5.2.2-2}$$

其中

$$c_p = \sqrt{\frac{E}{\rho}} \tag{5.2.2-3}$$

将式（5.2.2-2）代入方程（5.2.2-1）可验证解的正确性。

分析方程（5.2.2-2），其右侧第一项为沿 x 轴正向传播的位移，第二项为沿 x 轴负向传播的位移，而传播的速度为 c_p，所以 c_p 为波速。这里波速与位移均沿杆长方向，也就是

二者方向相同，故为纵波。由式（5.2.2-3）可见，与所考虑变形对应的材料模量越大，波速越大；而材料的质量密度，也就是单位体积的惯性越大，则波速越小。这一道理对所有应力波均适用。

式（5.2.2-2）给出的是位移，但由其表达式不难理解，它对时间及位置坐标的任意阶导数也都服从类似的关系式。所以，应力、质点振动速度和加速度等，也都是按同一波速向同样的方向传播。

此外，式（5.2.2-2）是针对沿直杆传播的波。但不难理解，在无限体中沿 x 方向传播的平面波，亦即波阵面为平面的波，其表达式与式（5.2.2-2）相同，只是对于平面纵波在计算其波速时需将式（5.2.2-3）中的变形模量用压缩模量来替换。当平面波的传播方向不是恰好沿某一坐标轴时，其表达式可写为：

$$u = F(x + ay + bz - c_p t) + G(x + ay + bz + c_p t) \tag{5.2.2-4}$$

这里 u 是在纵波传播方向上的质点振动位移。此波的波阵面方程为：

$$x + ay + bz = \text{const.} \tag{5.2.2-5}$$

传播方向在向量 $(1, a, b)$ 的同向或反向。

以上讨论的是纵波。若设此杆为纯剪切杆，即横向位移 v 完全是由剪应变引起，同样可导出形式相同的方程，进而给出剪切波速计算公式：

$$c_s = \sqrt{\frac{G}{\rho}} \tag{5.2.2-6}$$

因为剪切模量 G 较变形模量及压缩模量小，故剪切波速小于纵波波速。

由解的表达式还可以推出，对于沿 x 正向传播的波，其引起的应力 σ 和质点振动速度 v_F 有如下关系：

$$v_F = -\frac{\sigma}{\rho c} \tag{5.2.2-7}$$

而对于沿 x 负向传播的波，其引起的应力和质点振动速度的关系为：

$$v_G = \frac{\sigma}{\rho c} \tag{5.2.2-8}$$

由以上两式可见，对于沿 x 轴正向传播的波，应力与质点振动速度的正负号总是相反，也就是当质点速度在 x 轴正向时，纵波引起的应力为压（拉为正），反之则为拉；而对于沿 x 轴负向传播的波，质点振动速度与应力总是同号。质点振动速度的大小与应力的大小成正比，与 ρc 成反比。材料质量密度与波速的乘积 ρc 称为材料的阻抗。

现在看一维波的反射与透射。设一直杆由两段不同材料、不同大小截面的杆拼接而成，如图 5.2.2-1 所示。当一纵波自左端入射，到达两种不同杆件的连接界面时便会有波的反射与透射。现由入射波求反射波和透射波。

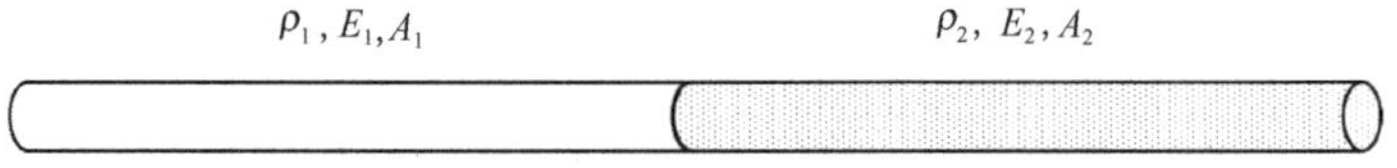

图 5.2.2-1　两段不同材料及截面杆件组成的直杆

将入射波、反射波和透射波的位移分别记为

$$u_{in} = F(x - c_1 t), \quad u_{re} = G(x + c_1 t), \quad u_{tr} = Q(x - c_2 t) \qquad (5.2.2\text{-}9)$$

记连接界面的坐标为 x_0，则根据其左右两侧的位移协调有：

$$F(x_0 - c_1 t) + G(x_0 + c_1 t) = Q(x_0 - c_2 t) \qquad (5.2.2\text{-}10)$$

再由连接界面处的力平衡条件有：

$$E_1 A_1 \left(\left. \frac{\partial F}{\partial x} \right|_{x=x_0} + \left. \frac{\partial G}{\partial x} \right|_{x=x_0} \right) = E_2 A_2 \left. \frac{\partial Q}{\partial x} \right|_{x=x_0} \qquad (5.2.2\text{-}11)$$

该方程仅在 $x = x_0$ 一点成立，所以不能将方程各项对 x 积分。但根据波动位移表达式的特点，将上式中对 x 求导用对 t 求导来代替，有：

$$R_1 \left(-\frac{\partial F}{\partial t} + \frac{\partial G}{\partial t} \right)_{x=x_0} = -R_2 \left. \frac{\partial Q}{\partial t} \right|_{x=x_0} \qquad (5.2.2\text{-}12)$$

其中

$$R_1 = \frac{E_1 A_1}{c_1}, \quad R_2 = \frac{E_2 A_2}{c_2} \qquad (5.2.2\text{-}13)$$

此式在 $x = x_0$ 处对任意 t 成立。对 t 积分有：

$$R_1 (-F + G)_{x=x_0} = -R_2 Q \left|_{x=x_0} \right. \qquad (5.2.2\text{-}14)$$

在此积分运算中积分常数取 0，因为此式对任意 t 成立，而在入射波到达两杆连接界面之前，连接界面处位移为 0，由此可知积分常数应取零。

联立式（5.2.2-10）和式（5.2.2-14），求解有：

$$G(x_0 + c_1 t) = \frac{R_1 - R_2}{R_1 + R_2} F(x_0 - c_1 t) \qquad (5.2.2\text{-}15a)$$

$$Q(x_0 - c_2 t) = \frac{2R_1}{R_1 + R_2} F(x_0 - c_1 t) \qquad (5.2.2\text{-}15b)$$

利用此解还可分析自由端反射和固端反射的情况。当 $R_2 \to \infty$，两杆连接界面处相当于固端，由式（5.2.2-15a）可知：反射位移等于负的入射位移，使端点固定；进一步分析还可知反射应力等于入射应力，使端点处的应力加倍。当 $R_2 = 0$，则为自由端，反射位移等于入射位移，使自由端位移加倍；由式（5.2.2-11）还可知反射应力等于入射应力的负值。后一点可以用来解释工程中打桩时何以会在桩身内部产生很大的拉应力，以及楼面爆炸压力为何会引起楼板底面的震塌等。

5.2.2.2 三维空间的应力波

对于三维变形体，外载引起的变形一般既有压缩变形，也有剪切变形。由于对应此两种变形的模量不同，所以两种变形传播的速度也有差异。因此，在分析中应区分不同的波，首先是要区分压缩波和剪切波，也分别叫 P 波和 S 波，或纵波和横波。

将广义胡克定律（第 1 章式 1.2.6-1）及几何方程代入平衡方程（5.2.1-1）可得：

$$(\lambda + G) \frac{\partial \varepsilon_v}{\partial x} + G \nabla^2 u = \rho \ddot{u} \qquad (5.2.2\text{-}16a)$$

$$(\lambda + G) \frac{\partial \varepsilon_v}{\partial y} + G \nabla^2 v = \rho \ddot{v} \qquad (5.2.2\text{-}16b)$$

$$(\lambda + G) \frac{\partial \varepsilon_\mathrm{v}}{\partial z} + G \nabla^2 w = \rho \ddot{w} \qquad (5.2.2\text{-}16\mathrm{c})$$

其中 u、v、w 分别为 x、y、z 方向的位移；ε_v 为体积应变；λ 为拉梅常数。

对于纵波（压缩波）应无旋转变形分量，即：

$$\omega_\mathrm{x} = \frac{1}{2} \left(\frac{\partial w}{\partial y} - \frac{\partial v}{\partial z} \right) = 0，亦即 \frac{\partial w}{\partial y} = \frac{\partial v}{\partial z} \qquad (5.2.2\text{-}17\mathrm{a})$$

$$\omega_\mathrm{y} = \frac{1}{2} \left(\frac{\partial u}{\partial z} - \frac{\partial w}{\partial x} \right) = 0，亦即 \frac{\partial u}{\partial z} = \frac{\partial w}{\partial x} \qquad (5.2.2\text{-}17\mathrm{b})$$

$$\omega_\mathrm{z} = \frac{1}{2} \left(\frac{\partial v}{\partial x} - \frac{\partial u}{\partial y} \right) = 0，亦即 \frac{\partial v}{\partial x} = \frac{\partial u}{\partial y} \qquad (5.2.2\text{-}17\mathrm{c})$$

利用上述三个关系式可有：

$$\frac{\partial \varepsilon_\mathrm{v}}{\partial x} = \frac{\partial^2 u}{\partial x^2} + \frac{\partial}{\partial y} \left(\frac{\partial v}{\partial x} \right) + \frac{\partial}{\partial z} \left(\frac{\partial w}{\partial x} \right) = \nabla^2 u \qquad (5.2.2\text{-}18\mathrm{a})$$

$$\frac{\partial \varepsilon_\mathrm{v}}{\partial y} = \frac{\partial}{\partial x} \left(\frac{\partial u}{\partial y} \right) + \frac{\partial^2 v}{\partial y^2} + \frac{\partial}{\partial z} \left(\frac{\partial w}{\partial y} \right) = \nabla^2 v \qquad (5.2.2\text{-}18\mathrm{b})$$

$$\frac{\partial \varepsilon_\mathrm{v}}{\partial z} = \frac{\partial}{\partial x} \left(\frac{\partial u}{\partial z} \right) + \frac{\partial}{\partial y} \left(\frac{\partial v}{\partial z} \right) + \frac{\partial^2 w}{\partial z^2} = \nabla^2 w \qquad (5.2.2\text{-}18\mathrm{c})$$

代入式（5.2.2-16）有：

$$(\lambda + 2G) \nabla^2 u = \rho \ddot{u}，\quad (\lambda + 2G) \nabla^2 v = \rho \ddot{v}，\quad (\lambda + 2G) \nabla^2 w = \rho \ddot{w} \qquad (5.2.2\text{-}19)$$

与式（5.2.2-1）对比可知，x、y、z 方向的纵波波速相同，均为：

$$V_\mathrm{p} = \sqrt{\frac{\lambda + 2G}{\rho}} \qquad (5.2.2\text{-}20)$$

将式（5.2.2-20）与式（5.2.2-3）对比可见，此时的波速较沿直杆传播时要大一些。不难验证，$\lambda + 2G$ 等于土力学中的侧限压缩模量。

需注意，由于 3 个方向的位移不一定相等，所以在纵波传播过程中仍可有剪切变形，但无旋转分量。

若将式（5.2.2-19）的三式分别对 x、y、z 求导后相加，整理后可得：

$$(\lambda + 2G) \nabla^2 \varepsilon_\mathrm{v} = \rho \ddot{\varepsilon}_\mathrm{v} \qquad (5.2.2\text{-}21)$$

由此可见体积应变也是以纵波波速传播，所以纵波也叫压缩波。

从另一方面看，如波动引起的体积应变为零，则由式（5.2.2-16）得：

$$G \nabla^2 u = \rho \ddot{u}，\quad G \nabla^2 v = \rho \ddot{v}，\quad G \nabla^2 w = \rho \ddot{w} \qquad (5.2.2\text{-}22)$$

由此得到三维物体中剪切波速的计算式与式（5.2.2-6）相同，即：

$$V_\mathrm{s} = \sqrt{\frac{G}{\rho}} \qquad (5.2.2\text{-}23)$$

波在三维空间中传播遇到材料性质不同的界面或边界时同样要发生反射与透射（或称

折射）。考虑图 5.2.2-2 所示平面应变空间，对这样的一个平面，一般可区分 SV 波和 SH 波。SV 波对应的质点振动是在图示平面内；SH 波的质点振动方向与图示平面垂直。图中给出 P 波斜入射到两种材料交界面时的情况，此时会产生反射和折射的 P 波和 SV 波。这里 P 波斜入射到分层界面时，在反射和折射 P 波的同时也反射和折射出 SV 波，此现象称为波型转换。不难理解，当应力波垂直入射到材料分层界面时不会产生波型转换。SH 波入射时，也不会引起波型转换，因为 SH 波引起的质点振动是在平面的垂直方向，在反射和透射时不会引起质点在平面内的振动。

由普通物理学知道，应力波的入射、反射及折射角度（图 5.2.2-2）服从如下公式：

$$\frac{\sin(\alpha_1)}{V_{p1}} = \frac{\sin(\alpha_2)}{V_{p1}} = \frac{\sin(\alpha_3)}{V_{p2}} = \frac{\sin(\beta_2)}{V_{s1}} = \frac{\sin(\beta_3)}{V_{s2}} \qquad (5.2.2\text{-}24)$$

亦即各波传播方向与界面法线夹角的正弦值与其波速之比均相等，此式称为 Snell 定律。

由此式可见，反射波和折射波的波速越大，其传播方向与界面法线的夹角越大。在建筑抗震分析中，多假定地震波在地基内自下竖直向上传到建筑基础，就是因为地震波自斜下方向建筑物传播的过程中，经多个上软下硬分层界面的折射而使波的传播方向接近竖直。

Snell 定律只给出反射波和透射波的方向。要确定反射波与透射波的幅值与入射波幅值之比，亦即反射系数和透射系数，需要在明确反射波和透射波方向的前提下，采用 5.2.2.1 节针对一维波反射与透射的分析方法，由界面处的位移连续、应力平衡来列方程进行求解。只是此时波的方向未必沿坐标轴，故需采用与式（5.2.2-4）类似的表达，波动位移也需分解到坐标轴方向。

5.2.2.3 表面波

应力波在半无限体内传播时，由于在自由表面及地基分层界面多次反射，在距振源一定距离处可形成仅在较小深度内存在、沿水平方向传播的波，称为表面波。主要有两种，即瑞利波（Rayleigh Wave）和乐夫波（Love Wave）。点源引起的表面波其波前为竖直圆柱面，线源引起的表面波其波前为竖直平面。这里以线源引起的平面表面波为例来进行分析（图 5.2.2-3）。

（1）瑞利波（Rayleigh Wave）

按图 5.2.2-3 所示坐标系，质点振动限制在 xoz 平面内。引入两个势函数 ϕ 和 ψ 对 x 向和 z 向位移 u、w 进行代换：

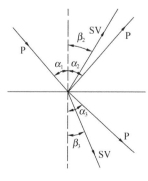

图 5.2.2-2 波的反射与折射

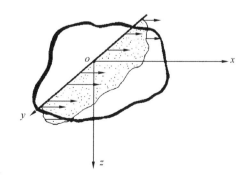

图 5.2.2-3 平面表面波示意图

$$u = \frac{\partial \phi}{\partial x} + \frac{\partial \psi}{\partial z}, \quad w = \frac{\partial \phi}{\partial z} - \frac{\partial \psi}{\partial x} \tag{5.2.2-25}$$

代入式 (5.2.2-16) 中的第一、第三式，经推导可得出：

$$V_p^2 \nabla^2 \phi = \ddot{\phi}, \quad V_s^2 \nabla^2 \psi = \ddot{\psi} \tag{5.2.2-26}$$

这样就实现了方程的解耦。

采用复频域分析方法，设式 (5.2.2-26) 中两方程的解分别为

$$\phi = F(z) \exp[i(\omega t - kx)], \quad \psi = G(z) \exp[i(\omega t - kx)] \tag{5.2.2-27}$$

其中 k 为波数，$k = 2\pi/$波长。

将式 (5.2.2-27) 中两式分别代入式 (5.2.2-26) 的两个方程，考虑无限深处波动为零的条件后得：

$$\phi = A_1 \exp(-qz) \exp[i(\omega t - kx)], \quad \psi = B_1 \exp(-sz) \exp[i(\omega t - kx)] \tag{5.2.2-28}$$

其中 q、s 分别为

$$q = \sqrt{k^2 - \omega^2/V_p^2}, \quad s = \sqrt{k^2 - \omega^2/V_s^2} \tag{5.2.2-29}$$

再由地面的正应力 σ_z 和剪应力 τ_{zx} 均为零的条件，给出关于 A_1、B_1 的两个方程，根据此方程组有非零解的条件得到关于 ω/k，亦即瑞利波波速的方程：

$$V^6 - 8V^4 - (16\alpha^2 - 24)V^2 - 16(1 - \alpha^2) = 0 \tag{5.2.2-30}$$

其中 V 是瑞利波速与剪切波速之比，α 由泊桑比 ν 计算，即：

$$V = V_r/V_s, \quad \alpha^2 = (1 - 2\nu)/(2 - 2\nu) \tag{5.2.2-31}$$

由式 (5.2.2-30) 可见，瑞利波速与泊桑比有关。计算表明瑞利波速随泊桑比增大而增大。当 $\nu = 0.25$ 时 $V_r = 0.919V_s$，而当 $\nu = 0.5$ 时 $V_r = 0.955V_s$。

将所求势函数表达式 (5.2.2-27) 代入式 (5.2.2-25)，可得瑞利波的振动位移：

$$u = -(ikA_1 e^{-qz} + B_1 s e^{-sz}) \exp[i(\omega t - kx)] \tag{5.2.2-32a}$$

$$w = -(A_1 q e^{-qz} + ikB_1 e^{-sz}) \exp[i(\omega t - kx)] \tag{5.2.2-32b}$$

由此二式可以分析 u 和 w 的相对相位变化，以及它们的幅值随深度的变化情况如图

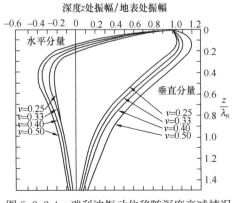

图 5.2.2-4　瑞利波振动位移随深度衰减情况

5.2.2-4 所示。进一步由 u 和 w 的相对相位变化时程还可推知，瑞利波引起地面附近质点的振动轨迹是逆传播方向旋转的椭圆。

需注意的是，上述求解只是得到了一般瑞利波的波速等性质，并未求出具体解。具体解还需确定振动频率，确定式 (5.2.2-28) 中 A_1、B_1 的具体值，前面的非零解条件只是给出它们的比值。具体解的确定需要利用振源条件。

上面讨论了均质半无限地基表面下一定

深度范围内可能产生的瑞利波。实际地基往往是分层的，在分层地基的地表附近也会产生瑞利波，此时的波速具有频散性，其推导需考虑分层界面上的应力平衡及位移连续，较为复杂，这里不再展开讨论。但下面会结合对乐夫波的讨论来展示地基分层情况下的推导思路。

（2）乐夫波（Love Wave）

当地基分层时才可能产生乐夫波。乐夫波是 SH 波在地表及附近分层界面多次反射而形成，可以说是一种表面 SH 波。它在地表附近沿水平方向传播，其引起质点振动的方向在与波传播方向垂直的水平方向。根据其传播过程中引起地基变形的形状，也俗称蛇行波。下面就可产生乐夫波的最简单情况予以介绍，也就是在相对较硬的半无限体上覆盖厚度较小软层情况下的乐夫波。

此时，质点振动仅在图 5.2.2-3 所示的 y 方向。设地表下软土层厚度为 h，其剪切模量和质量密度分别为 G_1、ρ_1，其下硬质半无限介质的剪切模量和质量密度分别为 G_2、ρ_2，则振动微分方程可写为：

$$G_1 \nabla^2 v = \rho_1 \ddot{v} \quad (0 < z < h) \tag{5.2.2-33a}$$

$$G_2 \nabla^2 v = \rho_2 \ddot{v} \quad (z > h) \tag{5.2.2-33b}$$

与瑞利波的推导类似，假定解为如下形式：

$$v_1 = F_1(z) \exp[i\omega(t - x/c)] \quad (0 < z < h) \tag{5.2.2-34a}$$

$$v_2 = F_2(z) \exp[i\omega(t - x/c)] \quad (z > h) \tag{5.2.2-34b}$$

这里对复简谐项的写法有所调整，将拟求的波速 c 显式地写出，而 ω 同样是由外部扰动决定。

将式（5.2.2-34a）代入到相应微分方程（5.2.2-33a）可得：

$$F_1''(z) + \left(\frac{\omega^2}{c_1^2} - \frac{\omega^2}{c^2} \right) F_1(z) = 0 \tag{5.2.2-35}$$

其中 $c_1 = \sqrt{G_1/\rho_1}$，为软土层中的剪切波速。

据前人研究已知，乐夫波速在软层剪切波速和其下硬层剪切波速之间，亦即取 $c > c_1$ 才能最终得到合理解。这里直接利用这一条件，则式（5.2.2-35）的解应为如下形式：

$$F_1(z) = A\cos(\omega \lambda_1 z) + B\sin(\omega \lambda_1 z) \tag{5.2.2-36}$$

其中

$$\lambda_1 = \sqrt{1/c_1^2 - 1/c^2} \tag{5.2.2-37}$$

由地表剪应力为零这一边界条件可知，上式中 $B=0$，由此得到 v_1 的解为：

$$v_1 = A\cos(\omega \lambda_1 z) \exp[i\omega(t - x/c)] \tag{5.2.2-38}$$

类似地，将下部硬层的解（5.2.2-34b）代入到微分方程（5.2.2-33b）可得下列方程：

$$F''_2(z) + \left(\frac{\omega^2}{c_2^2} - \frac{\omega^2}{c^2}\right)F_2(z) = 0 \tag{5.2.2-39}$$

注意到已知 $c < c_2$，则知此方程的解应为如下形式：

$$F_2(z) = C\exp(\omega\lambda_2 z) + D\exp(-\omega\lambda_2 z) \tag{5.2.2-40}$$

其中

$$\lambda_2 = \sqrt{1/c^2 - 1/c_2^2} \tag{5.2.2-41}$$

由深度趋于无穷时质点无振动可知，应有 $C=0$，即：

$$v_2 = D\exp(-\omega\lambda_2 z)\exp\left[i\omega(t - x/c)\right] \tag{5.2.2-42}$$

又在两土层交界面处应有变形协调和应力平衡。这里变形协调是位移相等，应力平衡是由上下层分别求出的应力相等。注意，由于两土层的刚度不同，其交界面处上下层的应变不相等。

由位移相等有：

$$A\cos(\omega\lambda_1 h) = D\exp(-\omega\lambda_2 h) \tag{5.2.2-43a}$$

由应力平衡有：

$$-G_1 A\omega\lambda_1 \sin(\omega\lambda_1 h) = -G_2 D\omega\lambda_2 \exp(-\omega\lambda_2 h) \tag{5.2.2-43b}$$

上列两方程构成以 A 和 D 为未知量的方程组，其系数中含有待求的波速 c。根据此方程组有非零解的条件，即可得出求解波速的方程。实际上，由此处方程的具体形式可见，A 和 D 都不等于零，故将两式相比有：

$$G_1\lambda_1 \tan(\omega\lambda_1 h) = G_2\lambda_2 \tag{5.2.2-44}$$

将式（5.2.2-37）和式（5.2.2-41）分别表示的 λ_1 和 λ_2 代入整理可得：

$$\tan\left(\frac{\omega h}{c_1}\sqrt{1 - c_1^2/c^2}\right) = \frac{\rho_2 c_2}{\rho_1 c_1}\sqrt{\frac{c_2^2/c_1^2 - c^2/c_1^2}{c^2/c_1^2 - 1}} \tag{5.2.2-45}$$

至此得到求解乐夫波波速 c 的方程，其中 ω 是由扰动源决定的圆频率，其他参数均已知。

由式（5.2.2-45）可见，乐夫波速在软硬两层的剪切波速之间，具体值与频率有关，即有频散性。

为从方程（5.2.2-45）求解波速 c，可画出其左右两个表达式的值随 c 变化的曲线，两曲线交点对应的 c 值即为所求。由于方程左侧非单调变化，方程的解可有多个。因角度接近 90°时，其正切值增长很快，求解时需仔细。图 5.2.2-5 给出乐夫波第一波速随频率的变化情况。由图可见，随频率降低，乐夫波波速趋近硬层波速，反之趋近软层波速。

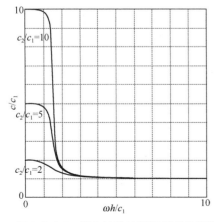

图 5.2.2-5 乐夫波波速随频率变化情况
（Verruijt，2010）

5.2.2.4　波的能量及其几何衰减

当振动自振源以应力波形式往远处传播时，振源振动的能量也以应力波的形式传布到远区。Miller 和 Pursey（1955）曾研究了动力机器基础引起的各种波所携带能量占输入能量的百分比，其中纵波 6.9%，横波 25.8%，R 波 67.3%，即 R 波携带的能量最多。

波自振源往外传播过程中，其波前面积对某些波是不断扩大的，因而波动的能量将分布在越来越大的面积上，单位波前面积的能量随波前面积的扩大而减小。而波动引起质点振动振幅的平方与单位面积上的能量成正比，故质点振幅也随距离的增大而减小，这种现象称为波的几何衰减。

对于近似可视为点振源的动力机器基础振动引起的半无限地基内的 P 波和 S 波，其波前为半球面（图 5.2.2-6），单位波前面积的能量随 $1/R^2$ 衰减，所以相应质点振幅随 $1/R$ 衰减，但在半无限体表面则随 $1/R^2$ 衰减。而点源引起的 R 波，其波前为圆柱面，故单位面积能量与 $1/R$ 正比，故质点振幅与 $1/\sqrt{R}$ 成正比。

地表线源引起的 P 波和 S 波，其波前为半圆柱面，故能量与 $1/R$ 正比，质点振幅与 $1/\sqrt{R}$ 成正比，但在地表则与 $1/\sqrt{R^3}$ 成正比。线源引起的 R 波其波前为平面，波前面积不随波传播距离变化，故波动无几何衰减。

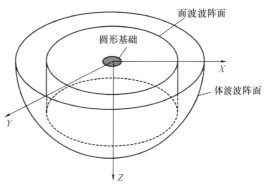

图 5.2.2-6　动力机器基础振动引起
应力波的波阵面

以上只是几何衰减，实际问题中还有介质的材料阻尼，特别是软土发生较大幅值振动时会有较大的阻尼，该阻尼自然也会使波动随传播距离衰减。

§5.3　单相体动力有限元分析

5.3.1　有限元方程

参照静力问题有限元方程的推导方法，不难写出与式（5.2.1-1）所示偏微分方程组对应的有限元方程。此时只需将惯性力 $\rho \ddot{u}_i$ 按荷载一样对待，写出其相应的等效节点力表达式，再移到方程左侧并将其中的加速度由节点加速度插值表示即可。故相应的有限元方程可写为：

$$[M]\{\hat{\ddot{u}}\} + [K]\{\hat{u}\} = \{\hat{F}\} \tag{5.3.1-1}$$

其中

$$[M] = \int [N]^{\mathrm{T}} \rho [N] \mathrm{d}V \tag{5.3.1-2a}$$

$$[K] = \int [B]^{\mathrm{T}} [D] [B] \mathrm{d}V \tag{5.3.1-2b}$$

$$\{\hat{F}\} = \int [N]^{\mathrm{T}} \{b\} \mathrm{d}V + \int [N]^{\mathrm{T}} \{f\} \mathrm{d}S \tag{5.3.1-2c}$$

其中 $\{f\}$ 为边界上的分布力。这里变量符号顶部的"~"表示该量为节点值。

在求解上式前还需引入位移边界条件，并在求解时利用初始条件。引入位移边界条件的方法与第 2 章类似，初始条件的利用见后面的求解方法部分。

此外，采用有限元法进行波动分析时，单元尺寸要能模拟所能考虑的最小波长。对于低阶单元，单元尺寸一般不超过拟考虑最小波长的 1/4 甚至 1/8。

5.3.2　阻尼矩阵的确定

结构振动时由于其内材料质点的内摩擦、支座摩擦及周围大气的阻力等作用，会消耗结构的振动能量。这种能量消耗作用一般用阻尼来考虑。在采用有限元方法时，需在式 (5.3.1-1) 左端增加节点阻尼力 $[C]\{\hat{u}\}$，其中 $[C]$ 为阻尼矩阵。但阻尼矩阵的准确确定一般非常困难，目前工程中多将阻尼矩阵视为刚度矩阵与质量矩阵的组合，即利用 Rayleigh 阻尼：

$$[C] = a_{\mathrm{m}}[M] + a_{\mathrm{k}}[K] \tag{5.3.2-1}$$

其中 a_{m} 和 a_{k} 为组合系数。

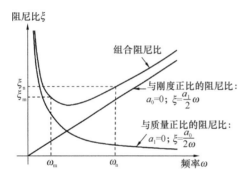

图 5.3.2-1　瑞利阻尼相应阻尼比随频率的变化（Clough and Penzien，1993）

上式中与质量正比的项给出随频率减小而增大的阻尼比，与刚度正比的项给出随频率增大而线性增大的阻尼比（见图 5.3.2-1）。从振型分解后的方程中可以看出这一点。但阻尼比的大小应与振动频率无关，为此应力求在所关心的频率范围内使阻尼比的变化不大，且接近实际值。为此，应取结构振动的基本频率和应考虑的最高频率，令式（5.3.2-1）所给阻尼比分别与此二频率下的阻尼比试验值或估计值相等，从而列出两个方程来确定 a_{m} 和 a_{k}。

顺便指出，对于实际结构一般难以确定其阻尼系数的大小，而对于阻尼比却据经验可较好地估计。例如，钢结构的阻尼比约为 3%，混凝土结构为 5%，土工结构的阻尼比约为 10% 等。

为按上述思路确定式（5.3.2-1）中的组合系数，这里利用振型关于质量矩阵及刚度矩阵的正交性，将式（5.3.2-1）的各项右乘振型向量构成的矩阵，左乘同一矩阵的转置，则有：

$$C_i = a_{\mathrm{m}}M_i + a_{\mathrm{k}}K_i = a_{\mathrm{m}}M_i + a_{\mathrm{k}}\omega_i^2 M_i \tag{5.3.2-2}$$

其中 C_i、K_i、M_i 分别为正则坐标下的广义阻尼、广义刚度和广义质量；ω_i 为相应振型的振动圆频率。

再由临界阻尼及阻尼比的定义有：

$$C_i = 2\xi_i \omega_i M_i \tag{5.3.2-3}$$

代入式（5.3.2-2）得到：

$$2\xi_i \omega_i = a_{\mathrm{m}} + a_{\mathrm{k}}\omega_i^2 \tag{5.3.2-4}$$

再设圆频率分别为 ω_1 和 ω_2 时，阻尼比为 ξ_1 和 ξ_2，分别代入式 (5.3.2-4)，则可得到两个方程，解之可得 a_m、a_k 分别为

$$a_\mathrm{m} = \frac{2\omega_1\omega_2(\xi_1\omega_2 - \xi_2\omega_1)}{\omega_2^2 - \omega_1^2}, \quad a_\mathrm{k} = \frac{2(\xi_2\omega_2 - \xi_1\omega_1)}{\omega_2^2 - \omega_1^2} \tag{5.3.2-5}$$

若设 $\omega_1 \approx \omega_2$、$\xi_1 \approx \xi_2$ 则由上式可得：

$$a_\mathrm{m} = \omega\xi, \ a_\mathrm{k} = \xi/\omega \tag{5.3.2-6}$$

5.3.3 振动方程的频域解法

5.3.3.1 傅里叶级数方法

任一荷载时程 $f(t)$ 均可展开成一系列简谐荷载的叠加：

$$f(t) = a_0 + \sum_{n=1}^{\infty} a_n \cos\frac{2\pi nt}{T_\mathrm{f}} + \sum_{n=1}^{\infty} b_n \sin\frac{2\pi nt}{T_\mathrm{f}} \tag{5.3.3-1}$$

其中各项的系数可由式中各正弦及余弦函数间具有正交性而得出：

$$a_0 = \frac{1}{T_\mathrm{f}} \int_0^{T_\mathrm{f}} f(t)\,\mathrm{d}t \tag{5.3.3-2a}$$

$$a_n = \frac{2}{T_\mathrm{f}} \int_0^{T_\mathrm{f}} f(t) \cos\frac{2\pi nt}{T_\mathrm{f}}\,\mathrm{d}t \tag{5.3.3-2b}$$

$$b_n = \frac{2}{T_\mathrm{f}} \int_0^{T_\mathrm{f}} f(t) \sin\frac{2\pi nt}{T_\mathrm{f}}\,\mathrm{d}t \tag{5.3.3-2c}$$

当一振动体系为线弹性时，其动力反应可以采用叠加原理，分别求出此体系对常值荷载、正弦荷载和余弦荷载分量的反应，再将各反应分量叠加即可。傅里叶级数一般具有较好的收敛性，往往取较少的项即可得到较好的结果。但对此种方法需做以下说明：

（1）任何函数展开成傅里叶级数时，均相当于对此函数进行了周期延拓，按上述叠加原理计算的结构反应也是对应于周期延拓后的荷载。因此，在进行傅里叶展开时，式 (5.3.3-2) 中的周期 T 不能仅取到荷载结束的时刻，而应增加足够的零荷载段（见图 5.3.3-1），零荷载段的长短应根据结构及其阻尼等情况确定。

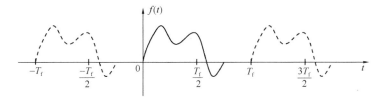

图 5.3.3-1　任一荷载展开为傅里叶级数后的周期延拓

（2）荷载展开为级数时，其每一项均是分布在 $(-\infty, +\infty)$ 整个时间轴，所以对每一项的反应只能是稳态，不受初始条件的影响，或说无法考虑任意初始条件，这是频域法的一个不便之处。

（3）当结构受到荷载扰动后，其振动既包括强迫振动，也包括按其固有频率的自由振动，只是自由振动因阻尼的作用会较快衰减。当采用上述叠加法进行结构振动的计算时，

尽管对荷载级数的每一项只采用其稳态解，结构因受荷载扰动而产生振动中的自由振动分量会自动包含在所求出的反应中，其对应的初始条件为零位移、零速度。

5.3.3.2　复频反应方法

由欧拉公式 $e^{i\omega t} = \cos\omega t + i\sin\omega t$ 可将正弦函数和余弦函数用复指数函数 $e^{i\omega t}$ 表示，即

$$\cos\omega t = (e^{i\omega t} + e^{-i\omega t})/2, \quad \sin\omega t = (e^{i\omega t} - e^{-i\omega t})/2i \tag{5.3.3-3}$$

用类似公式将式（5.3.3-1）中的三角函数代换后整理可写成：

$$f(t) = \sum_{-\infty}^{+\infty} c_n e^{in\omega_1 t}, \quad c_n = \frac{1}{T_f}\int_0^{T_f} f(t)e^{-in\omega_1 t}\mathrm{d}t \tag{5.3.3-4}$$

其中 $\omega_1 = 2\pi/T_f$。

由式（5.3.3-4）中 c_n 的计算式并注意到式（5.3.3-2）可知，除 c_0 外，c_n 与 a_n、b_n 的关系为

$$c_n = (a_n - ib_n)/2 \tag{5.3.3-5}$$

采用式（5.3.3-4）的复指数函数将使振动问题的求解更为简便。比如对于单自由度体系的振动方程：

$$m\ddot{y} + c\dot{y} + ky = f(t) \tag{5.3.3-6}$$

这里 y 为振动位移，m、c、k 分别为体系的质量、阻尼和刚度。

对 $f(t)$ 利用式（5.3.3-4）展开后有：

$$m\ddot{y} + c\dot{y} + ky = \sum_{-\infty}^{+\infty} c_n e^{in\omega_1 t} \tag{5.3.3-7}$$

设反应为：

$$y = \sum_{-\infty}^{+\infty} H_n c_n e^{in\omega_1 t} \tag{5.3.3-8}$$

代入上式，分别令其左右各同频率项相等，可得：

$$H_n = \frac{1}{k - n^2\omega_1^2 m + in\omega_1 c} \tag{5.3.3-9}$$

注意到体系的自振频率 $\tilde{\omega}^2 = k/m$，阻尼比 $\xi = c/(2m\tilde{\omega})$，式（5.3.3-9）又可以写为：

$$H_n = \frac{1}{k} \cdot \frac{1}{1 - \beta_n^2 + 2\xi\beta_n i} \tag{5.3.3-10}$$

其中 $\beta_n = n\omega_1/\tilde{\omega}$。

对于多自由度系统，式（5.3.3-9）中的 c_n 则应取对应于圆频率 $n\omega_1$ 的节点荷载幅值向量，而刚度、质量、阻尼均为矩阵，因此就要进行线性代数方程组的求解。

可以理解，按此种方法计算时，虽然荷载及反应的各个分量均用复数表示，但最终结果中虚数部分会相互抵消而得到实数解。显然，求和公式中正负项数应相同。

5.3.3.3　傅里叶积分变换

首先将式（5.3.3-4）中的两个计算式改写，将第二式中的 $1/T_f$ 移到前一式，并将后一式的积分限取为对称形式：

$$f(t) = \frac{1}{T_f}\sum_{n=-\infty}^{+\infty} \bar{c}_n e^{in\omega_1 t} \tag{5.3.3-11a}$$

$$\bar{c}_n = \int_{-T_f/2}^{T_f/2} f(t)e^{-in\omega_1 t}\mathrm{d}t \quad (n=0,\pm1\quad\pm2,\cdots\cdots\pm\infty) \qquad (5.3.3\text{-}11b)$$

注意到：

$$\frac{1}{T_f} = \frac{\omega_1}{2\pi} \qquad (5.3.3\text{-}12)$$

$\bar{c}_n$ 为 $n\omega_1$ 的函数，当 T_f 趋于无穷，则 ω_1 为微分 $\mathrm{d}\omega$，$n\omega_1$ 成为连续变化的 ω，式 (5.3.3-11a)由求和变为积分，式 (5.3.3-11b) 由求离散的 $\bar{c}_n$ 变为计算连续函数 $c(\omega)$ 的算式，即：

$$f(t) = \frac{1}{2\pi}\Delta\omega\sum_{-\infty}^{+\infty}c(\omega)e^{i\omega t} = \frac{1}{2\pi}\int_{-\infty}^{+\infty}c(\omega)e^{i\omega t}\mathrm{d}\omega \qquad (5.3.3\text{-}13a)$$

$$c(\omega) = \int_{-\infty}^{+\infty}f(t)e^{-i\omega t}\mathrm{d}t \qquad (5.3.3\text{-}13b)$$

如结构对荷载 $e^{i\omega t}$ 的反应幅值为 $H(\omega)$，则总反应为：

$$y(t) = \frac{1}{2\pi}\int_{-\infty}^{+\infty}H(\omega)c(\omega)e^{i\omega t}\mathrm{d}\omega \qquad (5.3.3\text{-}14)$$

5.3.3.4 离散及快速傅里叶变换

采用上述傅里叶积分变换求解结构振动问题，仅当荷载函数较为简单，能够进行傅里叶积分时才有可能。地震工程中的地震时程记录一般都没有解析表达，不可能进行解析的积分计算。所以，工程中常采用离散数值计算进行傅里叶变换。

离散数值计算的傅里叶变换仍是基于式 (5.3.3-11)，荷载的周期必须设为有限值。因为周期 T_f 无限则频率 ω 连续变化，系数 c_n 也成为频率的连续函数。周期有限时，圆频率 ω 依次取 $n\omega_1$，是离散值，相应每一圆频率由式 (5.3.3-11b) 计算相应分量的幅值 c_n，结构反应由其对多个荷载分量的反应叠加求得。但是，设定周期 T_f 为有限值，也就限定了所能考虑的最低频率。

在上述基础上对时间 t 进行离散，一般是将周期 T_f 分为 N 个相等的时间步长 Δt，亦即 $N\Delta t = T_f$，t 依次取 $m\Delta t(m=0,1,2,3,\cdots)$，用简单求和来代替积分。

为方便起见，先把式 (5.3.3-11b) 改写为：

$$\bar{c}_n = \int_0^{T_f} f(t)e^{-in\omega_1 t}\mathrm{d}t \quad (n=0,\pm1\quad\pm2,\cdots\cdots\pm\infty) \qquad (5.3.3\text{-}15)$$

因被积函数中两个因式均具有周期 T_f，积分区间的如上修改是完全可以的。但其中的 n 还需有正有负。

接着，将式 (5.3.3-15) 的积分化为求和。记 $t_m = m\Delta t$，对每一"微面积"用其左侧函数值乘以 Δt 给出，从而有

$$\bar{c}_n = \Delta t\sum_{m=0}^{N-1}f(t_m)e^{-in\frac{2\pi}{T_f}m\Delta t} = \Delta t\sum_{m=0}^{N-1}f(t_m)e^{-2\pi i\frac{nm}{N}} \qquad (5.3.3\text{-}16a)$$

考察上式可见，在对时间 t 离散之后，由于 m 为整数，当 n 变为 $n+N$ 时，复指数函数因有周期性而不会有任何改变，而 n 在此求和过程中为定值，故有 $\bar{c}_n = \bar{c}_{n+N}$，即以 N 为周期。

但需指出，对 t 离散之前的式 (5.3.3-15) 的值对 n 并无此周期性。实际上，从傅里叶级数的 a_n、b_n，到复频反应分析中的 $\bar{c}_n$，其取值都没有周期性。取一简单函数 $f(t)$ 进行

解析积分计算不难看出这一点。观察式（5.3.3-15）可以看出，因为 t 连续变化，nt 未必是 T_{f} 的整倍数。但对时间 t 离散后，尽管 m 是变化的，但总是取整数值，从而使该离散值有精确的周期性。

再看反求时间函数的逆变换。由于进行离散傅里叶变换计算时，时间函数的取值间隔为 Δt，因此所能考虑的最小周期不可能小于 $2\Delta t$，故所能考虑的最高圆频率不会大于 $0.5(N-1)\omega_1$。所以，进行逆变换时求和的项数宜与式（5.3.3-16）相同，取更多的项并不会改善计算精度。记 $M=(N-1)/2$，则与式（5.3.3-11a）对应的计算式为

$$f(t_m)=\frac{1}{T_{\mathrm{f}}}\sum_{n=-M}^{+M}\bar{c}_n e^{i\frac{2\pi nm}{N}} \tag{5.3.3-16b}$$

因为 $\bar{c}_n$ 每隔 N 个将被重复取值，$e^{in\omega_1 t}$ 具有同样性质，所以上式又可写为：

$$f(t_m)=\frac{1}{T_{\mathrm{f}}}\sum_{n=0}^{N-1}\bar{c}_n e^{i\frac{2\pi nm}{N}} \tag{5.3.3-16c}$$

设结构对每一单位幅值简谐荷载分量的复频反应函数为 $H_n(n\omega_1)$，则结构在任意时刻 t_m 的反应为

$$v(t_m)=\frac{1}{T_{\mathrm{f}}}\sum_{n=-M}^{+M}\bar{c}_n H_n e^{i\frac{2\pi nm}{N}} \tag{5.3.3-17}$$

由上可见，在对频率和时间进行离散后，复指数函数对 n、m 的取值有重复性。结合计算机二进制计算的特点，有研究者提出一套非常高效的离散傅里叶变换及逆变换计算方法，称为快速傅里叶变换（FFT），详见 Clough 和 Penzien（1993）。采用 FFT 进行计算时，N 的取值应为 2 的整数次幂，如 256、512、1024 等。此算法效率极高，计算时需要的 N 值越大，越能显示出其效率优势。计算对比表明，当 $N=1024$ 时，FFT 的计算量仅为常规算法的 0.5%。

5.3.3.5　复模量阻尼

本章此前所述阻尼实际为广泛应用的黏滞阻尼（Viscous Damping），其阻尼力大小与振动速度大小成正比。计算表明在体系振动幅值一定时，黏滞阻尼的耗能与振动频率成正比，这与大量的实验不符。采用复模量引入的滞回阻尼（Hysteretic Damping）则可克服黏滞阻尼的这一缺点。

采用滞回阻尼时，将模量用滞回阻尼系数 η 写为复数形式，比如剪切模量 G 写为：

$$\hat{G}=(1+i\eta)G \tag{5.3.3-18}$$

相应地，结构的振动方程，以单自由度体系为例，可写为：

$$m\ddot{y}+(1+i\eta)ky=c_n e^{i\omega_n t} \tag{5.3.3-19}$$

结构对单位复荷载分量的反应幅值为

$$H_n=\frac{1}{k-m\omega_n^2+i\eta k} \tag{5.3.3-20}$$

与式（5.3.3-9）对比可知，当采用滞回阻尼并采用复频反应方法求解时，解的形式与采用黏滞阻尼时完全相同。滞回阻尼力的大小与位移成正比，但与黏滞阻尼力的相位相同。

其大小与黏滞阻尼符合如下关系：

$$\eta k = \omega_n c \tag{5.3.3-21}$$

也就是说，采用滞回阻尼相当于采用了一个如下计算的黏滞阻尼系数：

$$c = \eta k / \omega_n \tag{5.3.3-22}$$

讨论瑞利阻尼时已知，与刚度成正比的黏滞阻尼随频率增大而线性增大，现将与刚度成正比的阻尼除以频率，显然就克服了原来的缺陷。

再取 ω_n 为结构的自振频率 $\tilde{\omega}$，并注意到 $k = m\tilde{\omega}^2$，黏滞阻尼可写为 $2\xi m\tilde{\omega}$，则知滞回阻尼系数 η 与黏滞阻尼比 ξ 的关系为：

$$\eta = 2\xi \tag{5.3.3-23}$$

5.3.4 振动方程的时域解法

上述频域解法只能用于可采用叠加原理的线性结构，在需要考虑结构的非线性性质时则需要在时域进行求解。在考虑阻尼时方程（5.3.1-1）成为：

$$[M]\{\hat{\ddot{u}}\} + [C]\{\hat{\dot{u}}\} + [K]\{\hat{u}\} = \{\hat{F}\} \tag{5.3.4-1}$$

在时域内求解时可采用振型叠加方法，这样做的优点一是将问题简化为多个单自由度问题来求解，二是可根据实际情况仅取一部分振型进行计算，减少计算量。但这种方法同样仅适用于线性问题。对于非线性问题，应对方程（5.3.4-1）直接进行逐步积分。最常用的逐步积分方法是 Newmark 方法，以下予以介绍。

5.3.4.1 Newmark 方法计算公式

Newmark 方法有增量形式和全量形式两种，选取何种形式取决于求解时是直接得出位移的增量还是全量，但二者的推导过程类似。下面以单自由度问题为例给出 Newmark 方法增量形式的计算公式。

设 t_j 时刻的解已求得，现求 $t_{j+1} = t_j + \Delta t$ 时刻的解。为将微分方程化为代数方程求解，这里假定：

$$\dot{u}_{j+1} = \dot{u}_j + [(1-\alpha)\ddot{u}_j + \alpha\ddot{u}_{j+1}]\Delta t \tag{5.3.4-2a}$$

$$u_{j+1} = u_j + \dot{u}_j\Delta t + \left[\left(\frac{1}{2}-\beta\right)\ddot{u}_j + \beta\ddot{u}_{j+1}\right]\Delta t^2$$

$$= u_j + \dot{u}_j\Delta t + \frac{1}{2}[(1-2\beta)\ddot{u}_j + 2\beta\ddot{u}_{j+1}]\Delta t^2 \tag{5.3.4-2b}$$

写成增量形式则为

$$\Delta\dot{u}_j = (\ddot{u}_j + \alpha\Delta\ddot{u}_j)\Delta t \tag{5.3.4-3a}$$

$$\Delta u_j = \dot{u}_j\Delta t + \frac{1}{2}(\ddot{u}_j + 2\beta\Delta\ddot{u}_j)\Delta t^2 \tag{5.3.4-3b}$$

其中 $\alpha \in [0,1]$，$\beta \in [0,0.5]$。可以看出，这里近似表达时段 Δt 内函数均值的方法与第 3 章、第 4 章所采用方法相同。

利用上列假定关系式，可将未知函数 $\Delta\dot{u}_j$ 和 $\Delta\ddot{u}_j$ 用未知函数 Δu_j 及上一时刻 t_j 的已知解来表示。由式（5.3.4-3b）有：

$$\Delta \ddot{u}_j = \left(\Delta u_j - \dot{u}_j \Delta t - \frac{1}{2} \ddot{u}_j \Delta t^2 \right) / (\beta \Delta t^2) \tag{5.3.4-4a}$$

代入式（5.3.4-3a）有

$$\Delta \dot{u}_j = \frac{\alpha}{\beta \Delta t} \left(\Delta u_j - \dot{u}_j \Delta t - \frac{\alpha - 2\beta}{2\alpha} \ddot{u}_j \Delta t^2 \right) \tag{5.3.4-4b}$$

再将式（5.3.4-4a）、式（5.3.4-4b）代入增量形式的平衡方程

$$M\Delta \ddot{u} + C\Delta \dot{u} + K\Delta u = \Delta F \tag{5.3.4-5}$$

可得出

$$\widetilde{K} \Delta u_j = \widetilde{F}_j \tag{5.3.4-6}$$

其中

$$\widetilde{K} = \frac{1}{\beta \Delta t^2} M + \frac{\alpha}{\beta \Delta t} C + K \tag{5.3.4-7}$$

$$\widetilde{F} = \Delta F + M\left(\dot{u}_j \Delta t + \frac{1}{2} \ddot{u}_j \Delta t^2 \right) / \beta \Delta t^2 + C\left(\dot{u}_j \Delta t + \frac{\alpha - 2\beta}{2\alpha} \ddot{u}_j \Delta t^2 \right) \frac{\alpha}{\beta \Delta t} \tag{5.3.4-8}$$

如欲推导总量形式的方程，则可利用假定关系式（5.3.4-2a）、式（5.3.4-2b）将 $\dot{u}_{j+1}$ 和 $\ddot{u}_{j+1}$ 用 u_{j+1} 及上一时刻的解 $\ddot{u}_j$、$\dot{u}_j$、u_j 来表示，再代入总量平衡方程即可得到关于未知函数 u_{j+1} 的代数方程。但总量形式的方程不适宜于求解非线性问题。

为使上述逐步积分方法无条件稳定，两个时间积分参数应如下取值：

$$\alpha \geqslant 0.5, \quad \beta \geqslant 0.25(\alpha + 0.5)^2 \tag{5.3.4-9}$$

进一步的讨论见 5.3.4.2 节。

5.3.4.2　Newmark 方法的数值稳定性和精度

对 Newmark 逐步积分方法同样需分析其数值稳定性，分析思路与第 3 章、第 4 章的相应内容类似。但由于问题更为复杂，对此方法的稳定性分析一般先利用振型分解法将问题转化为单自由度振动方程来分析。由于振型分解给出的多个方程各有不同的振动周期、阻尼比等参数，稳定条件的建立要考虑最不利的情况。此外，这里求解的有位移、速度和加速度三类未知量，进行稳定性分析时需将求解公式先整理成如下形式：

$$\begin{Bmatrix} u_{j+1} \\ \dot{u}_{j+1} \\ \ddot{u}_{j+1} \end{Bmatrix} = [A] \begin{Bmatrix} u_j \\ \dot{u}_j \\ \ddot{u}_j \end{Bmatrix} + \{B\} \tag{5.3.4-10}$$

这里要对拟求解的总量进行分析，其中 $\{B\}$ 为当前荷载步的荷载向量，一般不必考虑荷载的误差。不管是否考虑荷载误差，稳定性问题最终归结为要求放大矩阵 $[A]$ 的谱半径小于 1，由此给出算法的稳定性条件。算法的稳定性条件自然与其中的积分参数 α、β 有关，也与结构的性质，如自振周期、阻尼比等有关。由于其推导冗长，这里从略。得出的稳定条件如式（5.3.4-9）所示。

但是，一个算法的稳定性和精度是两个不同的概念。算法稳定是指随计算逐步进行，先前计算步的误差不会累积放大，而精度是计算结果与精确解的差异大小。不稳定自然就无从谈精度，但算法稳定未必精度就很高，因为精度还与本步计算结果有关。稳定可分为

无条件稳定和有条件稳定。对于按时间步长逐步积分的算法，无条件稳定是指无论时间步长多大，误差都不会随计算的进行而扩大；有条件稳定则是限定时间步长按一定条件取值的前提下算法稳定。一般来说，无条件稳定的算法其精度未必高。对于 Newmark 方法，如兼顾稳定和精度，可取 $\alpha = 0.5$，$\beta = 0.25$。

计算精度与时间步长的大小密切相关。时间步长的确定必须考虑荷载变化情况和系统自振周期的长短。为能较好反映需要考虑的高频分量，通常要求 Δt 不大于欲考虑高频分量对应周期 T_n 的 1/8。

当采用有限元法进行动力分析时，应使单元相邻节点间距 Δh 小于拟考虑最小波长的 1/8。设 $8\Delta h$ 恰好等于最小波长，那么一个最小周期内波传播的距离就是 $8\Delta h$。前已要求时间步长不大于拟考虑最小周期的 1/8，这就等于说时间步长的选取应使一个步长内波传播的距离不超过单元相邻节点间距。

5.3.4.3 Newmark 方法用于弹塑性振动分析

当材料为弹塑性时，结构的刚度随变形和应力的发展而变化，在求解之前结构的准确刚度未知，所以需要在每一时间步进行迭代。下面以初刚度迭代为例说明计算步骤，特别是不平衡节点力的计算。

对一给定时间步，先利用式（5.3.4-6）求解位移增量，再利用方程（5.3.4-4）计算速度和加速度增量。之后再由位移增量计算各单元积分点的应变增量，利用本构模型从应变增量计算应力增量。当所有积分点的应力计算完成后，如有塑性应力点，则应力不能与外荷载平衡，即应计算节点不平衡力。

计算不平衡力时，需注意这里是动力问题，结构内力与惯性力、阻尼力一起与外力平衡。所以，不平衡力计算的最好方法是采用下式：

$$\langle \delta \hat{R} \rangle^i = \langle \hat{F} \rangle - \int [B]^{\mathrm{T}} \{\sigma\}^i \mathrm{d}V - [M]\{\hat{u}\}^i - [C]\{\hat{u}\}^i \qquad (5.3.4\text{-}11)$$

这里角标 i 为迭代次数。注意这里的荷载是真实荷载。

理论上说，不平衡力的计算也可采用下式：

$$\langle \delta \hat{R} \rangle^i = [K]\{\Delta \hat{u}\}^i - \int [B]^{\mathrm{T}} \{\Delta \sigma\}^i \mathrm{d}V \qquad (5.3.4\text{-}12)$$

但这样计算不能消除此前时间步的不平衡误差。

计算得到不平衡节点力向量后，采用下式计算第 i 次迭代的节点位移子增量：

$$[\tilde{K}]\{\delta \hat{u}\}^i = \langle \delta \hat{R} \rangle^i \qquad (5.3.4\text{-}13)$$

注意这里的矩阵是 Newmark 方法的矩阵。

得到位移子增量后，再按前述方法计算速度、加速度子增量，各单元积分点的应变、应力子增量，利用式（5.3.4-11）计算节点不平衡力子增量等，直至不平衡力子增量或位移子增量足够小，满足迭代收敛条件为止。

§5.4 单相半无限地基有限元模拟的传输边界

对于土木工程师来说，地基为半无限体，而任何有限元网格的范围大小总是有限的，严格说总需要采用特殊方法来考虑地基的无限性。对于静力问题，一般可取较大的网格进行计算，因为静力问题的计算量相对较小，较大网格的人为截断边界对近区的影响也较小。但动力问题一般均需进行一系列时间步的计算，计算量较大。另一方面，虽然波向远区较大范围传播时，因几何衰减，到网格边界时的振动幅值可能已较小，但对未经特殊处理的边界会将波动反射回近区，大面积截断边界的反射波在近区叠加，可能会对近区的计算结果造成不可忽略的影响。所以，对于动力分析往往需要考虑地基的无限性，这也是土工结构动力分析的研究热点之一。

对于地基无限性的考虑方法目前已提出多种，包括边界元方法、无限单元方法和人工边界方法。在第 3 章曾介绍了针对渗流问题有限元计算的人工边界，这里介绍针对动力反应分析的人工边界，因为人工边界方法相对其他方法来说较为简便实用。

动力问题的人工边界是要给出适当的边界条件，使传到边界的应力波不产生反射，因此又有传输边界（Transmitting Boundary）、吸收边界（Absorbing Boundary）、静默边界（Silent Boundary）等不同名称。此类人工边界也有多种，下面着重介绍应用最为广泛的两种，即黏性边界和黏弹性边界。

5.4.1　黏性边界（Viscous Boundary）

由 5.2.2 节已知，沿直杆的正 x 方向传播的纵波所引起的振动位移可以写为：

$$u(x,t) = F(x - c_\text{p}t) \tag{5.4.1-1}$$

由此式不难得出：

$$\sigma = E\,\frac{\partial u}{\partial x} = -\rho c_\text{p}\,\frac{\partial u}{\partial t} \tag{5.4.1-2}$$

上式表明，在任一部位 x 处的应力等于此处的速度乘以阻抗 ρc_p 并反号。因此，如在此处将杆截断，在截面法向加一阻尼系数为 ρc_p 的阻尼器，则当纵波传到此部位时将不会产生反射，因为对此界面左侧的杆来说在波动过程中其受力情况与截断前相比没有任何的不同。

同理，对于沿直杆传播的剪切波，其任一截面 x 处的剪应力为：

$$\tau = G\,\frac{\partial v}{\partial x} = -\rho c_\text{s}\,\frac{\partial v}{\partial t} \tag{5.4.1-3}$$

因此，考虑剪切波的传播，将杆在 x 处截断时，可在截面切向加阻尼系数为 ρc_s 的阻尼器。

正是基于上述原理，Lysmer 和 Kuhlemyer 于 1969 年提出波动数值分析的黏性边界（图 5.4.1-1），但考虑用于二维和三维问题时的复杂情况，对上列计算式引入了修正系数，即：

$$\sigma = -a\rho c_\text{p}\dot{u}_\text{n}, \quad \tau = -b\rho c_\text{s}\dot{u}_\text{t} \tag{5.4.1-4}$$

其中 σ 和 τ 分别是边界法向和切向应力；$\dot{u}_n$ 和 $\dot{u}_t$ 分别是边界的法向和切向速度；a、b 是修正系数。研究表明，对于 P 波、S 波分别入射，且入射方向接近与边界面垂直的情况下，应取 $a=b=1$。但对于 R 波入射的情况，a、b 是激振频率和深度 z 的函数，有研究建议近似按地层的基本频率取值。目前 PLAXIS 软件中的做法是，对于 P 波、S 波同时存在的一般情况，取 $a=1$、$b=0.25$，可取得总体较好的结果。

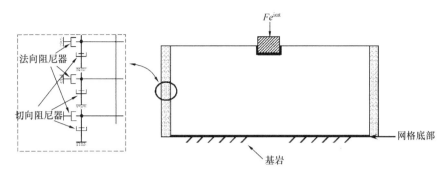

图 5.4.1-1 黏性边界应用示意图

总结黏弹性传输边界的构建思路可以看出，这里不是采用具体问题的解析解，而是利用波动问题的一般解找到任意截面处拟求函数应符合的规律，这里实际是振动位移的空间导数和时间导数的关系，从而建立黏性传输边界。这也是其他多种人工边界构建的思路。

黏性边界很简单，但精度不高，应用时计算网格不能太小。此外，对分层地基这种传输边界的精度差，因为地基分层时，其内的应力波会多次反射，使入射到边界的波明显偏离边界的法向。

5.4.2 黏弹性边界（Visco-elastic Boundary）

上述黏性边界只是在边界上加阻尼器，简便但精度不高。其另一缺点是不能用于静力问题的计算。实际上，对于低频振动，黏性边界的计算结果也会有较大的漂移。

考察黏性边界的构建过程可见，黏性边界条件是通过分析平面波的特性而得到的。但任何土工结构相对于半无限大地基来说均相当于很局部的一个点，而非一条线，其引起地基内体波的波阵面更接近半球面，所引起面波的波阵面则为柱面。所以，采用柱面波或球面波进行分析，构建的人工边界应该有更好的精度。此时，由于波有几何衰减，导出的传输边界不但包含阻尼器，还包含弹簧，故称为黏弹性传输边界。

Deeks 和 Randolph（1994）首先由柱面波的分析给出二维黏弹性传输边界，刘晶波等（2005）对黏弹性边界进一步发展，并通过对球面波的分析建立了三维黏弹性传输边界。下面对 Deeks 提出的二维黏弹性边界予以介绍。

取图 5.4.2-1 所示单位厚度的圆盘，对圆盘内沿径向轴对称传播的应力波进行分析。

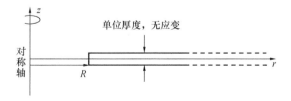

图 5.4.2-1 单位厚度圆盘

首先看竖向振动的剪切波。从内外半径分别为 r 与 $r+\Delta r$ 的微细圆环上切取极角为 $\Delta\theta$ 的一个微段，由其上竖向剪应力及惯性力的平衡可给出用应力表示的如下方程：

$$\rho \ddot{u}_z = \frac{1}{r}\tau_{rz} + \frac{\partial \tau_{rz}}{\partial r} \qquad (5.4.2\text{-}1)$$

利用应力-应变及应变-位移关系方程可给出用位移表示的平衡方程：

$$\frac{\partial^2 u_z}{\partial t^2} = V_s^2 \left(\frac{\partial^2 u_z}{\partial r^2} + \frac{1}{r} \frac{\partial u_z}{\partial r} \right) \tag{5.4.2-2}$$

其中 V_s 为剪切波速。

据 Deeks 的研究，此方程的近似解可取为：

$$u_z(r,t) = \frac{1}{\sqrt{r}} f(r - V_s t) \tag{5.4.2-3}$$

由此位移解，仿照黏性边界的推导思路可得：

$$\tau_{rz}(r,t) = -\frac{G}{2r} u_z(r,t) - \rho V_s \dot{u}_z(r,t) \tag{5.4.2-4}$$

此式显示，针对竖向振动的横波，传输边界条件是在边界的竖向加弹簧和阻尼器，弹簧刚度和阻尼器的阻尼系数分别为 $G/2r$ 和 ρV_s，这里 G 为剪切模量。

再看径向传播的纵波。其对应的为径向正应力 σ_r。同样取微元体进行受力分析有：

$$\rho \ddot{u}_r = \frac{\partial \sigma_r}{\partial r} + \frac{\sigma_r - \sigma_\theta}{r} \tag{5.4.2-5}$$

由此得到用位移表示的平衡方程为：

$$\frac{\partial^2 u_r}{\partial t^2} = V_p^2 \left(\frac{\partial^2 u_r}{\partial r^2} + \frac{1}{r} \frac{\partial u_r}{\partial r} - \frac{u_r}{r^2} \right) \tag{5.4.2-6}$$

其中 V_p 为纵波波速。

此方程不同于竖向振动时的式（5.4.2-2），其解也不能采用式（5.4.2-3）的形式。引入势函数：

$$u_r = \frac{\partial \phi}{\partial r} \tag{5.4.2-7}$$

进行函数代换，则方程（5.4.2-6）变为：

$$\frac{\partial^2 \phi}{\partial t^2} = V_p^2 \left(\frac{\partial \phi^2}{\partial r^2} + \frac{1}{r} \frac{\partial \phi}{\partial r} \right) \tag{5.4.2-8}$$

此方程与式（5.4.2-3）形式相同，故可取

$$\varphi(r,t) = \frac{1}{\sqrt{r}} f(r - V_p t) \tag{5.4.2-9}$$

从而有：

$$u_r(r,t) = -\frac{1}{2r^{3/2}} f(r - V_p t) + \frac{1}{\sqrt{r}} f'(r - V_p t) \tag{5.4.2-10}$$

利用此解可以推出一个仅含有应力及其时间导数与位移、速度及加速度关系的方程：

$$\sigma_r + \frac{2r}{V_p} \frac{\partial \sigma_r}{\partial t} = -\frac{2G}{r} \left(u_r + \frac{2r}{V_p} \frac{\partial u_r}{\partial t} + \frac{r^2}{V_p^2} \frac{\lambda + 2G}{G} \frac{\partial^2 u_r}{\partial t^2} \right) \tag{5.4.2-11}$$

即

$$\sigma_r + \frac{2r}{V_p} \frac{\partial \sigma_r}{\partial t} = -\frac{2G}{r} \left(u_r + \frac{2r}{V_p} \frac{\partial u_r}{\partial t} + \frac{\rho r^2}{G} \frac{\partial^2 u_r}{\partial t^2} \right) \tag{5.4.2-12}$$

上式给出任意 r 处径向应力与径向位移、速度及加速度的关系，所以可作为人为截断边界上的传输边界条件。不过，直接应用此式较为复杂，但 Deeks 指出此式表示的条件与图 5.4.2-2 的元件模型是对应的，应用时在边界的法向布设此组元件即可。

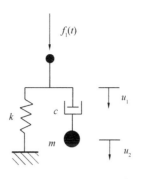

图 5.4.2-2 径向边界条件的等价元件模型

此元件模型有两个自由度，可写出其平衡方程为：

$$ku_1 + c(\dot{u}_1 - \dot{u}_2) = f_1 \qquad (5.4.2\text{-}13a)$$
$$m\ddot{u}_2 + c(\dot{u}_2 - \dot{u}_1) = 0 \qquad (5.4.2\text{-}13b)$$

由此二式消去 u_2 有：

$$f_1 + \frac{m}{c}\dot{f}_1 = k\left(u_1 + \frac{m}{c}\dot{u}_1 + \frac{m}{k}\ddot{u}_1\right) = 0 \qquad (5.4.2\text{-}14)$$

将此式与式（5.4.2-12）比较可知，若取弹簧刚度 $k = 2G/r$、阻尼器系数 $c = \rho V_p$、集中质量 $m = 2\rho r$，则式（5.4.2-12）与图 5.4.2-2 所示元件模型等价。右端正负号不同是因这里应力以拉为正。

图示元件模型中含有与阻尼器相连的集中质量，计算仍较复杂。考虑到传输边界与结构的距离一般不会很小，从而集中质量较大，可近似认为其接近无限大，而把集中质量看成固定点。这样便只有相互并联的弹簧和阻尼器，法向边界条件成为：

$$\sigma_r(r,t) = -\frac{2G}{r}u_r(r,t) - \rho V_p \dot{u}_r(r,t) \qquad (5.4.2\text{-}15)$$

若不如上推导，而是仍取 u_r 为式（5.4.2-3）的形式，则将得出下式：

$$\sigma_r(r,t) = -\frac{K_b}{r}u_r(r,t) - \rho V_p \dot{u}_r(r,t) \qquad (5.4.2\text{-}16)$$

这里 K_b 为介质的体积变形模量。从表面看来，似乎式（5.4.2-16）较式（5.4.2-15）更合理，因为当材料几乎不可压缩时，很小的位移 u_r 应该对应于很大的应力。但是，现在考虑的圆盘为无限大，无穷小的压缩应变即能产生有限大小的位移 u_r。实际上由相关问题的弹性解可知，无限大圆盘在半径为 r_b 的孔内受均匀压力时的静力刚度恰为 $2G/r_b$，而在振动无限缓慢时，式（5.4.2-15）给出的静力刚度与弹性静力解吻合。

以上便是 Deeks 提出的二维黏弹性边界。应用时在有限元网格的人为截断边界上布设分布的弹簧和阻尼器。这些分布的弹簧和阻尼器的作用与分布荷载类似，所以可先视其为边界分布荷载，写出其相应等效节点力计算式。但这计算式中含有边界节点的未知位移和未知速度，故再将其移到有限元平衡方程的左侧。关于传输边界应用方法的更多讨论见本章5.9节。

§5.5 饱和土动力方程

本章前几节针对一般连续固体的振动或波动问题进行讨论。当土体含水不饱和，且在受力变形过程中其孔隙水压变化不大的情况下，可以按上述理论进行分析。但在土木工程中遇到的土不少为含水饱和的固-液两相体，其在动荷载下的受力变形计算与单相体有着较大不同。本章自此节开始，针对饱和两相体的动力分析进行讨论。

5.5.1　一般形式的方程

饱和土的动力方程最先由 Biot 在 20 世纪 50 年代提出，后经多位学者梳理发展，其中以 Zienkiewicz 在 Biot 理论基础上提出的基本控制方程最为简明而被广泛采用。以下介绍经 Zienkiewicz 梳理发展的饱和土动力方程。

首先再次强调，有关正负号的规定与第 4 章相同，即应力、应变以拉为正，孔隙水压以压为正。

5.5.1.1　固液混合体的动力平衡

与单相体类似，固、液混合体的平衡方程可以写为

$$\sigma_{ij,j} + b_i = \rho \ddot{u}_i + \rho_f \ddot{w}_i \tag{5.5.1-1}$$

这里采用张量符号。式中 σ_{ij} 为总应力，u_i 为位移，b_i 为体积分布力，ρ 为固液混合体质量密度，ρ_f 为孔隙流体质量密度，w_i 为流体相对土体骨架的平均位移，实际是 i 方向通过单位孔隙介质截面的流量。孔隙流体的实际位移大小应写为 w_i/n，上式末项 $\rho_f \ddot{w}_i$ 实际是从 $n\rho_f \ddot{w}_i/n$ 得出。这里 n 是土的孔隙率。

由于随后所写方程中将考虑土颗粒的压缩性，故对有效应力的计算需进行修正：

$$\sigma_{ij} = \sigma'_{ij} - \delta_{ij}\alpha p \tag{5.5.1-2}$$

其中 p 为孔隙水压；$\alpha = 1 - K_b/K_s$，这里 K_b 和 K_s 分别为土骨架和土颗粒的体积变形模量。此式右端为减号是由于应力与孔隙水压的正负规定不同。

进行上述修正的原因在于，当土颗粒可以压缩时，孔隙水压 p 引起土骨架的体积应变近似为 p/K_s，但按有效应力原理，变形应由有效应力引起，故需增大有效压应力，增大的量应为 $K_b p/K_s$。由于总应力是由平衡条件决定，式（5.5.1-2）中将孔隙水压乘以小于 1 的系数 α 显然就增大了有效正应力。

5.5.1.2　固液变形耦合方程

固液变形耦合方程一般称为连续方程（Continuity Equation），其实质是质量守恒，即单位时间内从任意微元体流出水的体积等于孔隙体积的压缩减去水体积的压缩，即：

$$\dot{w}_{i,i} = -\dot{\varepsilon}_{ii} - (1-n)\dot{p}/K_s - n\dot{p}/K_f + \dot{\sigma}'_{ii}/(3K_s) \tag{5.5.1-3}$$

上式各项均为变化率，现对各项的意义说明如下：

$\dot{w}_{i,i}$：单位时间内流出微元体的流体体积。

$\dot{\varepsilon}_{ii}$：体胀率，$-\dot{\varepsilon}_{ii}$ 则为体积压缩率，可近似视为孔隙体积的压缩，故使孔隙流体排出。

$(1-n)\dot{p}/K_s$：是单位体积孔隙介质中土颗粒因流体压力增大而产生的颗粒体积压缩量。这里 K_s 为土颗粒的体积变形模量。颗粒的压缩使土体孔隙增大（但颗粒压缩后仍保持接触），则 $-(1-n)\dot{p}/K_s$ 为孔隙体积的减小量，使孔隙流体排出。

$n\dot{p}/K_f$：为孔隙流体因自身压力增大而产生的体积压缩量，其中 K_f 为孔隙水的体积压缩模量。此项使排出的水量减小。

$\dot{\sigma}'_{ii}/(3K_s)$：这里 $\dot{\sigma}'_{ii}/3$ 是未经修正的平均有效应力变化率，由式（5.5.1-2）应写为

$$\dot{\sigma}'_{ii}/3 = \dot{\sigma}'_{ii}/3 + (1-\alpha)\dot{p} \tag{5.5.1-4}$$

由于应力以拉为正，$\dot{\sigma}'_{ii}/(3K_s)$ 为颗粒的膨胀（应理解为原有压应变减小），从而使孔隙体积减小，将水挤出。这里未乘以土颗粒体积在单位孔隙介质体积中所占比例 $(1-n)$，是因为有效应力是定义在总面积上的，也就是对此项应理解为 $\dot{\sigma}'_{ii}/(1-n)/(3K_s)$ 乘以 $(1-n)$。这里采用未经修正的有效应力，是因为孔隙水使颗粒压缩所产生的孔隙体积变化已经包含在 $(1-n)\dot{p}/K_s$ 之中。在此需注意，式（5.5.1-3）右端第二、四项要计算的是颗粒变形后引起孔隙体积的变化，而不是计算孔隙介质微元体的总体积变化。

至此，式（5.5.1-3）及其中各项的物理意义已明确。将式（5.5.1-4）代入式（5.5.1-3）并注意到：

$$\dot{\sigma}'_{ii}/3 = K_b\dot{\varepsilon}_{ii} \tag{5.5.1-5}$$

即有

$$\dot{w}_{i,i} = -\alpha\dot{\varepsilon}_{ii} - \dot{p}/Q \tag{5.5.1-6}$$

其中

$$1/Q = (\alpha-n)/K_s + n/K_f \tag{5.5.1-7}$$

对于土，K_s 可视为无限大，从而式（5.5.1-3）可简化为：

$$\dot{w}_{i,i} = -\dot{\varepsilon}_{ii} - n\dot{p}/K_f \tag{5.5.1-8}$$

对于硬质岩石其固体颗粒的 K_s 值虽然也比其固体骨架的体积压缩模量大，却不可视为无限大，因为它们在数量级上接近，固体颗粒的压缩一般不可忽略。

5.5.1.3 孔隙流体的平衡方程

饱和土包含固-液两相，式（5.5.1-1）给出了固液两相体的平衡方程，还需要再针对其中的一相给出平衡方程。以下给出液相的平衡方程。

第 4 章的固结分析同样是针对固液两相体，但那里未明确指出孔隙流体的平衡方程。而实际上，那里所用到的达西定律就是液相的平衡条件。取一液体微元（图 5.5.1-1），在静力条件下，其所受外力有孔隙流体压差、流体自重、浮力的反作用力以及渗透力的反作用力。渗透力是孔隙流体渗流时作用于土骨架的力，其反作用力则作用于孔隙水。由土力学有关公式可知土骨架受到的渗透力可写为：

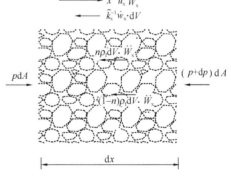

图 5.5.1-1 流体微元受力情况示意图

$$J_i = -h_{,i}\gamma_w = \hat{k}_{ij}^{-1}\dot{w}_j \tag{5.5.1-9}$$

其中 h 为水头；$\hat{k}_{ij}$ 为动力渗透系数，它与一般常用渗透系数 k_{ij} 的关系为

$$\hat{k}_{ij} = k_{ij}/\gamma_w \tag{5.5.1-10}$$

这样，由孔隙水受到的水压差、孔隙水重力以及浮力与渗透力的反作用力相平衡有：

$$-p_{,i} + n\rho_f g_i + (1-n)\rho_f g_i = -p_{,i} + \rho_f g_i = \hat{k}_{ij}^{-1}\dot{w}_j \tag{5.5.1-11}$$

其中 g_i 为重力加速度在坐标 i 方向的分量。

需要解释的是,渗透力及其反作用力都是固液两相单位总体积上的力,而上式左侧的孔隙水压也是分布在固液总面积上的,所以左右各项是准确对应的。

在式(5.5.1-11)基础上考虑孔隙水的惯性力,则得到孔隙水的动力平衡方程为:

$$-p_{,i} + \rho_f g_i = \widehat{k}_{ij}^{-1} \dot{w}_j + \rho_f(\ddot{u}_i + \ddot{w}_i/n) \tag{5.5.1-12}$$

需要特别说明的是,上式右侧所加惯性力项采用了流体的实际加速度,尽管如此这项并未乘以孔隙率 n。这是因为孔隙水受到惯性体力时同样对土颗粒产生浮力,该浮力的反作用力与惯性力方向一致,也作用于孔隙水。正如离心机中的土工结构,向心加速度相应的离心惯性力在结构内产生压力。当孔隙水受到此种体积力时,就如同受到重力一样,将对其内的土颗粒产生"浮力",可称此种力为惯性耦合力(李鹏、宋二祥,2012)。

土骨架本身自然也需满足受力平衡条件。但是,有了固液两相的总体平衡方程和液相的平衡方程,固相的平衡条件自然满足,故不必列出。当然,可以通过分析土骨架微元的受力情况得出其平衡方程,也可以由总体平衡方程减去液相的平衡方程得出其平衡方程。

综合上述,饱和土动力问题一般形式的控制方程包括:混合体的平衡方程(式5.5.1-1),将渗流与体积变形及孔隙水压缩等相互联系的连续方程(固液变形耦合方程,式5.5.1-6),液体自身的平衡方程式(式5.5.1-12),亦即动力情况下的达西定律。此三式与固体骨架的几何方程和物理方程一起即构成饱和土动力反应的全部方程。为清楚起见将上述三个方程重新写出:

$$\sigma'_{ij,j} - \alpha p_{,i} + b_i = \rho \ddot{u}_i + \rho_f \ddot{w}_i \tag{5.5.1-13a}$$

$$-p_{,i} + \rho_f g_i = \widehat{k}_{ij}^{-1} \dot{w}_j + \rho_f(\ddot{u}_i + \ddot{w}_i/n) \tag{5.5.1-13b}$$

$$\dot{w}_{i,i} = -\alpha \dot{\varepsilon}_{ii} - \dot{p}/Q \tag{5.5.1-13c}$$

这组方程称为饱和土动力方程的 u-w 形式。如将孔隙水位移由相对值 w 改为绝对值 W,即把 w 替换为

$$w = n(W - u) \tag{5.5.1-14}$$

则式(5.5.1-13)所列方程变为

$$\sigma'_{ij,j} - \alpha p_{,i} + b_i = (1-n)\rho_s \ddot{u}_i + n\rho_f \ddot{W}_i \tag{5.5.1-15a}$$

$$-p_{,i} + \rho_f g_i = n\widehat{k}_{ij}^{-1}(\dot{W}_j - \dot{u}_j) + \rho_f \ddot{W}_i \tag{5.5.1-15b}$$

$$n\dot{W}_{i,i} + (\alpha - n)\dot{u}_{i,i} = -\dot{p}/Q \tag{5.5.1-15c}$$

其中后一式利用了 $\dot{\varepsilon}_{ii} = \dot{u}_{i,i}$。

这组方程称为饱和土动力方程的 u-W 形式,此种形式方程的优点是把土骨架的位移与孔隙水的位移清楚地分开了。

5.5.2　u-p 形式的方程(u-p Formulation)

对于振动频率不是很高的情况,比如常见的地震工程问题,Zienkiewicz 建议在孔隙流体的平衡方程中略去流体的加速度 $\ddot{u}_i + \ddot{w}_i/n$,这样式(5.5.1-13b)成为:

$$-p_{,i} + \rho_i g_i = \widehat{k}_{ij}^{-1} \dot{w}_j \tag{5.5.2-1}$$

将此式改写为：

$$-\widehat{k}_{ij} p_{,j} + \rho_\mathrm{f} \widehat{k}_{ij} g_j = \dot{w}_i \tag{5.5.2-2}$$

再将各项对坐标 i 求导，并注意到第二项的导数为零，有：

$$\dot{w}_{i,i} = -(\widehat{k}_{ij} p_{,j})_{,i} \tag{5.5.2-3}$$

代入到式（5.5.1-13c），消去其中的 w_i 有：

$$\widehat{k}_{ij} p_{,j,i} - \alpha \dot{\varepsilon}_{ii} = \dot{p}/Q \tag{5.5.2-4}$$

此式与略去 $\ddot{w}_i$ 的固液混合体平衡方程联立即构成饱和土的简化动力基本方程：

$$\begin{cases} \sigma'_{ij,j} - \alpha p_{,i} + b_i = \rho \ddot{u}_i \\ \widehat{k}_{ij} p_{,j,i} - \alpha \dot{\varepsilon}_{ii} = \dot{p}/Q \end{cases} \tag{5.5.2-5}$$

此方程不再含有 w_i，而是仅含有未知函数 u_i 和 p，故称其为 u-p 形式的方程。

同样，式（5.5.2-5）所列方程与几何方程和物理方程共同构成饱和土动力反应的基本方程。

对于具体问题还需给出初始条件和边界条件，初始条件包括初始时刻的位移场、速度场和初始孔隙水压。边界条件则包括：

$$\text{边界分布力：} \sigma_{ij} n_i = t_j \qquad \text{在 } S_\mathrm{T} \tag{5.5.2-6a}$$

$$\text{边界位移：} u_i = d_i \qquad \text{在 } S_\mathrm{D} \tag{5.5.2-6b}$$

$$\text{边界孔隙水压：} p = \overline{p} \qquad \text{在 } S_\mathrm{p} \tag{5.5.2-6c}$$

$$\text{边界法向流量：} -\widehat{k}_{ij} p_{,j} n_i = \overline{q}_n \quad \text{在 } S_\mathrm{q} \tag{5.5.2-6d}$$

在上列边界条件中应有 $S_\mathrm{T} + S_\mathrm{D} = S$、$S_\mathrm{p} + S_\mathrm{q} = S$，$S$ 为整个边界。此外应说明，在动力问题中，在孔隙流体的惯性力不可忽略的情况下，孔隙水压的边界外法向导数乘以渗透系数后并不等于边界上的法向流量，这由式（5.5.1-12）可以看出。

对于静荷载作用下的固结已经很接近完成的线弹性材料，可仅取动位移、动应力及超静水压与动荷载列平衡方程进行分析。

5.5.3　饱和土动力方程的退化形式

5.5.3.1　动力作用不显著时的方程

此时略去加速度项，则式（5.5.1-13）所列一组方程变为：

$$\begin{cases} \sigma_{ij,j} + b_i = 0 \\ \dot{w}_{i,i} = -\alpha \dot{\varepsilon}_{ii} - \dot{p}/Q \\ -p_{,i} + \rho_\mathrm{f} g_i = \widehat{k}_{ij}^{-1} \dot{w}_j \end{cases} \tag{5.5.3-1}$$

这便是静力固结问题的方程。其中第三式即为静力条件下的达西定律，将其代入第二式便得到以孔隙水压和应变表示的连续方程。

5.5.3.2　静力固结完成时的方程

此时式（5.5.3-1）中第一式不变，第二式中 $\dot{\varepsilon}_{ii}=0$，$\dot{p}=0$，$\dot{\sigma}'_{ij}=0$，即不再随时间变化，从而有：

$$\dot{w}_{i,i}=0 \tag{5.5.3-2}$$

此式表示流体相对于固体骨架运动速度的散度等于 0，也就是单位时间内从一微元体净流出的水量为 0。将式（5.5.3-1）中第三式对空间坐标求导后利用式（5.5.3-2）则得到以孔隙水压表示的渗流方程：

$$(\hat{k}_{ij}p_{,i})_{,j}=0 \tag{5.5.3-3}$$

并且它与平衡方程不耦合，可单独由此方程解出孔隙水压 p，再由式（5.5.3-1）中第一式解出有效应力 $\dot{\sigma}'_{ij}$。

如果渗流也不存在，即 $\dot{w}_i=0$，则式（5.5.3-1）的第三式变为：

$$-p_{,i}+\rho_i g_i=0 \tag{5.5.3-4}$$

在竖向积分上式则得到静水压公式：

$$p=\rho_i gz+\text{const.} \tag{5.5.3-5}$$

§5.6　饱和土中应力波分析

由于土骨架与孔隙水的相互作用，饱和土中的应力波远比单相介质中复杂。Biot 在 20 世纪 50 年代建立饱和土波动理论的同时，依据理论分析即指出饱和土中有两个 P 波。一般情况下饱和土中的波速还与频率有关，也就是具有频散现象。不管是 P 波还是 S 波，一般都会受到孔隙水的影响。

尽管孔隙水没有剪切刚度，但是剪切波引起土体振动变形时，孔隙水必然也要发生振动或流动，这样它就必然通过其黏性和惯性对土骨架发生作用，土骨架则同时对孔隙水发生反作用。这从平衡方程也可以初步看出。实际上，一般所用土的渗透系数是关于水在土中渗流的一个参数，其中含有水的动力黏滞系数。

本节将简要讨论饱和土中的应力波。由于问题的复杂性，为避免冗长的数学推导，下面将主要以一维问题为例进行一些讨论。

5.6.1　饱和土中一维压缩波分析

5.6.1.1　一维压缩波控制方程

为简明起见这里不考虑重力，也就是方程中出现的是静力平衡基础上的动应力、动位移和动水压。由 5.5.1 节的一般方程可写出一维压缩情况下的方程为：

$$\frac{\partial\sigma}{\partial x}-\rho\frac{\partial^2 u}{\partial t^2}-\rho_i\frac{\partial^2 w}{\partial t^2}=0 \tag{5.6.1-1}$$

$$\frac{\partial p}{\partial x}+\hat{k}^{-1}\frac{\partial w}{\partial t}+\rho_i\left(\frac{\partial^2 u}{\partial t^2}+\frac{1}{n}\frac{\partial^2 w}{\partial t^2}\right)=0 \tag{5.6.1-2}$$

$$p + \alpha Q \frac{\partial u}{\partial x} + Q \frac{\partial w}{\partial x} = 0 \qquad (5.6.1\text{-}3)$$

一维压缩情况下应力-应变关系为：

$$\sigma = \sigma' - \alpha p = E_s \frac{\partial u}{\partial x} - \alpha p \qquad (5.6.1\text{-}4)$$

这里采用土力学中的压缩模量 E_s，它与经典力学中拉梅常数的关系为 $E_s = \lambda + 2\mu$，此处的 μ 为剪切模量。

以上四式构成饱和土一维压缩波动问题的基本方程。利用式（5.6.1-3）消去式（5.6.1-2）与式（5.6.1-4）中的 p，再将式（5.6.1-4）代入式（5.6.1-1），则上列四式变为：

$$(E_s + \alpha^2 Q) \frac{\partial^2 u}{\partial x^2} + \alpha Q \frac{\partial^2 w}{\partial x^2} = \rho \ddot{u} + \rho_f \ddot{w} \qquad (5.6.1\text{-}5)$$

$$\alpha Q \frac{\partial^2 u}{\partial x^2} + Q \frac{\partial^2 w}{\partial x^2} = \hat{k}^{-1} \dot{w} + \rho_f \ddot{u} + \frac{\rho_f}{n} \ddot{w} \qquad (5.6.1\text{-}6)$$

此二式构成用位移表示的饱和土一维压缩波动问题的控制方程。

5.6.1.2 不排水条件下的压缩波

不排水即渗透系数 $\hat{k}$ 趋于零，由式（5.6.1-2）可知此时孔隙水的渗流位移不随时间变化。进一步分析知渗流位移为零，从而由式（5.6.1-3）有：

$$p = -\alpha Q \frac{\partial u}{\partial x} \qquad (5.6.1\text{-}7)$$

代入式（5.6.1-4），再代入式（5.6.1-1），注意到此时 $w = 0$，有：

$$(E_s + \alpha^2 Q) \frac{\partial^2 u}{\partial x^2} = \rho \frac{\partial^2 u}{\partial t^2} \qquad (5.6.1\text{-}8)$$

或直接由式（5.6.1-6）得出 $w = 0$，代入到式（5.6.1-5）同样可得到此式。式中 $E_s + \alpha^2 Q$ 是土与孔隙流体的压缩模量之和。当不考虑土颗粒压缩时，按第 2 章 2.2.4 节介绍的有效应力法也不难确定该压缩模量。

由式（5.6.1-8）可知，此种条件下压缩波的波速为：

$$\overline{V}_P = \sqrt{\frac{E_s + \alpha^2 Q}{\rho}} \qquad (5.6.1\text{-}9)$$

由上述推导过程可知，此时只有一个 P 波，且不具有频散性。因为在渗透系数极小的情况下，孔隙水相对于土骨架不能移动，此时饱和土就与土水混合材料相同。

5.6.1.3 完全排水条件下的压缩波

首先将控制方程（5.6.1-5）和（5.6.1-6）中的孔隙水位移由相对值 w 按式（5.5.1-14）代换为绝对值 W，这样式（5.6.1-5）和式（5.6.1-6）变为：

$$(E_s + (\alpha-n)^2 Q) \frac{\partial^2 u}{\partial x^2} + n(\alpha-n)Q \frac{\partial^2 W}{\partial x^2} = \rho_1 \ddot{u} + \frac{n^2}{\hat{k}}(\dot{u} - \dot{W}) \qquad (5.6.1\text{-}10a)$$

$$n(\alpha-n)Q \frac{\partial^2 u}{\partial x^2} + n^2 Q \frac{\partial^2 W}{\partial x^2} = \rho_2 \ddot{W} - \frac{n^2}{\hat{k}}(\dot{u} - \dot{W}) \qquad (5.6.1\text{-}10b)$$

这是饱和土一维压缩波动方程的 u-W 形式，其中 $\rho_1 = (1-n)\rho_s$，$\rho_2 = n\rho_f$，ρ_s 和 ρ_f 分别为土颗粒和水的质量密度。

完全排水意味着渗透系数无限大，此时上列二式简化为：

$$(E_s + (\alpha - n)^2 Q)\frac{\partial^2 u}{\partial x^2} + n(\alpha - n)Q\frac{\partial^2 W}{\partial x^2} = \rho_1 \ddot{u} \tag{5.6.1-11a}$$

$$n(\alpha - n)Q\frac{\partial^2 u}{\partial x^2} + n^2 Q\frac{\partial^2 W}{\partial x^2} = \rho_2 \ddot{W} \tag{5.6.1-11b}$$

现采用常用的复指数函数进行分析，设：

$$u = u_0 \exp[i\lambda(x + Vt)]$$
$$W = W_0 \exp[i\lambda(x + Vt)] \tag{5.6.1-12}$$

式中 λ 为波数；V 为待求波速，二者关系为 $\lambda = \omega/V$，其中圆频率 ω 由外部扰动确定，在此处视为已知。

因为目前的理论是假设孔隙连续地分布于土体中，饱和土中任一处的振动，必然是土骨架和孔隙水同时振动，也就是说 u 和 W 等必然是以同样的速度在饱和土中传播并以同样的频率振动，所以式（5.6.1-12）中对 u 和 W 必须假定为同样的复指数函数。

将式（5.6.1-12）的假定解代入控制方程（5.6.1-10），将得到下式：

$$\begin{bmatrix} E_s + (\alpha - n)^2 Q & n(\alpha - n)Q \\ n(\alpha - n)Q & n^2 Q \end{bmatrix} \begin{bmatrix} u_0 \\ W_0 \end{bmatrix} = V^2 \begin{bmatrix} \rho_1 & 0 \\ 0 & \rho_2 \end{bmatrix} \begin{bmatrix} u_0 \\ W_0 \end{bmatrix} \tag{5.6.1-13}$$

因 u_0、W_0 不会均为 0，从而要求系数矩阵对应的行列式为 0，即：

$$\left| \begin{bmatrix} E_s + (\alpha - n)^2 Q & n(\alpha - n)Q \\ n(\alpha - n)Q & n^2 Q \end{bmatrix} - V^2 \begin{bmatrix} \rho_1 & 0 \\ 0 & \rho_2 \end{bmatrix} \right| = 0 \tag{5.6.1-14}$$

这便得到求解波速的方程。此为一广义特征值问题，因刚度矩阵正定，可求出两个正值解。李鹏、宋二祥（2012）给出两个解 V_{P1}^2 和 V_{P2}^2 分别为：

$$V_{P1}^2 = \frac{1}{2}\left[\frac{E_s + Q(\alpha - n)^2}{\rho_1} + \frac{n^2 Q}{\rho_2} \right]$$
$$+ \frac{1}{2}\sqrt{\left(\frac{E_s + Q(\alpha - n)^2}{\rho_1} - \frac{n^2 Q}{\rho_2} \right)^2 + 4\frac{n^2(\alpha - n)^2 Q^2}{\rho_1 \rho_2}} \tag{5.6.1-15a}$$

$$V_{P2}^2 = \frac{1}{2}\left[\frac{E_s + Q(\alpha - n)^2}{\rho_1} + \frac{n^2 Q}{\rho_2} \right]$$
$$- \frac{1}{2}\sqrt{\left(\frac{E_s + Q(\alpha - n)^2}{\rho_1} - \frac{n^2 Q}{\rho_2} \right)^2 + 4\frac{n^2(\alpha - n)^2 Q^2}{\rho_1 \rho_2}} \tag{5.6.1-15b}$$

这里给出波速的两个正值实数解，说明此时有两个压缩波，即两个 P 波。由式（5.6.1-15）可见 $V_{P1} > V_{P2}$，即第一 P 波速度大于第二 P 波波速。若将式（5.6.1-15）的 V_{P1}、V_{P2} 分别代入式（5.6.1-13）进行分析，可知当 $V = V_{P1}$ 时 $u_0/W_0 > 0$，而当 $V = V_{P2}$ 时 $u_0/W_0 < 0$，即第一 P 波中土骨架与水同相位振动，第二 P 波中两者反相位振动。

此外，由波速表达式还可看出，此时的两个波速均由土骨架和孔隙水的参数共同决定，并不分别等于土骨架和纯水中的波速。再者，此时的波速与外荷载的频率无关，不具有频散性，这与渗透系数为一般有限值时不同。再由波速与波数的关系式可知，此时波数为实数，意味着波动无衰减。

现在来看此种情况下孔隙水对土骨架的作用力。该作用力包含渗透力和惯性耦合力两部分，但这里渗透系数无限大，故渗透力为零，只有惯性耦合力，也就是因孔隙水加速运动而对土骨架的作用力。该作用力可以取土骨架微元体进行分析得出，也可从总体平衡方程（式 5.5.1-15a）减去孔隙水的平衡方程（式 5.5.1-15b）得出土骨架的平衡方程，再把其中与孔隙水有关的项合在一起而得出。两种方法可得到同样的结果。

按后一种方法得到渗透系数无限大情况下土骨架的平衡方程为：

$$\sigma'_{ij,j} + (\alpha - n)\rho_f \ddot{W}_i = (1-n)\rho_s \ddot{u}_i \tag{5.6.1-16}$$

由此可见此时孔隙水对单位体积土骨架的惯性耦合力为：

$$f_{1i} = (\alpha - n)\rho_f \ddot{W}_i \tag{5.6.1-17}$$

这里孔隙水的加速度是绝对加速度，不是相对于土骨架的加速度。由此式可知，当孔隙水的加速度不可忽略时，只有 $\alpha = n$ 时惯性耦合力才可能为零。而对于实际土体，这是不可能的。

如果 $\alpha = n$，则由式（5.6.1-16）显然可知，土骨架内的 P 波波速仅与其本身参数有关。而由式（5.5.1-15b）和式（5.5.1-15c）并利用渗透系数无限大的条件又可得出此时孔隙水的动力方程为：

$$K_f W_{j,j,i,i} = \rho_f \ddot{W}_{i,i} \tag{5.6.1-18}$$

这就是说，此时另一 P 波波速仅由水的参数确定。将 $\alpha = n$ 代入到波速计算式（5.6.1-15）将得出同样的结论。

由式（5.6.1-16）看到，孔隙水对土骨架的惯性耦合力出现在方程左侧，而非如土骨架的惯性力那样出现在方程的右侧。所以其作用方向与土骨架惯性力的相反，亦即类似恢复力，这相当于加大了恢复力，也就是加大了介质的刚度，所以第一 P 波的波速大于土骨架本身的波速。

关于孔隙率对两个 P 波波速的影响，李鹏、宋二祥（2012）的计算表明，在渗透系数很大的情况下，第一 P 波波速随孔隙率 n 的增大而减小，到较大 n 值时基本为常数，但当 n 进一步增大到接近 α 时又急剧增加；第二 P 波波速则随 n 的增大而增大，最终趋于水中的压缩波波速。

5.6.1.4 一般渗透性条件下的压缩波

一般渗透性条件下饱和土中压缩波的分析与上类似，但其推导要冗长得多。Biot 已给出饱和两相多孔介质中两类压缩波的波速及其衰减规律的数学推导，李鹏（2013）对其推导进行了梳理。这里只结合一些计算结果来叙述有关结论，5.6.2 节将针对饱和土中的剪切波进行较详细的推导，也有助于理解本子节的内容。

与渗透系数无限大时类似，渗透性有限时仍有两个 P 波，其波速由土骨架及孔隙水的性质共同决定，第二 P 波波速远小于第一 P 波。

但是，渗透性有限时，波速除与渗透系数有关外，还与频率有关，也就是具有频散现象。与渗透系数无限大时的另一不同点是，波动随传播距离可有衰减。除频率很高的情况外，第二 P 波衰减的速率远大于第一 P 波，所以第二 P 波只存在于它产生的部位附近。

影响波速的有渗透系数、频率和孔隙比三个因素。图 5.6.1-1（a）、（b）分别给出一土层在两种不同荷载频率下的第一 P 波和第二 P 波波速随渗透系数的变化情况。当渗透系数增大到一定值，第一 P 波波速自不排水条件下的波速快速增大到完全排水条件下的值。第二 P 波的情况与此类似，但渗透系数为零时，没有第二 P 波，即其波速为零。

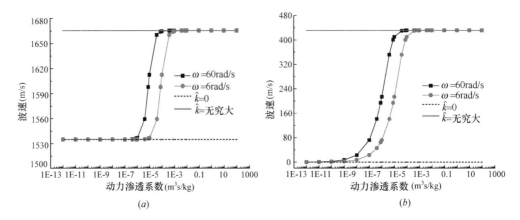

图 5.6.1-1　两种频率下压缩波波速随渗透系数的变化（李鹏，2013）

（a）P1 波波速随渗透系数变化曲线；（b）P2 波波速随渗透系数变化曲线

当固定渗透系数使频率由小到大变化时，将得到与图 5.6.1-1 类似的曲线，也就是频率对两个 P 波波速的影响规律与渗透系数的影响相同，为统一整合两因素的影响，Biot 最早引入特征频率：

$$f_c = \frac{n}{2\pi \hat{k} \rho_f} \tag{5.6.1-19}$$

从而可用无量纲频率 f/f_c 来统一反映渗透系数和频率的影响。这样，当以 f/f_c 为横坐标时，图 5.6.1-1（a）和图 5.6.1-1（b）中的对应于不同频率的两条曲线即合为一条，如图 5.6.1-2 所示。

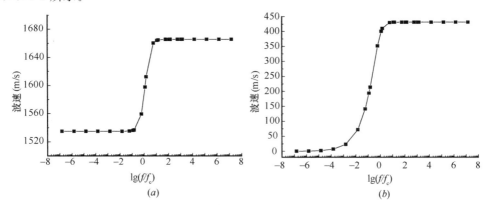

图 5.6.1-2　两类 P 波波速随无量纲频率的变化（李鹏，2013）

（a）P1 波波速随无量纲频率变化；（b）P2 波波速随无量纲频率变化

根据图 5.6.1-2 可将无量纲频率分为低频段、过渡段和高频段等三个阶段。在低频段，P1 波波速几乎等于不排水条件下的压缩波速，P2 波波速几乎等于零；在过渡段两类 P 波波速快速变化；在高频段两类 P 波波速几乎均等于完全排水条件下各自的波速。过渡段很窄，P1 波的过渡段比 P2 波的更窄。

此时孔隙率对两 P 波波速的影响与渗透系数无限大情况下类似，P1 波波速随孔隙率增大而减小，P2 波波速则随孔隙率增大而增大。但与之前有所不同的是，P2 波波速随孔隙率增大而增大的现象仅在渗透系数很大或频率很高时才明显，在一般渗透系数及频率条件下 P2 波波速变化很小。

图 5.6.1-3 给出两个 P 波随无量纲频率的衰减系数，这里衰减系数定义为经过一个波长后简谐波振幅减小值与上一个波长内的振幅之比。由图可见 P1 波在低频段和高频段基本无衰减，仅在过渡段有所衰减，但最

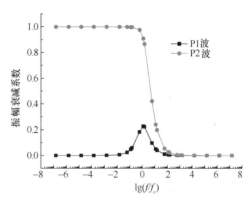

图 5.6.1-3 两类 P 波衰减系数随无量纲频率的变化（李鹏，2013）

大衰减率仅约 20%。而 P2 波在低频段经一个波长后几乎衰减 100%，在过渡段衰减系数急剧减小，到高频段衰减系数为零。

5.6.2 饱和土中一维剪切波分析

为明确起见，这里考虑一基岩上覆土层在水平地震作用下的振动（图 5.6.2-1）。取其内一薄层分析其受力情况，则水平方向的平衡方程为

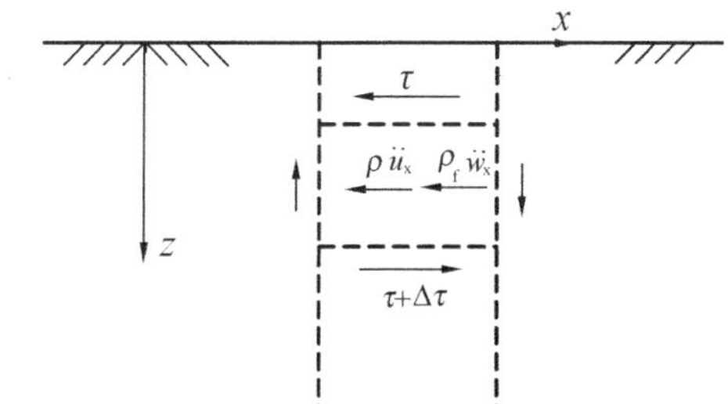

$$\frac{\partial \tau_{xz}(z,t)}{\partial z} = \rho \ddot{u}_x(z,t) + \rho_f \ddot{w}_x(z,t) \quad (5.6.2\text{-}1)$$

这里只考虑动变量和动荷载。

将土的应力-应变关系

$$\tau_{xz} = G \frac{\partial u_x}{\partial z} \quad (5.6.2\text{-}2)$$

图 5.6.2-1 土层的水平振动

代入式（5.6.2-1）则土的总体平衡方程为：

$$c_s^2 \frac{\partial^2 u_x}{\partial z^2} = \ddot{u}_x + \frac{\rho_f}{\rho} \ddot{w}_x \quad (5.6.2\text{-}3)$$

其中 $c_s = \sqrt{G/\rho}$，为不排水条件下的剪切波速。

再求孔隙水的平衡方程。由于仅有剪切变形，孔隙超静水压为零，由式（5.5.1-13b）得到孔隙水的平衡方程为：

$$\hat{k}^{-1} \frac{\partial w_x}{\partial t} + \rho_f(\ddot{u}_x + \ddot{w}_x/n) = 0 \quad (5.6.2\text{-}4)$$

至于连续方程，由于孔隙超静水压及土的体积应变均为零，故连续方程（5.5.1-13c）成为

$$\frac{\partial w_x}{\partial x} = 0 \tag{5.6.2-5}$$

该方程只表明孔隙水相对于土骨架的平均位移沿水平方向没有变化，且与前述两方程不耦合。这样，问题归结为求解式（5.6.2-3）和式（5.6.2-4）联立的两个方程。

求解前先从物理角度分析拟求解的问题：土在水平方向左右振动时，其孔隙内的水必然同时左右运动。但在渗透系数非零的情况下，水的位移与土骨架的位移不会相等，这相对位移就会产生渗透力及相应的反作用力，分别作用于土骨架和孔隙水上。孔隙水受到的这种反作用是由其惯性力来平衡的。

由式（5.6.2-3）和式（5.6.2-4）两方程求解饱和土的剪切波速 c。为此设：

$$
\begin{aligned}
u_x &= u_0 \exp\left[i\omega(z/c - t)\right] \\
w_x &= w_0 \exp\left[i\omega(z/c - t)\right]
\end{aligned} \tag{5.6.2-6}
$$

代入前述两平衡方程可得出：

$$(\rho - \rho \bar{c}^{\,2}) u_0 + \rho_f w_0 = 0 \tag{5.6.2-7a}$$

$$n \rho_f \widehat{k} \omega u_0 + (\rho_f \widehat{k} \omega + in) w_0 = 0 \tag{5.6.2-7b}$$

其中 $\bar{c} = c_s / c$。

根据此方程组有非零解的条件，得到求解波速的方程：

$$
\begin{vmatrix}
\rho - \rho \bar{c}^{\,2} & \rho_f \\
n\rho_f \widehat{k}\omega & \rho_f \widehat{k}\omega + in
\end{vmatrix} = 0 \tag{5.6.2-8}
$$

即

$$\left(\frac{c}{c_s}\right)^2 = \frac{\rho \rho_f \widehat{k}\omega + in\rho}{(\rho - n\rho_f)\rho_f \widehat{k}\omega + in\rho} \tag{5.6.2-9}$$

至此可见，按此式求出的波速 c 为复值。得到其复数值后，应代入到式（5.6.2-6）进行整理，得到实值波速及幅值随 z 的衰减因式。下面简述相应思路。

设求出波速的解为：

$$c = a + bi \tag{5.6.2-10}$$

代入式（5.6.2-6）的复指数函数则有

$$
\begin{aligned}
\exp\left[i\omega(z/c - t)\right] &= \exp\left[i\omega z \Big/ \left(\frac{a^2 + b^2}{a}\right) + \frac{\omega z b}{a^2 + b^2} - i\omega t\right] \\
&= \exp\left(\frac{\omega z b}{a^2 + b^2}\right) \exp\left[i\omega z \Big/ \left(\frac{a^2 + b^2}{a}\right) - i\omega t\right]
\end{aligned} \tag{5.6.2-11}
$$

若 $b \leqslant 0$，则所求的解是一合理可行解，$(a^2 + b^2)/|a|$ 即为所求的波速。若 a 为负值，说明波的传播方向与开始所假定的相反。

由此可知，为依据式（5.6.2-9）最终求出波速，需对右侧复值分式开方，从得到的两个解中按上述条件找出合理可行解。根据复数开方计算可知，该合理可行解有且只有一个。限于篇幅，这里不再写出推导过程，仅在后面给出具体问题的部分数值解。这里首先从式（5.6.2-9）分析一些规律：

（1）如上所述，波速为复值，表明此时波动随传播距离衰减；

（2）动力渗透系数 $\hat{k}$ 与圆频率 ω 对波速的影响规律相同，这与 P 波的情况是一致的；

（3）当动力渗透系数相对很小或波动频率相对很低时，波速接近 c_s，即等于饱和土不排水条件下的剪切波速；

（4）当动力渗透系数相对很大或波动频率相对很高时，波速接近土骨架的剪切波速，亦即

$$c = \sqrt{\frac{G}{(1-n)\rho_s}} \tag{5.6.2-12}$$

（5）当孔隙率 n 很小时，波速接近不排水条件下的值；

（6）综合上述（3）、（4）两点可知，对于给定 n 值，饱和土的剪切波速随 $\hat{k}\omega$ 增大在不排水条件下的剪切波速和土骨架的剪切波速之间变化。

对照式（5.6.2-9）可理解 Biot 引入特征频率 f_c（式 5.6.1-19），用特征频率比 f/f_c 综合反映渗透系数与频率影响的"奥妙"。由式（5.6.1-19）及频率与圆频率的关系有：

$$\frac{f}{f_c} = \frac{\omega/(2\pi)}{n/(2\pi\rho_f\hat{k})} = \frac{\rho_f\hat{k}\omega}{n} \tag{5.6.2-13}$$

由此可见，$\hat{k}$ 与 ω 在特征频率比中恰是以乘积形式出现，这与式（5.6.2-9）相同，故可用频率比来统一反映它们的影响。这特征频率正是使式（5.6.2-9）的分子中实部与虚部幅值相等的频率。至于孔隙率 n，虽然用频率比也可定性反映它对 P1 波与 S 波的影响，但变化规律并不完全相同，对 P2 波波速的影响则不能用频率比来反映。

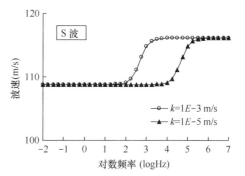

图 5.6.2-2　频率对剪切波速的影响
（杨军，2001）

这里给出杨军（2001）的部分具体计算结果来定性展示上述三个因素的影响。图 5.6.2-2～图 5.6.2-4 分别展示了频率、渗透系数及孔隙率对饱和土中剪切波波速的影响，定性看与式（5.6.2-9）所显示的规律完全吻合。此外还可看出，波速基本都是在影响参数的某一较小范围内从低值急剧变化到高值，在此范围之外基本保持低值或高值。

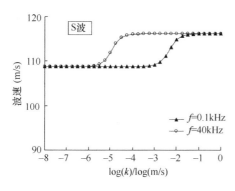

图 5.6.2-3　渗透系数对剪切波速的影响
（杨军，2001）

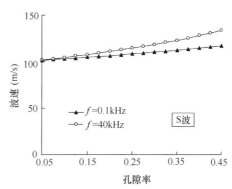

图 5.6.2-4　孔隙率对剪切波速的影响
（杨军，2001）

5.6.3　成层饱和土中波的反射与透射

图 5.6.3-1 和图 5.6.3-2 分别给出 P 波由单相介质入射到饱和两相介质以及 P1 波从一种饱和两相介质入射到另一饱和两相介质时的反射与透射情况。与不同单相介质间界面的情况类似，此时波的反射与透射同样有波型转换。只是在饱和两相介质中会多出第二种 P 波。波的入射角与反射、透射角的关系同样服从 Snell 定律，反射系数和透射系数的求解同样也是考虑界面上的位移连续和应力平衡。对于图 5.6.3-1 所示情形，需考虑界面处应力和位移的连续以及界面的透水性。如界面不透水，则要求饱和土中流体相对于土骨架的位移在界面法向为零；当界面渗透系数为有限大小时，则要求饱和土在界面处的孔隙水压为零。对于图 5.6.3-2 所示情形，反射系数和透射系数的求解，同样是在根据 Snell 定律确定反射波和透射波方向角基础上，考虑界面上的位移连续及应力平衡条件。具体可考虑土骨架在界面法向与切向的位移连续，界面两侧的法向及切向总应力平衡，孔隙流体相对于土骨架的位移在界面法向连续，以及孔隙流体压力平衡。

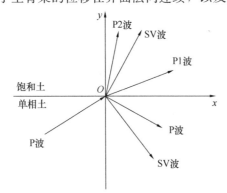

图 5.6.3-1　弹性 P 波由单相介质入射
到饱和介质时的反射与透射

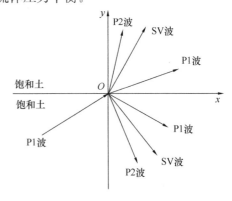

图 5.6.3-2　P1 波在两饱和两相介质
交界面的反射与折射

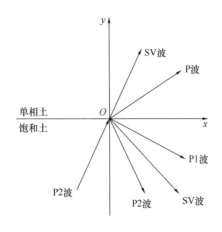

图 5.6.3-3　P2 波由饱和介质入射
单相介质时的反射与透射

文献中较少讨论应力波自饱和两相介质向单相介质界面入射时的反射与透射。此时 P2 波透射后只产生 P 波和 SV 波（图 5.6.3-3）。但是，由于 P2 波的高衰减性，它自饱和两相介质中传播到界面时往往已经大幅度衰减。

实际上，在渗透系数不是很大的情况下，P2 波随传播距离衰减很快，相应的反射系数与透射系数很小，往往可以忽略。此时饱和成层介质中波的反射与透射与单相介质的情况更为接近，这为一些计算分析的简化提供了可能。

此外，当涉及饱和两相介质时，波的反射及透射系数与界面透水性以及入射波的入射角及频率等有关。杨峻、吴世明（1996）对此有较深入的讨论。

§5.7 饱和土动力方程的有限元解法

从偏微分方程组推导有限元方程还是采用第 3 章、第 4 章采用的加权余量法这一几乎普遍适用的方法。由于对很多实际工程问题，特别是地震工程问题，采用 $u\text{-}p$ 形式的方程分析已经完全满足精度要求，本节仅针对 $u\text{-}p$ 形式的方程进行讨论。首先进一步说明 $u\text{-}p$ 形式方程的适用条件，接着讨论其有限元方程的建立及求解方法。

5.7.1 $u\text{-}p$ 方程的适用范围

Zienkiewicz 针对振动频率不是很高的情况给出饱和土动力方程的 $u\text{-}p$ 形式，认为它适用于低频和中频段饱和两相介质的动力问题，特别是地震工程问题。作者课题组杨军（2001）、李鹏（2012）先后对此进行了进一步的验证。方法是通过比较简化后的 $u\text{-}p$ 方程和未简化的 $u\text{-}w$ 方程所计算的波速，因为波速是反映饱和两相介质动力性质的一个综合指标。计算对比表明，在低频及中频段两种方程给出的波速一致，从而论证了在低频及中频段 $u\text{-}p$ 方程的适用性。下面以饱和土中一维压缩波为例，简要介绍这一论证，同时展示波动方程的另一种略有不同的解析求解方法。

对于一维压缩波动问题，其 $u\text{-}p$ 形式的控制方程为：

$$E_\mathrm{s}\,\frac{\partial^2 u}{\partial x^2}-\alpha\,\frac{\partial p}{\partial x}=\rho\ddot{u} \tag{5.7.1-1}$$

$$\hat{k}\,\frac{\partial^2 p}{\partial x^2}+\alpha\,\frac{\partial^2 u}{\partial x\,\partial t}+\frac{1}{Q}\,\frac{\partial p}{\partial t}=0 \tag{5.7.1-2}$$

由上列两方程消去孔隙水压 p，得到仅含土骨架位移的方程：

$$\hat{k}E_s Q\,\frac{\partial^4 u}{\partial x^4}-\hat{k}\rho Q\,\frac{\partial^4 u}{\partial x^2\,\partial t^2}+(E_\mathrm{s}+\alpha^2 Q)\,\frac{\partial^3 u}{\partial x^2\,\partial t}-\rho\,\frac{\partial^3 u}{\partial t^3}=0 \tag{5.7.1-3}$$

设此四阶偏微分方程的解为

$$u=u_0\exp\left[i(lx+\omega t)\right] \tag{5.7.1-4}$$

代入式（5.7.1-3）可得到波数 l 的两个复值解，设其可写为 $l=l_\mathrm{r}+il_i$，其中 l_r 和 l_i 分别为实部与虚部，则相应的压缩波波速为：

$$V=\omega/l_\mathrm{r} \tag{5.7.1-5}$$

对 $u\text{-}w$ 形式的方程，也可采用类似方法给出两类压缩波的波速。采用典型土性参数，由 $u\text{-}p$ 方程和 $u\text{-}w$ 方程计算得到的两压缩波波速随无量纲频率变化的对比示于图 5.7.1-1。计算结果表明，由 $u\text{-}p$ 方程求得的两压缩波波速，当渗透系数和振动频率趋于零时仅有 P1 波，其波速为不排水条件下的压缩波波速；当渗透系数及振动频率趋于无限大，P1 波波速趋于无限大，P2 波波速趋于 $V_\mathrm{p2}=\sqrt{E_\mathrm{s}/\rho}$。即在低频段两种方程给出的结果一致，在高频段则相差很大。由图 5.7.1-1 可知，当无量纲频率满足下式时

$$\log(f/f_\mathrm{c})<-0.5 \tag{5.7.1-6}$$

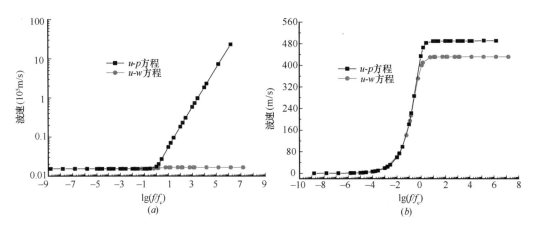

图 5.7.1-1　u-p 和 u-w 方程得到的两类压缩波波速随无量纲频率的变化（李鹏，2013）

(a) P1 波波速对比；(b) P2 波波速对比

两种方程给出的压缩波波速接近，可用此式近似作为 u-p 方程适用的条件。对于实际工程，地震频率在 0.1Hz 到 10Hz 之间，土的渗透系数数量级最大约为 10^{-3}m/s，相应动力渗透系数约为 10^{-4}m^4/(kNs)，孔隙率可取 0.4，由此得出无量纲频率对数的最大值为：

$$\log(f/f_{\mathrm{c}}) = \log\left(\frac{\rho_{\mathrm{f}}\hat{k}\omega}{n}\right) = \log\left(\frac{10^{-4}\times 2\pi \times 10}{0.4}\right) \approx -1.8 \quad (5.7.1\text{-}7)$$

远小于式（5.7.1-6）要求的 -0.5，所以 u-p 方程完全可用于一般饱和土的地震反应分析。

5.7.2　u-p 方程的有限元求解

5.5.2 节已给出 u-p 形式的基本方程及其初始条件和边界条件。对于总体平衡方程，因其形式与单相体的接近，仿照单相体动力有限元方程的推导，由平衡方程及力边界条件有：

$$\iint_V [B]^{\mathrm{T}}(\{\sigma'\} - \alpha\{m\}p)\mathrm{d}V + [M]\{\hat{\ddot{u}}\} = \iint_V [N]^{\mathrm{T}}\{b\}\mathrm{d}V + \int_{S_{\mathrm{T}}} [N]^{\mathrm{T}}\{t\}\mathrm{d}S \quad (5.7.2\text{-}1)$$

对于有效应力 $\{\sigma'\}$，如采用弹性应力-应变关系则有：

$$\{\sigma'\} = [D]\{\varepsilon\} = [D][B]\{\hat{u}\} \quad (5.7.2\text{-}2)$$

对于孔隙水压，由节点值插值有：

$$p = \sum N_l^{\mathrm{p}}\hat{p}_l = [N^{\mathrm{p}}]\{\hat{p}\} \quad (5.7.2\text{-}3)$$

将上二式代入式（5.7.2-1）并将右端项记为 $\{\hat{f}_{\mathrm{s}}\}$ 有：

$$[M]\{\hat{\ddot{u}}\} + [K]\{\hat{u}\} - [L]\{\hat{p}\} = \{\hat{f}_{\mathrm{s}}\} \quad (5.7.2\text{-}4)$$

其中质量矩阵 $[M]$ 与刚度矩阵 $[K]$ 的计算式同 5.3.1 节，矩阵 $[L]$ 如下计算：

$$[L] = \iint_V \alpha [B]^{\mathrm{T}}\{m\}[N^{\mathrm{p}}]\mathrm{d}V \quad (5.7.2\text{-}5)$$

对于第二组方程，取孔隙水压的变分 δp 为权函数，按加权余量法可写成如下积分形式：

$$\iiint\limits_{V}\delta p\,(\hat{k}_{ij}p_{,j,i}-\alpha\dot{u}_{i,i}-\dot{p}/Q)\mathrm{d}V=0 \tag{5.7.2-6}$$

对其中含二阶导数 $p_{,j,i}$ 的项应用格林引理（见第三章 3.3.1 节）分部积分有：

$$\oiint\limits_{S}\delta p\hat{k}_{ij}p_{,j}n_{i}\mathrm{d}S-\iint\limits_{V}\delta p_{,i}\hat{k}_{ij}p_{,j}\mathrm{d}V-\iint\limits_{V}\delta p\alpha\dot{u}_{i,i}\mathrm{d}V-\iint\limits_{V}\delta p\dot{p}/Q\mathrm{d}V=0 \tag{5.7.2-7}$$

注意到在边界 S_p 应取 $\delta p=0$，在边界 S_q 的边界流量已由式（5.5.2-6d）给出，故上式可写为：

$$\iint\limits_{V}\delta p_{,i}\hat{k}_{ij}p_{,j}\mathrm{d}V+\iint\limits_{V}\delta p\alpha\dot{u}_{i,i}\mathrm{d}V+\iint\limits_{V}\delta p\dot{p}/Q\mathrm{d}V=-\int\limits_{S_\mathrm{q}}\delta p\bar{q}_\mathrm{n}\mathrm{d}S \tag{5.7.2-8}$$

进行有限元离散、插值：

$$p=N_{l}^{\mathrm{p}}\hat{p}_{l},\quad u_{i}=N_{k}^{\mathrm{u}}\hat{u}_{ki} \tag{5.7.2-9}$$

其中 N_{l}^{p} 是孔隙水压插值函数，N_{k}^{u} 是位移插值函数。

将式（5.7.2-9）代入式（5.7.2-8）有：

$$\iint\limits_{V}\delta\hat{p}_{I}N_{I,i}^{\mathrm{p}}\hat{k}_{ij}N_{l,j}^{\mathrm{p}}\hat{p}_{l}\mathrm{d}V+\iint\limits_{V}\delta\hat{p}_{I}N_{I}^{\mathrm{p}}\alpha N_{k,i}^{\mathrm{u}}\dot{\hat{u}}_{ki}\mathrm{d}V$$
$$+\iint\limits_{V}\delta\hat{p}_{I}N_{I}^{\mathrm{p}}Q^{-1}N_{l}^{\mathrm{p}}\dot{\hat{p}}_{l}\mathrm{d}V=-\int\limits_{S_\mathrm{q}}\delta\hat{p}_{I}N_{I}^{\mathrm{p}}\bar{q}_\mathrm{n}\mathrm{d}S \tag{5.7.2-10}$$

这里边界流量 $\bar{q}_\mathrm{n}$ 的分布已知，不需要插值。

由于 $\delta\hat{p}_{I}$ 任意，从而有

$$\iint\limits_{V}N_{I,i}^{\mathrm{p}}\hat{k}_{ij}N_{l,j}^{\mathrm{p}}\hat{p}_{l}\mathrm{d}V+\iint\limits_{V}\alpha N_{I}^{\mathrm{p}}N_{k,i}^{\mathrm{u}}\dot{\hat{u}}_{ki}\mathrm{d}V$$
$$+\iint\limits_{V}Q^{-1}N_{I}^{\mathrm{p}}N_{l}^{\mathrm{p}}\dot{\hat{p}}_{l}\mathrm{d}V=-\int\limits_{S_\mathrm{q}}N_{I}^{\mathrm{p}}\bar{q}_\mathrm{n}\mathrm{d}S \tag{5.7.2-11}$$

因此，第二组有限元方程的矩阵形式为

$$[H]\{\hat{p}\}+[L]^{\mathrm{T}}\{\dot{\hat{u}}\}+[S]\{\dot{\hat{p}}\}=\{\hat{f}_\mathrm{p}\} \tag{5.7.2-12}$$

其中

$$[H]=\iint\limits_{V}N_{I,i}^{\mathrm{p}}\hat{k}_{ij}N_{l,j}^{\mathrm{p}}\mathrm{d}V \tag{5.7.2-13a}$$

$$[L]^{\mathrm{T}}=\iint\limits_{V}\alpha N_{I}^{\mathrm{p}}N_{k,i}^{\mathrm{u}}\mathrm{d}V \tag{5.7.2-13b}$$

$$[S]=\iint\limits_{V}Q^{-1}N_{I}^{\mathrm{p}}N_{l}^{\mathrm{p}}\mathrm{d}V \tag{5.7.2-13c}$$

$$\{\hat{f}_\mathrm{p}\}=-\int\limits_{S_\mathrm{q}}N_{I}^{\mathrm{p}}\bar{q}_\mathrm{n}\mathrm{d}S \tag{5.7.2-13d}$$

式 (5.7.2-13) 中变量下标 I 与 l 从 1 到孔隙水压节点总数取值，下标 k 从 1 到位移节点总数取值，下标 i 和 j 则视所计算问题的维数从坐标 x、y、z 取值。

上列有限元方程可在频域或时域求解，频域内求解仅适用线弹性问题。时域内求解，则按时间步逐步积分计算。对每一时间步的计算，Zienkiewicz 提出一种无条件稳定的交叉迭代求解方法（Staggered Solution）。

按 Zienkiewicz 的交叉迭代求解方法，将第一组方程左端含有节点孔隙水压的一项和第二组方程左端含有节点位移的一项均移到相应方程组的右端，为使迭代求解过程有较好的稳定性，又在第一组方程的两端均增加 $[K_w]\{\hat{u}\}_n$ 一项，如下式：

$$[M]\{\ddot{\hat{u}}\}_n + [C]\{\dot{\hat{u}}\}_n + ([K]+[K_w])\{\hat{u}\}_n$$
$$= \{\hat{f}_u\}_n + [L]\{\hat{p}\}_n^p + [K_w]\{\hat{u}\}_n^p \quad (5.7.2\text{-}14a)$$

$$[S]\{\dot{\hat{p}}\}_n + [H]\{\hat{p}\}_n = \{\hat{f}_p\}_n - [L]^T\{\dot{\hat{u}}\}_n \quad (5.7.2\text{-}14b)$$

其中 $[K_w] = \int_V [B]^T[D_w][B]\mathrm{d}V$，为孔隙流体的刚度矩阵（见第 2 章 2.2.4 节）。下标 n 表示第 n 时间步。第一式右端后两项中的上角标"p"表示在每一时间步计算的开始用预估值。

这里还增加了考虑材料阻尼的一项，其中的阻尼矩阵 $[C]$ 可采用瑞利阻尼。当同时采用弹塑性本构模型考虑材料的塑性变形时，这里的阻尼矩阵应按弹性阶段的阻尼比确定。

第一组方程两端均增加含有孔隙流体刚度的一项，旨在采用较大的刚度进行迭代，从而改善迭代计算的稳定性。

在每一时间步计算的开始，先给出节点孔隙水压和位移的估计值 $\{\hat{p}\}_n^p$ 和 $\{\hat{u}\}_n^p$，由第一组方程求解 $\{\hat{u}\}_n$、$\{\dot{\hat{u}}\}_n$ 和 $\{\ddot{\hat{u}}\}_n$。求解方法可采用 Newmark 方法或其他适用的方法。之后，将 $\{\dot{\hat{u}}\}_n$ 代入到第二组方程求解 $\{\hat{p}\}_n$ 和 $\{\dot{\hat{p}}\}_n$。然后再回到第一组方程。如此迭代，直至所求解的变化量足够小，即可停止迭代，进行下一时间步的计算。

当需考虑土的弹塑性时，首先需把方程写为增量形式，即：

$$[M]\{\Delta\ddot{\hat{u}}\}_n + [C]\{\Delta\dot{\hat{u}}\}_n + ([K]+[K_w])\{\Delta\hat{u}\}_n$$
$$= \{\Delta\hat{f}_u\}_n + [L]\{\Delta\hat{p}\}_n^p + [K_w]\{\Delta\hat{u}\}_n^p \quad (5.7.2\text{-}15a)$$

$$[S]\{\Delta\dot{\hat{p}}\}_n + [H]\{\Delta\hat{p}\}_n = \{\Delta\hat{f}_p\}_n - [L]^T\{\Delta\dot{\hat{u}}\}_n \quad (5.7.2\text{-}15b)$$

因此时材料为弹塑性，第一组方程中的 $[K]$ 应采用弹塑性刚度矩阵 $[K_{ep}]$ 替换，但 $[K_{ep}]$ 是随计算结果变化的，事先不能确定。所以，在上述交叉迭代过程中利用第一组方程求解的一步中也需进行迭代。迭代可采用初始刚度，也就是对土仍采用弹性刚度矩阵。此时，从每一时间步开始，建议先按式 (5.7.2-15) 完整进行一次交叉迭代。从第二次交叉迭代开始，在采用第一组方程求解时进行考虑弹塑性的迭代。亦即，在第一组方程进行第二次交叉迭代的求解后，由位移增量计算应变增量，再据土的本构模型计算应力。当有塑性时，则按下式计算节点不平衡力：

$$\{\delta\hat{R}_s\}_n^i = \{\hat{f}_s\}_n - \iint_V [B]^T(\{\sigma'\}-\alpha\{m\}p)_n^i\mathrm{d}V - [M]\{\ddot{\hat{u}}\}_n^i - [C]\{\dot{\hat{u}}\}_n^i \quad (5.7.2\text{-}16)$$

其中上角标 i 为考虑材料弹塑性的迭代次数。

之后，由下式计算节点位移、速度及加速度的子增量：

$$[M]\{\delta\ddot{u}\}_n^i + [C]\{\delta\dot{u}\}_n^i + ([K]+[K_{\mathrm{w}}])\{\delta\hat{u}\}_n^i = \{\delta\hat{R}_s\}_n^i + [K_{\mathrm{w}}]\{\delta\hat{u}\}_n^{p,i-1} \quad (5.7.2\text{-}17)$$

再由求得的位移子增量计算应力，按式（5.7.2-16）计算节点不平衡力，按式（5.7.2-17）再次计算节点位移子增量等。如此迭代直至收敛，再由式（5.7.2-15b）求解 $\{\hat{p}\}_n$ 和 $\{\dot{\hat{p}}\}_n$，继续进行交叉迭代求解。

§5.8　饱和无限地基有限元模拟的传输边界

在进行实际结构的动力分析时，对于饱和无限地基同样需要采用传输边界或其他方法来考虑地基的无限性。针对饱和两相体传输边界的构造，显然可借鉴单相体的传输边界，但需考虑孔隙水压的影响。由于问题更为复杂，目前已有饱和两相体的传输边界均假设渗透系数为零或无限大。假设渗透系数为零，则完全不考虑第二 P 波的影响，使问题大幅度简化，得到的传输边界对于渗透系数不是很大的情况还是令人满意的。而假定渗透系数无限大，则仍然有两个 P 波，边界条件的推导较前者要复杂得多。本书只介绍按第一种假设建立的两种传输边界，一种属于黏性边界，另一种属于黏弹性边界，严格说它们都仅适用于按 u-p 方程进行求解的问题。

5.8.1　饱和两相介质的黏性边界

Akiyoshi 等（1994）曾按零渗透系数假定给出一种用于饱和两相介质的黏性边界，这里采用较简捷的思路给出相同的黏性边界。由于假定渗透系数为零，波动位移场与单相介质相同，但按第 2 章的有效应力法又可计算有效应力和孔隙超静水压，再考虑超静水压在边界法向的梯度得到边界流量条件。具体推导如下。

渗透系数为零时仅有一个 P 波，其波动位移可表示为：

$$u_{\mathrm{x}}(x,t) = F_{\mathrm{x}}(x-\bar{V}_{\mathrm{p}}t) \quad (5.8.1\text{-}1)$$

其中 $\bar{V}_{\mathrm{p}}$ 为不排水条件下的 P 波波速，由式（5.6.1-9）计算；x 是沿人为截断边界外法线方向的坐标。为明确起见，设人为截断边界为竖直面，x 水平向右。

由式（5.8.1-1）得 x 方向的有效正应力为：

$$\sigma_{\mathrm{x}}' = E_{\mathrm{s}}\frac{\partial u_{\mathrm{x}}}{\partial x} = -\frac{E_{\mathrm{s}}}{\bar{V}_{\mathrm{p}}}\frac{\partial u_{\mathrm{x}}}{\partial t} \quad (5.8.1\text{-}2)$$

再由式（5.6.1-7），超静水压近似为：

$$p = -\alpha Q\frac{\partial u_{\mathrm{x}}}{\partial x} = \frac{\alpha Q}{\bar{V}_{\mathrm{p}}}\frac{\partial u_{\mathrm{x}}}{\partial t} \quad (5.8.1\text{-}3)$$

因此，边界上的总应力为

$$\sigma_{\mathrm{x}} = \sigma_{\mathrm{x}}' - \alpha p = -\left(\frac{E_{\mathrm{s}}+\alpha^2 Q}{\bar{V}_{\mathrm{p}}}\right)\frac{\partial u_{\mathrm{x}}}{\partial t} = -\rho\bar{V}_{\mathrm{p}}\frac{\partial u_{\mathrm{x}}}{\partial t} \quad (5.8.1\text{-}4)$$

若边界法向的动力渗透系数为 $\hat{k}_x$，则由式（5.8.1-3）可得出边界外法线方向的渗流速度为

$$q_x = \hat{k}_x \alpha Q \frac{\partial^2 u_x}{\partial x^2} = \frac{\alpha \hat{k}_x Q}{\bar{V}_p^2} \frac{\partial^2 u_x}{\partial t^2} \tag{5.8.1-5}$$

对于边界上的切向应力 τ_{xy} 可通过分析沿 x 方向传播、使质点在 y 方向振动的横波得出。设波动位移为：

$$u_y(x,t) = F_y(x - V_s t) \tag{5.8.1-6}$$

其中 V_s 为饱和土不排水条件下的横波波速，$V_s = \sqrt{G/\rho}$。于是可以得出边界上 y 方向切向应力为：

$$\tau_{xy} = G \frac{\partial u_y}{\partial x} = -\rho V_s \frac{\partial u_y}{\partial t} \tag{5.8.1-7}$$

同理可以得出边界处 z 方向的切应力：

$$\tau_{xz} = G \frac{\partial u_z}{\partial x} = -\rho V_s \frac{\partial u_z}{\partial t} \tag{5.8.1-8}$$

至此，即给出人为截断边界上的全部边界条件，汇总如下：

$$\sigma_x = -\frac{E_s}{\bar{V}_p} \frac{\partial u_x}{\partial t} - \alpha p \tag{5.8.1-9a}$$

$$\tau_{xy} = -\rho V_s \frac{\partial u_y}{\partial t} \tag{5.8.1-9b}$$

$$\tau_{xz} = -\rho V_s \frac{\partial u_z}{\partial t} \tag{5.8.1-9c}$$

$$q_x = \frac{\alpha \hat{k}_x Q}{\bar{V}_p^2} \frac{\partial^2 u_x}{\partial t^2} \tag{5.8.1-9d}$$

需要说明的是，该传输边界条件是按渗透系数为零的假定而导出的，实际渗透系数并不为零，故所有公式都是近似的，这样式（5.8.1-2）与式（5.8.1-3）不会同时成立，故在最终边界条件中不再要求也不需要式（5.8.1-3）。

应用此传输边界时，在边界的法向及两个切向布设阻尼器，并施加式（5.8.1-9d）所给流量条件。可以理解，该边界与前面所讲单相介质的黏性边界有着同样的缺点，即在入射角偏离边界法向较大的情况下精度不高，同样需要类似的修正系数。此外，这里对正应力采用不排水条件下的 P 波波速，该波速主要取决于水的体积变形模量，而水的体积变形模量依气泡含量多少会有很大变化，取值时应引起注意。

5.8.2　饱和两相介质的黏弹性边界

5.4.2 节已经给出 Deeks 的二维黏弹性边界。在此基础上，考虑孔隙水的影响可以构建饱和土的黏弹性边界条件。这里介绍的黏弹性边界由作者课题组给出（刘光磊、宋二祥，2006），同样采用渗透系数为零的假定。

与 5.4.2 节类似，取一圆盘（图 5.4.2-1）考察径向传播的纵波和横波，从而得出与径向正应力、孔隙水渗流及竖向剪应力相应的边界条件。

先看径向传播的纵波。由于渗透系数为零，此时的饱和土与单相体相同，只是其压缩模量因孔隙水的存在而成为 $E_s + a^2 Q$（见 5.6.1.2 节）。因此，按相同的推导可以给出此时用位移表达的平衡方程为（见 5.4.2 节）：

$$\frac{\partial^2 u_r}{\partial t^2} = \bar{V}_p^2 \left(\frac{\partial^2 u_r}{\partial r^2} + \frac{1}{r} \frac{\partial u_r}{\partial r} - \frac{u_r}{r^2} \right) \tag{5.8.2-1}$$

这里的波速为不排水条件下的 P 波波速。

进而采用与 5.4.2 节相同的方法即可推出径向总应力与波动位移及质点振动速度的关系式：

$$\sigma_r(r,t) = -\frac{2G}{r} u_r(r,t) - \rho \bar{V}_p \dot{u}_r(r,t) \tag{5.8.2-2}$$

再看边界处的渗流条件。设径向动力渗透系数为 $\hat{k}_r$，则边界处的流量为：

$$q_r = -\hat{k}_r \frac{\partial p}{\partial r} \tag{5.8.2-3}$$

根据连续方程，即式（5.5.1-13c），并注意到此时体积应变 ε_v 的计算式，可得到不排水条件下的超静水压为：

$$p = -\alpha Q \varepsilon_v = -\alpha Q \left(\frac{\partial u_r}{\partial r} + \frac{u_r}{r} \right) \tag{5.8.2-4}$$

代入式（5.8.2-3）有：

$$q_r = \hat{k}_r \alpha Q \left(\frac{\partial^2 u_r}{\partial r^2} + \frac{1}{r} \frac{\partial u_r}{\partial r} - \frac{u_r}{r^2} \right) \tag{5.8.2-5}$$

与式（5.8.2-1）比较即可得出边界的流量条件为：

$$q_r = \frac{\alpha \hat{k}_r Q}{\bar{V}_p^2} \ddot{u}_r \tag{5.8.2-6}$$

再看边界上的竖向剪切应力。此应力对应于剪切波，不排水条件下的剪切波与单相介质中相同，只是计算波速时需采用饱和土的质量密度。所以竖向剪应力的边界条件为：

$$\tau_{rz}(r,t) = -\frac{3G}{2r} u_z(r,t) - \rho V_s \dot{u}_z(r,t) \tag{5.8.2-7}$$

至此得到了饱和土二维动力问题的黏弹性边界，即式（5.8.2-2）、式（5.8.2-6）和式（5.8.2-7）。应用时在边界法向和切向施加分布的弹簧和阻尼器，法向弹簧和阻尼器的系数分别为 $2G/r_b$ 和 $\rho \bar{V}_p$，切向则分别为 $3G/(2r_b)$ 和 ρV_s，同时施加式（5.8.2-6）所示的边界流量。其中 r_b 近似取边界点到拟计算结构中心点的距离。

§5.9 动力分析中传输边界应用方法

5.9.1 问题分类及传输边界设置方法

实际工程问题的动力反应分析一般分为两类，一是源问题，二是散射问题。源问题的振动源在分析对象之内，比如动力机器基础的振动问题。散射问题的振动源则在分析对象之外，典型问题是工程结构的地震反应问题，此时取结构及其周围一定范围的地基为分析对象，地震波来自于分析对象之外。

对于源问题采用有限元进行计算时，在不便采用很大网格的情况下，可在人为截断边界施加传输边界条件。当体系内振源产生的应力波到达传输边界时，传输边界的弹簧及阻尼器对边界产生作用力，该作用力与实际无限地基中相同，这样就不会产生反射波，从而可模拟地基的无限性。

对于散射问题，人为截断边界的处理就要复杂得多。由于振源在分析区域之外，一个布设了传输边界的人为截断边界应满足两个要求：一是要允许外部地震波的进入，也就是在边界要输入地震动；二是当地震波传到工程结构而产生向远区散射的应力波时，传输边界要能吸收该散射波。对于前一要求，显然不能直接在边界上输入外来地震波引起边界处的振动。因为，直接输入地震动的边界即成为一种指定振动位移的边界，就会反射随后传来的散射波。可行的做法是输入外来地震波传到边界时引起的动应力时程。为满足第二个要求，需在人为截断边界上按传输边界条件布设弹簧及阻尼器。但该弹簧及阻尼器应只对散射波起作用，或者说只对边界处的实际振动与自由场振动之差起作用。所谓自由场振动是无结构存在的原场地，在地震波作用下的振动。所以，为对一个散射振动问题进行分析，需要同时分析自由场振动。这些即为散射问题分析中应用传输边界的基本思路，针对具体问题可据此思路给出相应边界处需输入分布力的计算式。

以采用黏性边界计算下卧基岩水平土层上工程结构的横向地震反应为例，此时可取结构及其两侧一定范围的土层一起作为计算对象，划分有限元网格（图 5.9.1-1）。由于基岩刚度很大，可以把土层底面作为刚性边界，在此边界输入地震动。当只考虑基岩的水平振动时，土层无竖向振动，故可取一竖直土柱体，在其侧边界限制竖向振动，底部输入地震动进行计算，即可给出自由场振动。在土柱体和土-结构体系的侧边界之间布设水平阻尼器，该水平阻尼器显然只对侧边界的振动与自由场振动之差起作用；同时在侧边界还要布设竖向阻尼器，因为结构受地震作用而振动时会引起地层的竖向振动，也就是会产生 SV 波。对于土-结构体系在其底边界输入地震的同时，在其侧边界还要施加与自由场振动对应的剪应力 τ_{ff}。

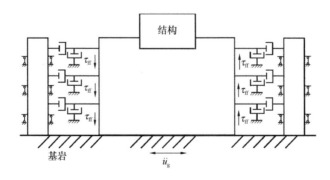

图 5.9.1-1　黏性边界在结构地震反应有限元
分析中应用示意

　　上述计算只是考虑了动力反应。一般问题在动力计算之前还有静力计算，特别是当需考虑结构附近地基的弹塑性时，需要知道动力计算之初体系的应力状态。黏弹性边界由于有弹簧，可近似用于静力分析，但黏性边界不能用于静力分析。所以，静力分析阶段应采用一般静力边界条件，计算完成后把边界静应力加到人为截断边界处，并在边界上如上布设传输边界的弹簧及阻尼器。

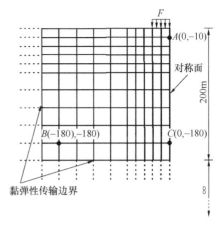

图 5.9.2-1　动力有限元法计算源问题的算例

　　理论上传输边界只能用于边界及其以外区域的材料为线弹性的情况，非线性只能是在所分析的近区，远区的非线性可以近似采用等效线性模型考虑。

5.9.2　源问题的计算及传输边界验证

　　考虑半无限体在条形荷载下的振动问题，计算模型如图 5.9.2-1 所示。设地表自由排水，并在其局部施加条形分布的脉冲荷载（图 5.9.2-2）。在人为截断边界采用两种

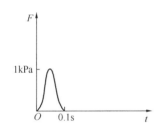

图 5.9.2-2　脉冲荷载时程

不同的边界处理以进行比较，一种是上一节介绍的两相介质黏弹性边界，另一种是简单固定边界。同时还采用足够大的网格进行计算，保证在所计算的时段内近区不受边界的影响，以此计算结果作为精确参考解对前述计算结果进行检验。

　　土的力学参数按饱和硬砂层考虑，其剪切模量 $G=$ 79.6MPa，渗透系数 $k=1.0×10^{-4}$ m/s，其他按一般典型参数取值，具体见刘光磊（2007）。图 5.9.2-3 和图 5.9.2-4 给出部分计算结果，可见黏弹性传输边界给出的结果与参考解吻合较好，而简单固定边界给出的结果要差得多。

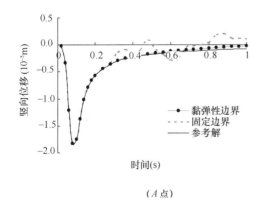

（A 点）

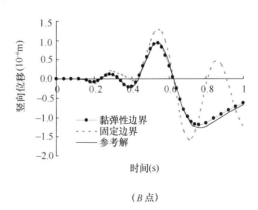

（B 点）

图 5.9.2-3　冲击荷载下观测点计算竖向位移时程曲线

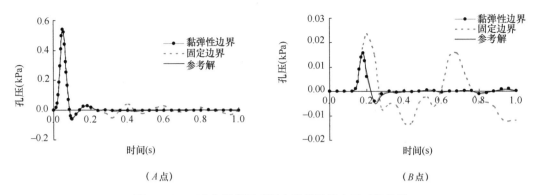

图 5.9.2-4　冲击荷载下观测点计算孔隙水压时程曲线

5.9.3　散射问题的计算及传输边界验证

现以下卧基岩上饱和土层中一隧道的地震反应分析为例说明散射问题的计算，并展示黏弹性边界的计算精度（图 5.9.3-1）。地基土为饱和砂土，厚度 30m，采用一种可以考虑循环荷载下砂土变形性质的弹塑性模型来反映其应力-应变关系，渗透系数为 4.0×10^{-4} m/s。由网格底部输入幅值 0.2g、持时 40s 的 Kobe 地震波。计算区域总宽度 60m，在两侧边界各施加两种边界条件以进行比较：一种是黏弹性边界，另一种是捆绑边界。此外，还采用大网格计算给出参考解。所谓"捆绑边界"是计算土层水平振动时的一种简化边界，它要求同一深度处左右两侧边界点的水平振动相位和幅值均相同。

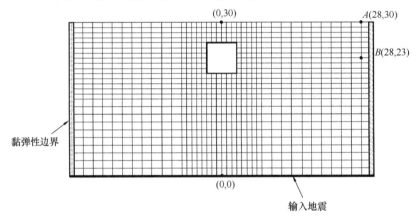

图 5.9.3-1　隧道结构地震反应分析模型

图 5.9.3-2～图 5.9.3-4 给出边界附近观测点 A 和 B 的计算位移及孔压时程。由图可见，两种边界均得出较好的水平位移计算结果；而对竖向位移的计算，捆绑边界的计算结果较黏弹性边界差。在边界附近的孔隙超静水压模拟方面，这里黏弹性边界也优于捆绑边界。总体来看，黏弹性边界的效果比捆绑边界要好。

但是，当人为截断边界处的土体塑性变形显著的情况下，基于弹性假定建立的传输边界是不适用的，其计算精度会不及捆绑边界。不过，此时由于土体塑性耗能，也不必采用传输边界。

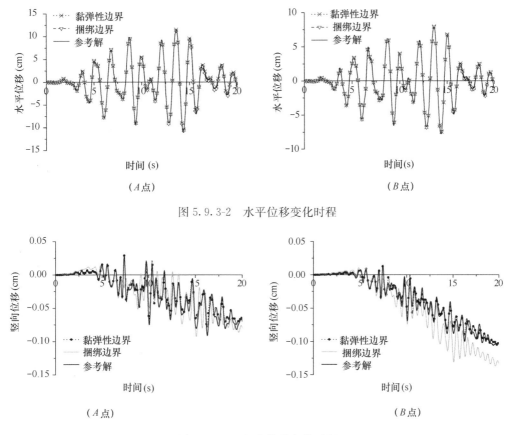

图 5.9.3-2　水平位移变化时程

图 5.9.3-3　竖向位移变化时程

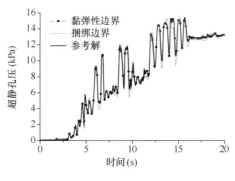

图 5.9.3-4　B 点孔压变化时程

　　上述算例中，渗透系数的取值都不是很小，这再次表明在渗透系数不是很大的情况下，采用零渗透系数假定构建的传输边界，是可以满足一般工程问题计算精度要求的。

<h1 style="text-align:center">主 要 参 考 文 献</h1>

[1]　R. W. Clough and J. Penzien. Dynamics of Structures (2nd Edition)[M]. New York：McGraw Hill，Inc. 1993.

［2］ A. Verruijt. Soil Dynamics［Z］，Delft University of Technology，2010.

［3］ B. M. Das. Fundamentals of Soil Dynamics［M］. Elsevier Science Publishing Co. Inc. ，1983.

［4］ 吴世明. 土介质中的波［M］. 北京：科学出版社，1997.

［5］ J. Lysmer and R. L. Kuhlemeyer. Finite dynamic model for infinite media［J］. ASCE，1969，95，EM4.

［6］ A. J. Deeks and M. F. Randolph. Axisymmetric time-domain transmitting boundaries［J］. Journal of Engineering Mechanics，ASCE，1994，120(1)：25-42.

［7］ 宋二祥. 无限地基数值模拟的传输边界［J］. 工程力学(增刊)，1997，613-619.

［8］ 杨峻，吴世明，蔡袁强. 饱和土中弹性波的传播特性［J］. 振动工程学报，1996，9(2)：128-137.

［9］ 杨峻，吴世明. 地震波在饱和土层界面的反射与透射［J］. 地震学报，1997，19(1)：29-35.

［10］ O. C. Zienkiewicz and T. Shiomi. Dynamic behavior of saturated porous media; the generalized Biot formulation and its numerical solution［J］. Inter. J. Num. Meth. Geomech. ，1984. 8 (1).

［11］ O. C. Zienkiewicz，et al. Unconditionally stable staggered solution procedure for soil-pore fluid interaction problems［J］. Inter. J. Num. Meth. Eng. ，1988，26：1039-1055.

［12］ T. Akiyoshi，K. Fuchida，H. L. Fang. Absorbing boundary conditions for dynamic analysis of fluid-saturated porous media［J］. Soil Dynamics and Earthquake Engineering，1994，13：387-397.

［13］ 刘晶波，王振宇，杜修力，杜义欣. 波动问题中的三维时域黏弹性人工边界［J］. 工程力学，2005，22(6)：46-51.

［14］ 刘晶波，杜义欣，闫秋实. 黏弹性人工边界及地震动输入在通用有限元软件中的实现［J］，防灾减灾工程学报，2007，29(Suppl.)：37-42.

［15］ 杨军. 饱和土动力反应分析及其在桩基振动阻抗计算中的应用［D］，北京：清华大学，2001.

［16］ 刘光磊，宋二祥. 饱和无限地基数值模拟的黏弹性传输边界［J］，岩土工程学报，2006，12：2128-2133.

［17］ 刘光磊. 饱和地基中地铁地下结构地震反应机理研究［D］. 北京：清华大学，2007.

［18］ 李鹏，宋二祥. 渗透系数极端情况下饱和土中压缩波波速及其物理本质［J］，岩土力学，2012，33(7)：1979-1985.

［19］ 李鹏. 饱和地基中隧道纵向地震反应的数值分析［D］. 北京：清华大学，2013.

［20］ G. F. Miller and H. Pursey. On the partition of energy between elastic waves in a semi-infinite solid［J］. Proc. Royal Society，1955，233：55-69.

附录 应力状态分析基本知识

为便于读者查阅有关应力分析的公式，这里列出 8 个方面的有关知识：（1）应力及其正向规定；（2）主应力及主方向；（3）八面体应力；（4）应力空间、等倾线及 π 平面；（5）π 平面上应力点位置的确定及 Lode 角；（6）球张量与应力偏量；（7）变形及应变；（8）一般应力的坐标变换。

一、应力及其正向规定

受力物体中一点的应力可用 σ_{ij} 表示，其下标 i、j 取值为 x、y、z。当直角坐标系为右手系，x、y 轴分别以向右和向上为正时，各应力分量的正向规定如附图-1 所示，这里正应力以拉为正。需注意，这样的应力正向规定是与应变的正向规定以及由位移求应变的几何方程等是对应的。若改为以压为正，一些关系式的正负号以及剪应力的正向规定均需改变。比如 $\varepsilon_x = \partial u / \partial x$ 即包含了以拉为正，因为 x 方向的位移 u 以与 x 轴正向一致为正，再由导数的含义即可理解这一点。所以，若应力改为以压为正，则几何方程或物理方程中要加负号。再考虑到在力学分析中正应力、剪应力以及正应变、剪应变要共同进行多种运算，比如进行主应力分析，由应变增量计算弹塑性应力增量等，为直接采用经典力学中已经熟知的计算公式，还是按附图 1 的正向规定为妥。但在讨论土的强度及变形理论时，可以按土力学中的习惯，以压为正。此外需注意，材料力学中在进行应力状态的莫尔圆分析时，对剪应力的正负规定与附图 1 不同，那里是规定使微元体顺时针转动的剪应力为正。

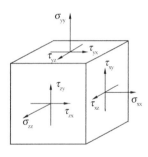

附图 1 微元体上的应力

二、主应力及主方向

如附图 2，在受力物体内取一微元 $OABC$，设 ABC 面积为 1 个单位，其法向 n 的三个方向余弦分别为 l_1、l_2、l_3，则有：

$$T_i = \sigma_{ji} l_j \qquad \text{（附-1）}$$

这里采用张量运算的求和约定。

一般该法向为 n 的面上有正应力 σ_n 与剪应力 τ_n，如果为主应力面，则 $\tau_n = 0$，且

$$T_i = \sigma_n l_i \qquad \text{（附-2）}$$

那么，此时有：

$$\sigma_{ji} l_j - \sigma_n l_i = 0 \qquad \text{（附-3）}$$

$$(\sigma_{ji} - \delta_{ji}\sigma_n) l_j = 0 \qquad \text{（附-4）}$$

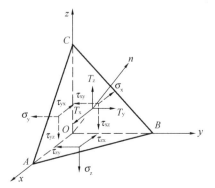

附图 2 任意斜面上应力分析

将上列采用张量符号表示的方程具体写出，则为：

$$(\sigma_x - \sigma_n)l_1 + \tau_{xy}l_2 + \tau_{xz}l_3 = 0 \qquad\text{(附-5a)}$$

$$\tau_{xy}l_1 + (\sigma_y - \sigma_n)l_2 + \tau_{yz}l_3 = 0 \qquad\text{(附-5b)}$$

$$\tau_{xz}l_1 + \tau_{yz}l_2 + (\sigma_z - \sigma_n)l_3 = 0 \qquad\text{(附-5c)}$$

此外，法向 n 的三个方向余弦满足下式：

$$l_1^2 + l_2^2 + l_3^2 = 1 \qquad\text{(附-6)}$$

这样，由上列 4 个方程可解出 σ_n、l_1、l_2 及 l_3 等 4 个未知量。但一般用如下思路求解：将方程组（附-5）视为关于 l_i 的方程，则由该齐次方程组有非零解的条件，有：

$$\begin{vmatrix} \sigma_x - \sigma_n & \tau_{xy} & \tau_{xz} \\ \tau_{xy} & \sigma_y - \sigma_n & \tau_{yz} \\ \tau_{xz} & \tau_{yz} & \sigma_z - \sigma_n \end{vmatrix} = 0 \qquad\text{(附-7)}$$

展开后有：

$$\sigma_n^3 - I_1\sigma_n^2 + I_2\sigma_n - I_3 = 0 \qquad\text{(附-8)}$$

其中

$$I_1 = \sigma_x + \sigma_y + \sigma_z \qquad\text{(附-9a)}$$

$$I_2 = \begin{vmatrix} \sigma_x & \tau_{xy} \\ \tau_{xy} & \sigma_y \end{vmatrix} + \begin{vmatrix} \sigma_y & \tau_{yz} \\ \tau_{yz} & \sigma_z \end{vmatrix} + \begin{vmatrix} \sigma_x & \tau_{xz} \\ \tau_{xz} & \sigma_z \end{vmatrix}$$

$$= \sigma_x\sigma_y + \sigma_y\sigma_z + \sigma_x\sigma_z - \tau_{xy}^2 - \tau_{yz}^2 - \tau_{xz}^2 \qquad\text{(附-9b)}$$

$$I_3 = |\sigma_{ij}| = \sigma_x\sigma_y\sigma_z + 2\tau_{xy}\tau_{yz}\tau_{xz} - \sigma_x\tau_{yz}^2 - \sigma_y\tau_{xz}^2 - \sigma_z\tau_{xy}^2 \qquad\text{(附-9c)}$$

显然，I_1、I_2、I_3 分别为方程组系数矩阵的 1、2、3 阶主子式之和。同时要注意，式（附-9）给出的各不变量的表达式是与式（附-8）中的"+"、"−"号对应的。

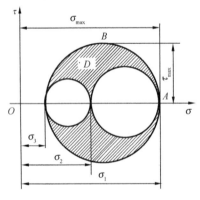

附图 3　应力状态点可能存在的区域

对于同一点的应力，其主应力应唯一，而与坐标系的选择无关，故方程（附-8）的系数应和坐标系的选择无关，尽管各应力分量将随坐标变化。所以系数 I_1、I_2、I_3 称为应力不变量。

由式（附-5）和式（附-7）应认识到，主应力实际是应力张量的特征值，而主方向矢量则是对应的特征向量。

了解物体内一点的主应力有助于准确评价该点的应力状态。例如，在求得一点的三个主应力之后，过该点的任一面上的正应力和剪应力必在附图 3 中以三个应力圆为边界的阴影区之内。结合后面所讲知识，可以对该点的正应力及剪应力水平进行定量计算。在对材料的受力变形性质进行研究，构造其应力-应变模式时，主应力的知识也是必不可少的。

三、八面体应力

在受力物体中一点取坐标轴 x、y、z 与该点的主应力方向相同（见附图 4），对三个坐标轴等倾的面称为正八面体平面，因为每个卦限都有这样的等倾面，与原点距离相等的八个等倾面围成正八面体。八面体平面上的应力简称八面体应力，其正应力和剪应力分别记为 σ_8 和 τ_8。

取微元体 $OABC$ 分析，因竖直面和水平面上只有正应力，则：

$$T_1 = \sigma_1 l_1, \ T_2 = \sigma_2 l_2, \ T_3 = \sigma_3 l_3 \qquad \text{（附-10）}$$

$$\sigma_8 = T_1 l_1 + T_2 l_2 + T_3 l_3 = \sigma_1 l_1^2 + \sigma_2 l_2^2 + \sigma_3 l_3^2$$
$$= \frac{1}{3}(\sigma_1 + \sigma_2 + \sigma_3) \qquad \text{（附-11）}$$

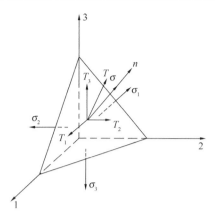

附图 4　八面体应力分析

这里利用了关系式 $l_1^2 = l_2^2 = l_3^2 = 1/3$，因正八面体平面为等倾面。

$$\tau_8^2 = T^2 - \sigma_8^2 = T_1^2 + T_2^2 + T_3^2 - \sigma_8^2$$
$$= (\sigma_1 l_1)^2 + (\sigma_2 l_2)^2 + (\sigma_3 l_3)^2 - (\sigma_1 l_1^2 + \sigma_2 l_2^2 + \sigma_3 l_3^2)^2 \qquad \text{（附-12）}$$

当 $\sigma_1 = \sigma_2 = \sigma_3$，则 $\tau_8 = 0$，由上式也可得出该结果。对一般应力状态由上式可得出：

$$\tau_8 = \frac{1}{3}\sqrt{(\sigma_1 - \sigma_2)^2 + (\sigma_2 - \sigma_3)^2 + (\sigma_3 - \sigma_1)^2} \qquad \text{（附-13）}$$

用一般应力分量表示则为：

$$\tau_8 = \frac{1}{3}\sqrt{(\sigma_x - \sigma_y)^2 + (\sigma_y - \sigma_z)^2 + (\sigma_z - \sigma_x)^2 + 6(\tau_{xy}^2 + \tau_{yz}^2 + \tau_{xz}^2)} \qquad \text{（附-14）}$$

四、应力空间、等倾线及 π 平面

以主应力 σ_1、σ_2、σ_3 为轴建立坐标系（附图 5），这里三个主应力不按大小排序。图中所画圆锥是为了凸显三维空间，并非表示应力以压为正。物体中任一点的主应力状态对应于该坐标系中一点，建有此坐标系的空间称为应力空间。应力空间中与三坐标轴呈相等夹角的线，称为等倾线。等倾线上任一点对应于 $\sigma_1 = \sigma_2 = \sigma_3$ 的无剪应力状态，偏离此线的点才有剪应力。与等倾线垂直的平面为等倾面，一般称为 π 平面。

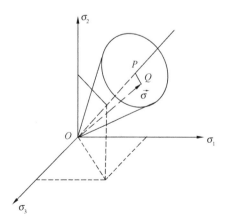

附图 5　主应力空间和等倾线、
等倾面

任一点 $Q(\sigma_1, \sigma_2, \sigma_3)$，在等倾线上的投影为：

$$\overline{OP} = \frac{\sqrt{3}}{3}(\sigma_1 + \sigma_2 + \sigma_3) \qquad \text{（附-15）}$$

即该投影长度与平均正应力成正比，是平均正应力大小的一个度量。

在过 Q 点的 π 平面上的投影：

$$\overline{PQ} = \frac{\sqrt{3}}{3} \left[(\sigma_1 - \sigma_2)^2 + (\sigma_2 - \sigma_3)^2 + (\sigma_3 - \sigma_1)^2 \right]^{1/2} = \sqrt{2J_2} \qquad (\text{附-16})$$

其中

$$J_2 = \frac{1}{6} \left[(\sigma_1 - \sigma_2)^2 + (\sigma_2 - \sigma_3)^2 + (\sigma_3 - \sigma_1)^2 \right] \qquad (\text{附-17})$$

根据等倾线及 π 平面的意义可以理解，$\overline{PQ}$ 是 Q 点相应应力状态剪应力水平的一个度量，将 $\overline{PQ}$ 的表达式与八面体剪应力表达式比较可知二者成线性比例。

五、π 平面上应力点位置确定及 Lode 角

为确定一已知应力点 Q $(\sigma_1, \sigma_2, \sigma_3)$ 在过此点的 π 平面上的位置，较简便的思路是

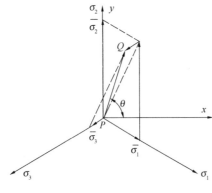

附图 6 π 平面 Lode 角

利用如下的定理：矢量在一平面上的投影矢量等于该矢量的各个分量在该平面上投影的矢量和。

将应力点 $Q(\sigma_1, \sigma_2, \sigma_3)$ 看成从原点到 Q 的矢径端点，要确定 Q 点在 π 平面的位置，就是求矢径 OQ 在 π 平面的投影，而 OQ 可看成是沿坐标轴的三个矢量的和，即 $\sigma_1 \vec{i} + \sigma_2 \vec{j} + \sigma_3 \vec{k}$。这三个分矢量在 π 平面的投影很容易确定，之后再求这三个投影矢量的和即可。

求和运算可以如附图 6 所示采用图解法，也可以直接对矢量在 x 轴和 y 轴的投影长度求和。按后一方法有

$$X = (\bar{\sigma}_1 - \bar{\sigma}_3)\cos 30° = \frac{\sqrt{3}}{2}(\sigma_1 - \sigma_3)\sin\alpha \qquad (\text{附-18a})$$

$$Y = \bar{\sigma}_2 - (\bar{\sigma}_1 + \bar{\sigma}_3)\cos 60° = [\sigma_2 - 0.5(\sigma_1 + \sigma_3)]\sin\alpha \qquad (\text{附-18b})$$

这里 α 为等倾线与坐标轴的夹角。

这样，应力点 Q 相对于 π 平面中心的方向角，从 x 轴逆时针度量，为：

$$\tan\theta = \frac{2\sigma_2 - \sigma_1 - \sigma_3}{\sqrt{3}(\sigma_1 - \sigma_3)} \qquad (\text{附-19})$$

这里 θ 即为 Lode 角。

需注意，式（附-19）是与附图 6 所取坐标系对应的，其中 y 轴与 σ_2 的投影轴重合。

将式（附-19）写为

$$\bar{\mu} = \sqrt{3}\tan\theta = \frac{2\sigma_2 - \sigma_1 - \sigma_3}{\sigma_1 - \sigma_3} \qquad (\text{附-20})$$

按此定义的 $\bar{\mu}$ 称为 Lode 参数。

显然 $\overline{OP}$、$\overline{PQ}$ 和 $\bar{\mu}$ 三个量完全可以确定一点应力状态在应力空间的位置。这三个量和三个主应力一样，均是三个独立不变量。

若对主应力按大小排序，则 Lode 参数的取值对一些特殊应力状态具有简单的数

值。如：

单向受拉：$\sigma_1 > 0$，$\sigma_2 = \sigma_3 = 0$，$\bar{\mu} = -1$

单向受压：$\sigma_3 < 0$，$\sigma_1 = \sigma_2 = 0$，$\bar{\mu} = +1$

平面纯剪：$\sigma_1 = -\sigma_3$，$\sigma_2 = 0$，$\bar{\mu} = 0$

对任一应力状态，当对主应力排序，即 $\sigma_1 \geqslant \sigma_2 \geqslant \sigma_3$，设 $(\sigma_1 - \sigma_3)$ 一定，则当 $\sigma_2 \to \sigma_1$ 时，$\bar{\mu} \to 1$；当 $\sigma_2 \to \sigma_3$ 时，$\bar{\mu} \to -1$。因此，Lode 参数 $\bar{\mu}$ 又可反映中主应力的相对大小。

六、球张量与应力偏量

将应力张量分解为：

$$\sigma_{ij} = s_{ij} + \delta_{ij}\bar{\sigma} \tag{附-21}$$

其中 $\bar{\sigma}$ 为平均正应力，$\delta_{ij}\bar{\sigma}$ 为球形应力张量，又称球张量。s_{ij} 为偏斜应力张量，又称应力偏量。

由 $|s_{ij} - \delta_{ij}s| = 0$ 同样可得三个不变量：

$$J_1 = s_{ii} = 0 \tag{附-22}$$

$$
\begin{aligned}
J_2 &= -\begin{vmatrix} s_x & s_{xy} \\ s_{xy} & s_y \end{vmatrix} - \begin{vmatrix} s_y & s_{yz} \\ s_{yz} & s_z \end{vmatrix} - \begin{vmatrix} s_z & s_{zx} \\ s_{zx} & s_x \end{vmatrix} \\
&= -(s_x s_y + s_y s_z + s_z s_x) + (s_{xy}^2 + s_{yz}^2 + s_{zx}^2) \\
&= \frac{1}{2}(s_x^2 + s_y^2 + s_z^2) + (s_{xy}^2 + s_{yz}^2 + s_{zx}^2) \\
&= \frac{1}{2}s_{ij}s_{ij} = \frac{1}{2}(s_1^2 + s_2^2 + s_3^2) = -(s_1 s_2 + s_2 s_3 + s_3 s_1) \\
&= \frac{1}{6}\left[(\sigma_x - \sigma_y)^2 + (\sigma_y - \sigma_z)^2 + (\sigma_z - \sigma_x)^2 + 6(\tau_{xy}^2 + \tau_{yz}^2 + \tau_{zx}^2)\right]
\end{aligned} \tag{附-23}
$$

$$J_3 = |s_{ij}| = s_1 s_2 s_3 = \frac{1}{27}\left[(2\sigma_1 - \sigma_2 - \sigma_3)(2\sigma_2 - \sigma_3 - \sigma_1)(2\sigma_3 - \sigma_1 - \sigma_2)\right] \tag{附-24}$$

七、变形及应变

对应变有和应力类似的讨论，同样有主应变、应变不变量、偏应变及其不变量，对各向同性材料应变主轴和应力主轴重合。详见《弹塑性力学》（杨桂通编）的第 2、3 章。

八、一般应力的坐标转换

取微元体 $OABC$（参见附图 2），设 ABC 面积为 1 单位，而其法线在 $x_{i'}$ 方向（$i' = 1$、2、3，分别代表 x'、y'、z'），则三角形 OBC、OAC、OAB 的面积分别为：

$$1 \times \cos(x_{i'}, x) = l_{i'x}, \quad 1 \times \cos(x_{i'}, y) = l_{i'y}, \quad 1 \times \cos(x_{i'}, z) = l_{i'z} \tag{附-25}$$

由平衡条件有：

$$T_{i'x} = \sigma_{xx}l_{i'x} + \tau_{yx}l_{i'y} + \tau_{zx}l_{i'z} \tag{附-26a}$$

$$T_{i'y} = \tau_{xy}l_{i'x} + \sigma_{yy}l_{i'y} + \tau_{zy}l_{i'z} \tag{附-26b}$$

$$T_{i'z} = \tau_{xz}l_{i'x} + \tau_{yz}l_{i'y} + \sigma_{zz}l_{i'z} \tag{附-26c}$$

这里 σ_{ij}、T_{ij} 的第一个下角标表示位置，第二个下角标表示方向。用张量符号则可写为

$$T_{i'i} = \sigma_{mi}l_{i'm} \tag{附-27}$$

又在 ABC 面上应有

$$\sigma_{x'x'} = T_{x'x}l_{x'x} + T_{x'y}l_{x'y} + T_{x'z}l_{x'z} \tag{附-28a}$$

$$\sigma_{x'y'} = T_{x'x}l_{y'x} + T_{x'y}l_{y'y} + T_{x'z}l_{y'z} \tag{附-28b}$$

$$\sigma_{x'z'} = T_{x'x}l_{z'x} + T_{x'y}l_{z'y} + T_{x'z}l_{z'z} \tag{附-28c}$$

用张量符号则可写为

$$\sigma_{i'j'} = T_{i'n}l_{j'n} \tag{附-29}$$

显然式（附-27）也可以写为 $T_{i'n} = \sigma_{mn}l_{i'm}$，代入式（附-29）有

$$\sigma_{i'j'} = \sigma_{mn}l_{i'm}l_{j'n} \tag{附-30}$$

此即应力的坐标变换计算公式。

凡一组 9 个分量，服从上列坐标变换规则的即为二阶张量。

式（附-30）可写成 $\sigma_{i'j'} = l_{i'm}\sigma_{mn}l_{j'n}$，进而可写为矩阵形式：

$$[\sigma^*] = [T]^{\mathrm{T}}[\sigma][T] \tag{附-31}$$

若考虑到应力矩阵因剪应力互等而有对称性，也可将其写为含有 6 个分量的向量，同时对坐标变换矩阵依据向量及矩阵的有关运算规则进行调整。

参 考 文 献

[1]　杨桂通. 弹塑性力学[M]. 北京：人民教育出版社，1980.

[2]　黄文熙. 土的弹塑性理论及本构模型[J]. 清华大学学报，1979，1：1-26.

[3]　郑颖人，龚晓南. 岩土塑性力学基础[M]. 北京：中国建筑工业出版社，1989.